高职高专工程机械专业系列教材

工程机械柴油机结构与检修

主编 毛昆立
参编 卢剑虹 李春华 刘周书 王惠明

机械工业出版社

本书是高职高专工程机械专业系列教材中的一本，全书以工程机械用康明斯柴油机为主线，结合以潍柴为代表的国产柴油机，对柴油机的两大机构、四大系统进行了全面描述，共分为八个项目，内容包括工程机械柴油机认识，柴油机曲柄连杆机构结构与检修，柴油机配气机构结构与检修，传统柴油机燃油供给系统结构与检修，电控柴油机燃油供给系统结构与检修，柴油机冷却、润滑系统结构与检修，柴油机起动系统结构与检修、柴油机总成大修。

本书注重理论联系实际，力求通俗易懂。为加强职业院校学生持续发展能力的培养，本书的内容在偏重传统柴油机结构的同时，还重点介绍了康明斯 ISDe 系列、潍柴 WP 系列电控柴油机的结构与检修。每个项目都设置了相关实训任务，涵盖了必须掌握的实训操作基本技能和综合技能。本书适合于高职高专工程机械运用技术等相关专业使用，也可以作为成人高等教育相关课程的教材，还可供工程机械维修人员、操作人员、工程机械行业工程技术人员阅读参考。

图书在版编目（CIP）数据

工程机械柴油机结构与检修/毛昆立主编. —北京：机械工业出版社，2021.2（2023.8 重印）

高职高专工程机械专业"十三五"教材

ISBN 978-7-111-67287-6

Ⅰ.①工… Ⅱ.①毛… Ⅲ.①工程机械-柴油机-构造-高等职业教育-教材②工程机械-柴油机-维修-高等职业教育-教材 Ⅳ.①TK42

中国版本图书馆 CIP 数据核字（2021）第 015131 号

机械工业出版社（北京市百万庄大街 22 号　邮政编码 100037）
策划编辑：赵海青　责任编辑：赵海青　刘　煊
责任校对：樊钟英　封面设计：马精明
责任印制：郜　敏
北京富资园科技发展有限公司印刷
2023 年 8 月第 1 版第 3 次印刷
184mm×260mm・16.25 印张・402 千字
标准书号：ISBN 978-7-111-67287-6
定价：49.90 元

电话服务　　　　　　　　网络服务
客服电话：010-88361066　机　工　官　网：www.cmpbook.com
　　　　　010-88379833　机　工　官　博：weibo.com/cmp1952
　　　　　010-68326294　金　书　网：www.golden-book.com
封底无防伪标均为盗版　　机工教育服务网：www.cmpedu.com

前　言

　　本书是高职高专工程机械专业系列教材中的一本，全书以工程机械用康明斯柴油机为主线，结合以潍柴为代表的国产柴油机，对柴油机的两大机构、四大系统进行了全面描述，共分为八个项目，内容包括工程机械柴油机认识，柴油机曲柄连杆机构结构与检修，柴油机配气机构结构与检修，传统柴油机燃油供给系统结构与检修，电控柴油机燃油供给系统结构与检修，柴油机冷却、润滑系统结构与检修，柴油机起动系统结构与检修、柴油机总成大修。

　　根据人才培养方案的要求，本书在编写过程中注重理论与实践相结合，针对目前工程机械柴油机技术发展状况，本书内容在立足于成熟的技术和规范的同时，重视新技术、新知识、新规范的介绍和应用，力求做到内容与行业技术在使用上同步更新。本书安排了相应的实训项目和复习思考题，以提高学生和培训者在实际生产中的知识应用能力。

　　本书由湖南交通职业技术学院毛昆立担任主编。参与编写的有湖南交通职业技术学院的卢剑虹、李春华、刘周书、王惠明。具体分工为：毛昆立编写项目二、三、四、五、六；卢剑虹编写项目一；李春华编写项目七；刘周书、王惠明编写项目八。

　　本书适合于高职高专工程机械运用技术等相关专业使用，也可以作为成人高等教育相关课程的教材，还可供工程机械维修人员、操作人员、工程机械行业工程技术人员阅读参考。

　　本书在编写过程中参考了相关的国内外技术资料，得到了许多同行的大力支持，在此谨向所有参考资料的作者及关心支持本书编写的同志们表示感谢。由于编者水平有限，编写时间仓促，不妥之处在所难免，敬请读者批评指正。

编　者
2020 年 4 月

目 录

前言
项目一　工程机械柴油机认识 …………… 1
　任务一　柴油机的基本组成认识 …………… 1
　　1.1　任务引入 …………………………… 1
　　1.2　相关知识 …………………………… 1
　任务二　四冲程柴油机的基本工作原理
　　　　　认识 …………………………………… 2
　　2.1　任务引入 …………………………… 2
　　2.2　相关知识 …………………………… 2
　任务三　工程机械柴油机类型、性能指标
　　　　　以及型号识别 …………………………… 5
　　3.1　任务引入 …………………………… 5
　　3.2　相关知识 …………………………… 5
　　3.3　柴油机型号识别 ……………………… 7
　实训一　柴油机结构认识 …………………… 9
　复习思考题 …………………………………… 9

**项目二　柴油机曲柄连杆机构结构与
　　　　　检修** …………………………………… 11
　任务一　柴油机曲柄连杆机构认识 ………… 11
　　1.1　任务引入 …………………………… 11
　　1.2　相关知识 …………………………… 11
　　1.3　柴油机曲柄连杆机构受力分析 ……… 11
　任务二　机体结构与检修 …………………… 14
　　2.1　任务引入 …………………………… 14
　　2.2　相关知识 …………………………… 14
　　2.3　机体的检修 ………………………… 18
　任务三　活塞连杆组结构与检修 …………… 21
　　3.1　任务引入 …………………………… 21
　　3.2　相关知识 …………………………… 21
　　3.3　活塞连杆组的检修 …………………… 32
　任务四　曲轴飞轮组结构与检修 …………… 37
　　4.1　任务引入 …………………………… 37

　　4.2　相关知识 …………………………… 38
　　4.3　曲轴飞轮组的检修 …………………… 44
　任务五　潍柴柴油机曲柄连杆机构特点 …… 47
　实训二　气缸盖拆装与检测 ………………… 51
　实训三　活塞连杆组的检测 ………………… 52
　实训四　曲轴的检测 ………………………… 53
　复习思考题 …………………………………… 53

项目三　柴油机配气机构结构与检修 …… 55
　任务一　柴油机配气机构认识 ……………… 55
　　1.1　任务引入 …………………………… 55
　　1.2　相关知识 …………………………… 55
　任务二　气门组件结构与检修 ……………… 60
　　2.1　任务引入 …………………………… 60
　　2.2　相关知识 …………………………… 60
　　2.3　气门组件的检修 …………………… 62
　任务三　配气传动组件结构与检修 ………… 66
　　3.1　任务引入 …………………………… 66
　　3.2　相关知识 …………………………… 67
　　3.3　配气传动组件的检修 ………………… 72
　任务四　柴油机进、排气系统结构与检修 … 74
　　4.1　任务引入 …………………………… 74
　　4.2　相关知识 …………………………… 75
　　4.3　柴油机进、排气系统的检修 ………… 81
　任务五　潍柴柴油机配气机构特点 ………… 83
　实训五　柴油机配气机构的拆装 …………… 87
　实训六　柴油机气门组件检修 ……………… 88
　实训七　柴油机气门间隙的检查与调整 …… 89
　复习思考题 …………………………………… 90

**项目四　传统柴油机燃油供给系统
　　　　　结构与检修** …………………………… 93
　任务一　传统柴油机燃油供给系统认识 …… 93
　　1.1　任务引入 …………………………… 93

1.2　相关知识 ………………………… 93
任务二　直列柱塞喷油泵结构与检修 ……… 102
　2.1　任务引入 ………………………… 102
　2.2　相关知识 ………………………… 103
　2.3　直列柱塞喷油泵的检修 ………… 110
任务三　调速器结构与检修 ………………… 114
　3.1　任务引入 ………………………… 114
　3.2　相关知识 ………………………… 115
　3.3　调速器的检修 …………………… 120
任务四　分配泵结构与检修 ………………… 122
　4.1　任务引入 ………………………… 122
　4.2　相关知识 ………………………… 123
　4.3　VE 分配泵的检修 ……………… 128
任务五　PT 燃油系统结构与检修 ………… 130
　5.1　任务引入 ………………………… 130
　5.2　相关知识 ………………………… 130
　5.3　PT 燃油系统的检修 …………… 137
任务六　潍柴柴油机传统燃油供给系统
　　　　特点 ………………………………… 138
任务七　传统柴油机燃油供给系统常见
　　　　故障及诊断排除 ………………… 143
实训八　喷油泵供油提前角检查与调整 …… 149
实训九　传统柴油机燃油供给系统典型
　　　　故障诊断与排除 ………………… 151
复习思考题 …………………………………… 153

项目五　电控柴油机燃油供给系统结构与检修 ………………………… 155

任务一　电控柴油机燃油供给系统认识 …… 155
　1.1　任务引入 ………………………… 155
　1.2　相关知识 ………………………… 155
任务二　电控直列泵燃油供给系统结构
　　　　原理认识 …………………………… 156
　2.1　电控直列泵燃油供给系统组成 … 156
　2.2　电控直列泵燃油供给系统主要部件
　　　　构造与工作原理 ………………… 158
任务三　电控分配泵燃油供给系统结构原理
　　　　认识 ………………………………… 160
　3.1　电控分配泵燃油供给系统组成 … 160
　3.2　电控分配泵燃油供给系统工作
　　　　原理 ………………………………… 161
任务四　高压共轨式燃油供给系统结构
　　　　原理认识 …………………………… 163
　4.1　高压共轨式燃油供给系统组成 … 163

　4.2　高压共轨式燃油供给系统主要
　　　　部件构造与工作原理 …………… 164
任务五　康明斯 ISDe 电控柴油机燃油供给
　　　　系统及常见故障诊断排除 ……… 167
　5.1　任务引入 ………………………… 167
　5.2　相关知识 ………………………… 167
　5.3　ISDe 电控柴油机燃油供给系统常见
　　　　故障诊断排除 …………………… 172
任务六　潍柴 WP 电控柴油机燃油供给系统
　　　　及常见故障诊断排除 …………… 177
　6.1　任务引入 ………………………… 177
　6.2　相关知识 ………………………… 177
　6.3　WP 电控柴油机燃油供给系统常见
　　　　故障诊断排除 …………………… 180
实训十　电控柴油机故障诊断仪的使用 …… 181
实训十一　电控柴油机燃油供给系统典型
　　　　　故障诊断与排除 ……………… 187
复习思考题 …………………………………… 190

项目六　柴油机冷却、润滑系统结构与检修 ………………………………… 191

任务一　柴油机冷却系统认识 ……………… 191
　1.1　任务引入 ………………………… 191
　1.2　相关知识 ………………………… 191
任务二　冷却系统主要部件结构与检修 …… 195
　2.1　任务引入 ………………………… 195
　2.2　相关知识 ………………………… 195
　2.3　冷却系统的检修 ………………… 200
任务三　潍柴柴油机冷却系统特点 ………… 202
任务四　柴油机润滑系统认识 ……………… 204
　4.1　任务引入 ………………………… 204
　4.2　相关知识 ………………………… 205
任务五　润滑系统主要部件结构与检修 …… 207
　5.1　任务引入 ………………………… 207
　5.2　相关知识 ………………………… 207
　5.3　润滑系统的检修 ………………… 212
任务六　潍柴柴油机润滑系统特点 ………… 213
任务七　柴油机曲轴箱通风装置结构
　　　　原理 ………………………………… 215
任务八　冷却系统常见故障及诊断排除 …… 216
任务九　润滑系统常见故障及诊断排除 …… 217
实训十二　柴油机冷却液温度过高故障
　　　　　诊断与排除 …………………… 219
实训十三　柴油机机油压力过低故障

诊断与排除 …………………… 220
　复习思考题 ……………………………… 221
项目七　柴油机起动系统结构与检修 … 223
　任务一　柴油机起动系统认识 …………… 223
　　1.1　任务引入 ………………………… 223
　　1.2　相关知识 ………………………… 223
　任务二　起动机结构与检修 ……………… 224
　　2.1　任务引入 ………………………… 224
　　2.2　相关知识 ………………………… 225
　　2.3　起动机的检修 …………………… 229
　任务三　起动控制回路分析 ……………… 231
　任务四　柴油机冷起动预热装置结构与
　　　　　检修 ……………………………… 232
　任务五　起动系统常见故障及诊断排除 … 234

　实训十四　起动机不转动故障诊断与
　　　　　　排除 …………………………… 235
　复习思考题 ……………………………… 237
项目八　柴油机总成大修 ………………… 239
　任务一　柴油机总成大修认识 …………… 239
　　1.1　任务引入 ………………………… 239
　　1.2　相关知识 ………………………… 239
　任务二　柴油机的解体 …………………… 241
　任务三　柴油机零件清洗 ………………… 242
　任务四　柴油机的装配 …………………… 243
　任务五　柴油机大修后的磨合 …………… 246
　实训十五　柴油机总成的拆卸与装配 …… 247
　复习思考题 ……………………………… 252
参考文献 …………………………………… 254

项目一

工程机械柴油机认识

任务一 柴油机的基本组成认识

1.1 任务引入

工程机械在国民经济的各项基本建设中占有重要地位。目前我国工程机械有 16 大类 348 个系列 3100 余品种，常用的有 8 大类：铲土运输机械、挖掘机械、压实机械、路面机械、起重机械、叉车、装修机械及混凝土机械。

它们绝大部分以发动机作为动力。发动机是将热能转化为机械能的一种动力装置。发动机常见的有柴油机、汽油机和气体燃料式发动机，它们都是往复活塞式内燃机，将燃料和空气混合，在其气缸内燃烧，释放出的热能使气缸内部产生高温、高压燃气。燃气膨胀推动活塞做功，再通过曲柄连杆机构或其他机构输出机械功，驱动从动机械工作。工程机械用柴油机作为动力的占 85% 以上，因为柴油机压缩比大，而且柴油不容易爆燃；汽油机仅在小型或微型工程机械中有使用。

1.2 相关知识

柴油机是一种结构复杂的动力机械，不同型号柴油机尽管构造有所差异，但基本组成是一样的。为了保证其正常工作和实现能量转换，柴油机主要由以下机构和系统组成。

1. 机体组件和曲柄连杆机构

机体组件是由机体（含曲轴箱）、气缸盖、气缸套等组成的固定机件。柴油机的运动件和辅助系统全都支承并安装在其上，从而构成了柴油机的配气机构、燃油供给系统、冷却系统和润滑系统等。气缸套、气缸盖与活塞共同组成燃烧室，燃油在燃烧室内燃烧做功，并通过曲柄连杆机构向外输出动力。

曲柄连杆机构包括活塞、连杆、曲轴，是柴油机的主要运动件。活塞承受气体的膨胀压力，通过安装在机体内的曲柄连杆机构，将其往复运动转变为曲轴的旋转运动，并通过齿轮、传动带驱动柴油机的附属机构工作，同时通过飞轮驱动工作机械。

2. 配气机构

配气机构由气门组件和气门传动组件组成，并与进排气系统一起构成柴油机的配气系统。它的功用是按照柴油机的工作顺序，定时地吸入新鲜空气，并将燃烧后的废气排出气缸，实现柴油机的进气和排气。为了提高柴油机的进气压力，从而提高其动力性和经济性，增压柴油机还装有涡轮增压装置。

3. 燃油供给系统

燃油供给系统由油箱、输油泵、柴油滤清器、喷油泵、喷油器及调速器等组成。它的功用是将一定量的清洁柴油，依据柴油机负荷大小并按照一定的工作次序，在一定的时间内，以高压和良好的雾状喷入气缸内燃烧。

4. 冷却系统

它主要由离心式水泵、散热器、风扇、节温器、滤清器，以及机体和气缸盖中的冷却水套及水管、指示和报警装置等组成。它的功用是及时地散发柴油机工作中零部件所吸收的热量，保持柴油机在最适宜的温度范围内可靠工作。

5. 润滑系统

它主要由油底壳、机油泵、机油滤清器、机油冷却器、压力调节阀、机油油道、指示和报警装置等组成。它的功用是将清洁的机油以一定的压力连续地输送至柴油机各运动零件的摩擦表面，减小运动零件的摩擦损失和减轻零件的磨损，确保润滑良好和柴油机工作可靠。

6. 起动系统

起动系统的功用是借助外力，以便安全、可靠地使柴油机由静止状态转入运转状态。

综上所述，为使柴油机安全可靠地工作，各机构、系统必须相互配合、动作协调，都是不可缺少的。

任务二　四冲程柴油机的基本工作原理认识

2.1　任务引入

发动机基本术语主要有上止点、下止点、活塞行程、排量等，认识这些术语有助于对柴油机基本工作原理的理解。工程机械柴油机一般采用四冲程式，一个工作循环包括进气、压缩、做功、排气四个行程。

2.2　相关知识

1. 发动机基本术语

发动机基本术语如图 1-1 所示。

（1）上止点

上止点是指活塞顶位于其运动的顶部时的位置，即活塞的最高位置。

（2）下止点

下止点是指活塞顶位于其运动的底部时的位置，即活塞的最低位置。

（3）活塞行程

活塞行程是指上、下止点间的距离，用 S 表示，单位：mm（毫米）。活塞由一个止点运动到另一个止点一次的过程，称为一个冲程。

（4）曲柄半径

曲柄半径是指与连杆大头相连接的曲柄销的中心线到曲轴回转中心线的距离，用 R 表

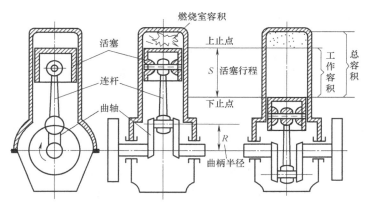

图1-1 发动机基本术语示意图

示,单位:mm(毫米)。显然,曲轴每转一周,活塞移动两个行程,即:

$$S = 2R$$

(5) 气缸工作容积

气缸工作容积是指活塞从一个止点移动到另一个止点所扫过的容积,用 V_h 表示,单位:L(升)。显然有:

$$V_h = \frac{\pi D^2}{4 \times 10^6} S$$

式中 V_h ——气缸工作容积(L);
D ——气缸直径(mm);
S ——活塞行程(mm)。

(6) 燃烧室容积

燃烧室容积是指活塞位于上止点时,活塞顶上方的气缸空间容积,用 V_c 表示,单位:L(升)。

(7) 气缸总容积

气缸总容积是指活塞位于下止点时,活塞顶上方的气缸空间容积,用 V_a 表示,单位:L(升)。显然有:

$$V_a = V_c + V_h$$

(8) 发动机排量

发动机排量是指发动机所有气缸工作容积之和,用 V_L 表示,单位:L(升)。对于多缸发动机,显然有:

$$V_L = V_h i$$

式中 i ——发动机气缸数。

(9) 压缩比

压缩比是指气缸总容积与燃烧室容积之比,用 ε 表示。

$$\varepsilon = \frac{V_a}{V_c} = \frac{V_h + V_c}{V_c} = 1 + \frac{V_h}{V_c}$$

压缩比用来衡量空气或混合气被压缩的程度,它影响发动机的热效率。一般汽油机压缩比为 6~10，柴油机压缩比较高，为 16~22。

（10）工作循环

发动机将热能转变为机械能的过程，是通过进气、压缩、做功、排气四个连续行程组成的封闭过程来实现的，每完成一次这样的连续过程称为发动机的一个工作循环。

2. 四冲程柴油机的基本工作原理认识

柴油机是一种压燃式内燃机。柴油燃料在气缸中燃烧，从而产生高温、高压的气体，推动活塞运动，通过曲柄连杆机构由曲轴对外做功，从而完成燃料的化学能转化为热能、热能再转化为机械能的能量转换。

柴油机的燃油要经过与空气混合燃烧才能转变为热能。要使燃油燃烧，有空气仅仅是燃烧的条件之一，还必须使混合气具有一定的温度。发动机的活塞在气缸内向下运动，将空气吸进气缸内，此时空气的温度很低。活塞向上运动时，将空气迅速压缩，空气的温度和压力都上升，并达到足够使柴油燃烧的温度。此时再将燃油以雾化状态喷入，燃油立即在高温、高压的空气中燃烧。燃油燃烧后放出大量的热能，使燃气的压力、温度急剧增高，在气缸中膨胀，通过活塞推动曲柄连杆机构对外做功。膨胀终了即活塞做功行程终了，活塞将做过功的废气排出。所有工作循环结束，发动机做好准备，以便新鲜空气再次进入。

综上所述，柴油机每做一次功，都必须经过进气、压缩、膨胀做功、排气等四个行程，这四个行程称为一个工作循环。循环不断进行，柴油机即能连续地工作。

在结构上，柴油机工作循环中的进气、压缩、膨胀、做功和排气等过程都是通过活塞、连杆、曲轴、配气系统和燃油供给系统等部件相互配合来实现的。

曲轴转两圈（720°），活塞往复运动四次完成一个工作循环的柴油机称为四冲程柴油机。只用两个行程完成一个工作循环的柴油机称为二冲程柴油机。工程机械用柴油机多为四冲程。

单缸四冲程柴油机工作循环示意图如图 1-2 所示。

（1）进气行程

活塞由曲轴带动从上止点向下止点运动，此时，进气门开启，排气门关闭。在活塞向下运动的过程中，气缸内容积逐渐增大，形成一定真空度，于是空气通过进气门被吸入气缸，直至活塞到达下止点时，进气门关闭，停止进气。进气行程终了的压力约为 0.075~0.095MPa，温度约为 320~350K。

（2）压缩行程

在进气行程结束时立即进入压缩行程，活塞在曲轴的带动下，从下止点向上止点运动，由于进、排气门均关闭，气缸内容积逐渐减小。柴油机的压缩比大，压缩终了的温度和压力较高，压力可达 3~5MPa，温度可达 800~1000K。

（3）做功行程

压缩行程末，喷油泵将高压柴油经喷油器呈雾状喷入气缸内的高温、高压空气中，被迅速汽化并与空气形成混合气，由于此时气缸内的温度远高于柴油的自燃温度（约 500K 左右），柴油混合气便立即自行着火燃烧，且此后一段时间内一边喷油一边燃烧，气缸内压力和温度急剧升高，推动活塞下行做功。

做功行程中，瞬时压力可达 5~10MPa，瞬时温度可达 1800~2200K，做功行程终了时压力约为 0.2~0.4MPa，温度约为 1200~1500K。

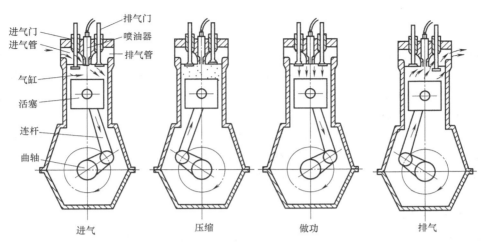

图 1-2 四冲程柴油机工作循环示意图

（4）排气行程

为使循环能够连续进行，必须将燃烧产生的废气排出。在做功行程终了时，排气门打开，进气门关闭，曲轴通过连杆推动活塞从下止点向上止点运动，废气在自身剩余压力和活塞推动下，被排出气缸，至活塞到达上止点时，排气门关闭，排气结束。排气行程终了时的气缸压力约为 0.105~0.125MPa，温度约为 800~1000K。

任务三　工程机械柴油机类型、性能指标以及型号识别

3.1　任务引入

工程机械柴油机可以根据气缸布置方式、功率大小、进气方式、冷却方式等来进行分类，工程机械根据使用特点和工作环境选用不同类型的柴油机。柴油机性能指标则主要分为动力性指标和经济性指标。目前，我国的相关国家标准规定了柴油机型号的编制方法，国内外各柴油机生产企业也有自己独特的产品型号编制方式。

3.2　相关知识

1. 工程机械柴油机的分类

目前，工程机械柴油机的种类一般按柴油机本身的特点分类如下。

（1）按气缸布置方式划分

发动机气缸布置方式包括：直列（L）型、V型、水平对置型（H型）、X型等。常见的工程机械柴油机的气缸布置方式主要是直列（L）型和V型。

（2）按标定功率大小划分

根据工程机械不同负荷率的要求，按《工程机械用柴油机性能试验方法》（JB/T 4198.2—1999）规定的间歇功率Ⅰ、间歇功率Ⅱ及汽车用柴油机标定功率，确定不同类型工程机械柴油机的标定功率；并大致按工程机械大、中、小型使用范围，分成大、中、小功率柴油机等级。

（3）按进气方式划分

柴油机进气有自然吸气和增压两种方式。随着柴油机技术的发展，采用废气涡轮增压技术，可较大地提高功率，改善经济性和减少有害排放，有利于高原地区功率补偿等。目前，我国自然吸气型柴油机主要用于小型工程机械上；中、大型工程机械大多采用了涡轮增压和增压中冷技术的柴油机作为配套动力。

（4）按冷却方式划分

目前，我国中等功率工程机械柴油机的冷却方式有水冷和风冷两种。风冷发动机更适合在缺水、气温变化大的沙漠干旱地区及高原地区使用；水冷发动机使用可靠，冷却效果好，工艺简单，是目前工程机械柴油机的主流形式。目前，工程机械柴油机最常见的为水冷式增压中冷柴油机。

2．柴油机性能指标

柴油机性能指标是评价柴油机性能优劣的依据。柴油机性能指标有两种：一种是以工质对活塞做功为基础的性能指标，简称指示指标。它直接反映由燃烧到热功转换的工作循环进行的好坏，因而在工作过程的分析研究中得到广泛的应用。另一种是以曲轴输出功率为基础的性能指标，简称有效指标。有效指标被用来直接评定柴油机实际工作性能的优劣，因而在生产实践中获得广泛的应用。柴油机最重要的有效指标包括动力性指标和经济性指标，下面介绍柴油机有效指标。

（1）动力性指标

1）有效功率。柴油机曲轴上输出的功率称为有效功率，用 N_e 表示，由柴油机台架试验得出。

2）有效转矩。柴油机曲轴输出的转矩称为有效转矩，用 M_e 表示，它与有效功率 N_e 的关系为：

$$M_e = \frac{9550 N_e}{n} (\text{N} \cdot \text{m})$$

式中 n——柴油机转速（r/min）。

3）平均有效压力。柴油机单位气缸工作容积输出的有效功，称为平均有效压力，用 p_e 表示，四冲程柴油机其表达式为：

$$p_e = \frac{120 N_e}{V_h i n} (\text{kPa})$$

式中　V_h——气缸工作容积（L）；

i——发动机气缸数；

n——柴油机转速（r/min）。

柴油机的有效功率、有效转矩、平均有效压力越大，动力性越好。

（2）经济性指标

1）有效燃料消耗率。有效燃料消耗率是单位有效功的耗油量，用 g_e 表示。通常以每千瓦小时有效功的耗油量表示，以 ［g/(kW·h)］为单位。有效燃料消耗率按下式计算：

$$g_e = \frac{G_T}{N_e} \times 10^3 (\text{g/kW} \cdot \text{h})$$

式中　G_T——柴油机的每小时耗油量（kg/h）；

N_e——柴油机的有效功率（kW）。

2）有效热效率

有效热效率是柴油机实际循环的有效功与所消耗燃料的热量之比，用 η_e 表示。

$$\eta_e = \frac{W_e}{Q_1}$$

式中　Q_1——得到有效功所消耗的热量（kJ）；

　　　W_e——柴油机的有效功（kJ）。

柴油机有效燃料消耗率越小、有效热效率越高，经济性越好。

3.3　柴油机型号识别

1. 国家标准柴油机型号编制规则与识别

为了便于设计、制造、销售、管理和使用，必须给出柴油机正式的名称和型号。我国对柴油机的型号编制方法做了统一规定（GB/T 725—2008），如图1-3所示。柴油机型号由下列四部分组成：

第一部分：由制造商代号或系列符号组成。本部分代号由制造商根据需要选择相应的1~3位字母表示。

第二部分：由气缸数、气缸布置形式符号、冲程型式符号、缸径符号组成。

1）气缸数用1~2位数字表示（按照我国有关标准，柴油机气缸的编号与转向的规定是从曲轴减振器端即自由端起为第一缸，由功率输出端即飞轮端朝向自由端判断转向；在本教材中前端指柴油机的自由端，后端指柴油机功率输出端）。

2）气缸布置型式符号按表1-1规定。

3）冲程型式为四冲程时符号省略，二冲程用E表示。

4）缸径符号一般用缸径或缸径/行程数字表示，也可用发动机排量或功率数表示。其单位由制造商自定。

第三部分：由结构特征符号、用途特征符号组成。其符号分别按表1-2、表1-3的规定执行。燃料符号若无则为柴油，P为汽油，其余燃料符号请读者查阅GB/T 725—2008的附录A。

第四部分：区分符号。同系列产品需要区分时，允许制造商选用适当符号表示。第三部分与第四部分可用"-"分隔。

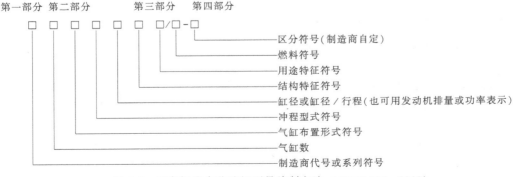

图1-3　国家标准中柴油机型号编制方法（GB/T 725—2008）

表 1-1 气缸布置型式符号

符号	含义
无符号	多缸直列及单缸
V、H、X、P	V 型、H 型、X 型、卧式

表 1-2 结构特征符号

符号	结构特征
无符号	水冷
F、N、S	风冷、凝气冷却、十字头式
Z、ZL、DZ	增压、增压中冷、可倒转

表 1-3 用途特征符号

符号	结构特征
无符号	通用型及固定动力（或制造商自定）
T、M、G、Q、J、D	拖拉机、摩托车、工程机械、汽车、铁路机车、发电机组
C、CZ	船用主机右机基本型、船用主机左机基本型
Y、L	农用三轮车（或其他农用车）、林业机械

国家标准命名柴油机型号识别实例：

1) 6135——6 缸、直列、四冲程、缸径 135mm、水冷、通用型柴油机。

2) 16V240ZJB——16 缸、V 型、四冲程、缸径 240mm、水冷增压、机车用柴油机、结构 B 型。

3) 12V135ZG——12 缸、V 型、四冲程、缸径 135mm、水冷增压、工程机械用柴油机。

2. 康明斯柴油机型号编制规则与识别

康明斯柴油机是由美国康明斯公司设计生产的。康明斯柴油机排量 1.4~91L，功率范围覆盖 31~3500hp[⊖]，广泛应用于重型货车、中型货车、巴士客车、娱乐休闲房车、轻型商用汽车和皮卡车等公路车辆，以及工程机械、矿山设备、农业机械、船舶和铁路等非公路设备。康明斯非道路用轻、中、重型柴油机，从 F2.8 至 X15L 电控系列，功率范围 46~675hp，满足中国第三、第四阶段，欧美第三、四及欧五排放标准。

康明斯增压中冷柴油机的命名规则及标记方法如图 1-4 所示（以康明斯 6BTA5.9-C150 为例）。

3. 潍柴柴油机型号编制规则与识别

潍柴动力是中国较早成立的发动机制造商，一直是中国工程机械行业的主要动力供应商之一。

该公司目前拥有全系列的工程机械用动力，柴油机排量从 3L 到 17L，功率范围覆盖 36.8~566kW，排放满足中国非道路三阶段、中国道路国五、国六、EU Stage Ⅱ/Ⅲ、EU V/VIBS（CEV）Ⅲ、MAR-I 等标准。

潍柴工程机械用柴油机（非道路三阶段）配套应用于：装载机、挖掘机、推土机、叉

⊖ 1hp = 735.5W

车、起重机、压路机、平地机、小型多功能机械、高空作业平台、环卫设备、宽体自卸车、大型筑路机械等诸多领域。潍柴柴油机 WP 系列命名规则及标记方法如图 1-5 所示（以潍柴 WP10.350E53 为例）。

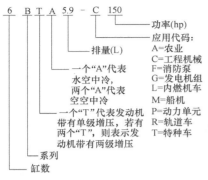

图 1-4 康明斯柴油机型号编制方法

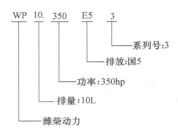

图 1-5 潍柴柴油机型号编制方法

实训一 柴油机结构认识

1. 实训目的

初步认识柴油机，能够快速区分柴油机和汽油机；能确定柴油机前后、上下、左右方位；认识柴油机外部典型零部件，指认柴油机各机构与系统；能读懂柴油机铭牌。

2. 实训设备

康明斯、上柴等不同型号柴油机。

3. 实训方法

由指导老师对照实物讲解柴油机的总体结构和特点，并根据实际情况，组织学生分组进行讨论，每组学生 5~7 人。实训完成后撰写认知实训报告。

复习思考题

一、单项选择题

1. 按照我国有关标准，柴油机气缸的编号与转向的规定是（　　）。
   A. 从曲轴减振器端起为第一缸，由功率输出端朝向自由端判断转向
   B. 从曲轴减振器端起为第一缸，由自由端朝向功率输出端判断转向
   C. 从曲轴飞轮端起为第一缸，由功率输出端朝向减振器端判断转向
   D. 从曲轴飞轮端起为第一缸，由减振器端朝向功率输出端判断转向

2. 下止点是指活塞离曲轴回转中心（　　）处。
   A. 最远　　　　B. 最近　　　　C. 较高　　　　D. 较低

3. 柴油机在进气行程中，进入气缸的是（　　）。
   A. 新鲜空气　　B. 纯燃油　　　C. 氧气　　　　D. 可燃混合气

4. 通常情况下，柴油机的压缩比（　　）汽油机的压缩比。
   A. 小于　　　　B. 大于　　　　C. 等于　　　　D. 不可比

5. 某柴油机活塞行程为 100mm，其曲轴的曲柄半径应为（　　）。
   A. 25mm　　　　B. 50mm　　　　C. 100mm　　　　D. 200mm
6. 发动机压缩比的正确说法是（　　）。
   A. 气缸燃烧室容积与气缸总容积之比
   B. 气缸燃烧室容积与气缸工作容积之比
   C. 气缸总容积与气缸燃烧室容积之比
   D. 气缸工作容积与气缸燃烧室容积之比
7. 下述对于四冲程柴油机的描述，（　　）是正确的。
   A. 曲轴转两圈或活塞完成四个行程做功一次的柴油机
   B. 曲轴转一圈或活塞完成两个行程做功一次的柴油机
   C. 在压缩行程结束时立即进入进气行程
   D. 在进气行程结束时立即进入做功行程
8. 属于柴油机动力性指标是指（　　）。
   A. 柴油机的有效功率和有效转矩　　B. 有效燃料消耗率
   C. 炭烟排放　　　　　　　　　　　D. 噪声
9. 型号为 6135 的柴油机缸径是（　　）。
   A. 61mm　　　　B. 613mm　　　　C. 13mm　　　　D. 135mm
10. 某柴油机的型号为 16V240ZG，其气缸数为（　　）。
    A. 16　　　　　B. 24　　　　　C. 240　　　　　D. 未定

二、简答题

1. 柴油机由哪些机构和系统组成？它们各有什么作用？
2. 叙述四冲程柴油机工作原理。
3. 简述发动机各常用术语及其含义。
4. 说出某工程机械柴油机铭牌上 4BTAA3.9-C115 的含义。
5. 说出某工程机械柴油机铭牌上 WP6.240E32 的含义。

项目二

柴油机曲柄连杆机构结构与检修

任务一 柴油机曲柄连杆机构认识

1.1 任务引入

曲柄连杆机构是往复活塞式柴油机实现能量转换的主要机构,其作用是将燃气作用在活塞顶上的压力转变为曲轴的转矩,使曲轴产生旋转运动而对外输出动力。

1.2 相关知识

曲柄连杆机构由三部分组成。

1. 机体组

如图 2-1 所示,机体组主要包括气缸体、油底壳、气缸盖、气缸套、气缸垫等不运动的部件。

2. 活塞连杆组

活塞连杆组主要包括活塞、活塞环、活塞销、连杆体等运动件。

3. 曲轴飞轮组

曲轴飞轮组主要包括曲轴、飞轮等机件。

1.3 柴油机曲柄连杆机构受力分析

柴油机曲柄连杆机构工作条件十分恶劣。气缸内最高温度可达 2500K 以上,最高压力可达 5~9MPa,最高转速可达 4000~6000r/min,此外,与可燃混合气和燃烧废气接触的机件(如气缸、气缸盖、活塞组等)还将受到化学腐蚀,因此,曲柄连杆机构是在高温、高压、高速和化学腐蚀的条件下工作的。同时,曲柄连杆机构在工作时做变速运动,受力情况相当复杂,有气体作用力、运动质量惯性力、旋转运动的离心力、相对运动件接触表面的摩擦力等。

1. 气体作用力

在柴油机工作循环的每个行程中,气体作用力始终存在且不断变化。做功行程最高,压缩行程次之,进气和排气行程较小,对机件影响不大,故这里主要分析做功和压缩两行程中的气体作用力。

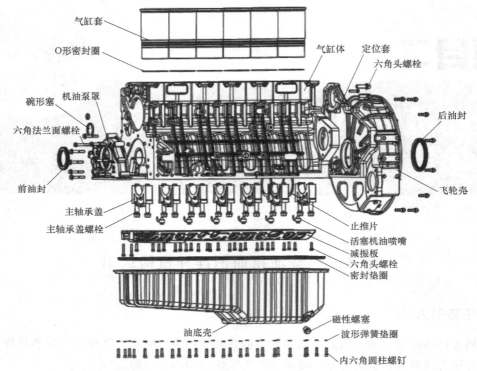

图 2-1　柴油机机体组（图中未包含气缸盖、气缸垫）

在做功行程中，气体压力是推动活塞向下运动的力，燃烧气体产生的高压直接作用在活塞顶部，如图 2-2a 所示。活塞所受总压力为 F_p，它传到活塞销上可分解为 F_{p1} 和 F_{p2}。分力 F_{p1} 通过活塞传给连杆，并沿连杆方向作用在连杆轴颈上。F_{p1} 还可分解为两个分力 R 和 S。沿曲柄方向的分力 R 使曲轴主轴颈与主轴承间产生压紧力；与曲柄垂直的分力 S 除了使主轴颈与主轴承间产生压紧力外，还对曲轴形成转矩 T，推动曲轴旋转。F_{p2} 把活塞压向气缸壁，形成活塞与缸壁间的侧压力，有使机体翻倒的趋势，故机体下部的两侧应支撑在车架上。

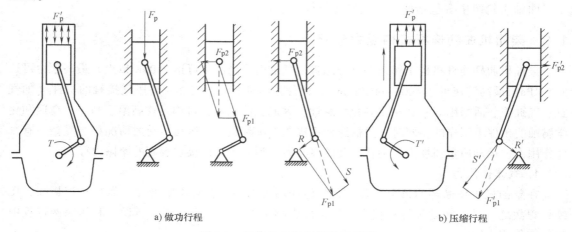

a) 做功行程　　　　　　　　　　　　　　b) 压缩行程

图 2-2　气体压力作用情况示意图

在压缩行程中,气体压力是阻碍活塞向上运动的阻力。这时作用在活塞顶部的气体压力 F'_p 也可分解为两个分力 F'_{p1} 和 F'_{p2},如图 2-2b 所示。而 F'_{p1} 又分解为 R' 和 S' 两个分力。R' 使曲轴主轴颈与主轴承间产生压紧力;S' 对曲轴造成一个旋转阻力矩 T',企图阻止曲轴旋转。而 F'_{p2} 则将活塞压向气缸的另一侧壁。

在柴油机工作循环的任何工作行程中,气体作用力的大小都是随着活塞的位移而变化的,再加上连杆的左右摇摆,因而作用在活塞销和曲轴轴颈的表面以及二者的支承表面上的压力和作用点不断变化,造成各处磨损不均匀。

2. 往复惯性力

往复运动的物体,当运动速度变化时,将产生往复惯性力。曲柄连杆机构中的活塞组件和连杆小头在气缸中做往复直线运动,其速度很高且数值变化,当活塞从上止点向下止点运动时,速度变化规律是:从零开始,逐渐增大,临近中间达最大值,然后又逐渐减小至零,即上半行程是加速运动,惯性力向上,以 F_j 表示,如图 2-3a 所示。下半行程是减速运动,惯性力向下,以 F'_j 表示,如图 2-3b 所示。同理,当活塞向上运动时,上半行程是加速运动,惯性力向下,下半行程是减速运动,惯性力向上。

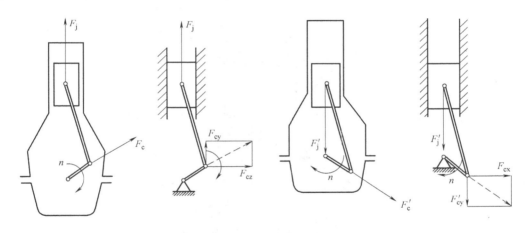

a) 活塞在上半行程的惯性力　　　　　　b) 活塞在下半行程的惯性力

图 2-3　往复惯性力和离心力作用情况示意图

惯性力使曲柄连杆机构的各零件和所有轴颈承受周期性的附加载荷,加快轴承磨损;未被平衡的变化的惯性力传到气缸体后,还会引起柴油机振动。

3. 离心力

物体绕某一中心做旋转运动时,就会产生离心力。在曲柄连杆机构中,偏离曲轴轴线的曲柄、连杆轴颈、连杆大头在绕曲轴轴线旋转时,将产生离心力 F_c,其方向沿曲柄向外,如图 2-3 所示。离心力在垂直方向上的分力 F_{cy} 与惯性力 F_j 的方向总是一致的,因而加剧了柴油机的上、下振动。而水平方向的分力 F_{cx} 则使柴油机产生水平方向的振动。此外,离心力使连杆大头的轴承和轴颈受到另一附加载荷,增加了它们的变形和磨损。

4. 摩擦力

任何一对互相压紧并做相对运动的零件表面之间都存在摩擦力。在曲柄连杆机构中,活塞、活塞环、气缸壁之间,曲轴、连杆轴承与轴颈之间都存在摩擦力,它是造成零件配合表面磨损的根源。

上述各种力作用在曲柄连杆机构和机体的各有关零件上，使它们受到压缩、拉伸、弯曲和扭转等不同形式的载荷。为保证柴油机工作可靠，减少磨损，在柴油机结构部件上应采取相应措施。

任务二　机体结构与检修

2.1　任务引入

如图 2-4 所示，机体组包括气缸体（与上曲轴箱铸成一体）、下曲轴箱（俗称油底壳）、气缸盖、气缸垫等不动件。柴油机工作时，机体（气缸体、上曲轴箱）承受着大小和方向做周期变化的气体压力、惯性力和力矩的作用，并将所受的力和力矩通过机体传给机架。柴油机各机构和系统都装在机体上。

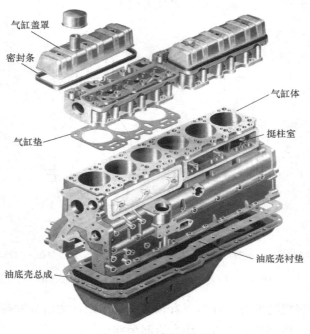

图 2-4　柴油机机体组

2.2　相关知识

1. 气缸体与曲轴箱

气缸体是柴油机各个机构和系统的装配基体，并由它来保持柴油机各运动件相互之间的准确位置关系。水冷式柴油机一般将气缸体与上曲轴箱铸成一体，简称气缸体。

气缸体上半部有若干个为活塞在其中运动导向的圆柱形空腔，称为气缸。下半部为支承曲轴的上曲轴箱，其内腔为曲轴运动的空间。在上曲轴箱上制有主轴承座孔。为了这些轴承的润滑，在侧壁上钻有主油道，前后壁和中间隔板上钻有分油道。气缸体的上、下平面用以安装气缸盖和下曲轴箱,是气缸修理的加工基准。在柴油机工作时,气缸体要承受较大的机械负荷和较复杂的热负荷,气缸体的变形会破坏各运动件之间准确的位置关系,导致柴油机技术状况变坏,使用寿命缩短,因而要求气缸体应具有足够的刚度、强度和良好的耐热、耐腐蚀性。一般气缸体采用灰铸铁、球墨铸铁或合金铸铁制造,有些柴油机为了减轻重量、加强散热而采用铝合金制造气缸体。

气缸体具体结构形式有平底式、龙门式和隧道式。

平底式——如图 2-5a 所示,主轴承座孔中心线位于曲轴箱分开面上。其特点是制造方便,但刚度小,且前后端呈半圆形,与油底壳接合面的密封较困难,给维修造成不便。

龙门式——如图 2-5b 所示,主轴承座孔中心线高于曲轴箱分开面。其特点是结构刚度较高,且下曲轴箱前后端为一平面,其密封简单可靠,维修方便

隧道式——如图 2-5c 所示,主轴承座孔不分开。其特点是结构刚度最大,主轴承同轴度易保证,但拆装较困难。

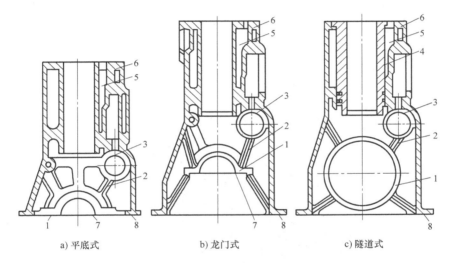

a) 平底式   b) 龙门式   c) 隧道式

图 2-5 气缸体结构形式

1—主轴承座 2—加强筋 3—凸轮轴孔 4—湿缸套 5—水套 6—气缸体
7—主轴承盖安装面 8—油底壳结合面

柴油机气缸排列方式基本上有三种:直列式、V 型和对置式,如图 2-6 所示。

直列式柴油机的各个气缸排成一列,所有气缸共用一根曲轴和一个缸盖,气缸一般垂直布置。直列式结构简单,易于制造,从而在一定程度上降低了成本,但长度和高度较大,多用于六缸及以下的柴油机;V 型多用于六缸以上的柴油机,这种结构形式刚度大,不易变形;对置式不多见,往往用于对高度要求严格的场合,如机车等。

下曲轴箱也称油底壳,如图 2-7 所示。它主要用于储存机油并密封曲轴箱,同时也可起到机油散热作用。油底壳一般采用薄钢板冲压而成,其形状取决于柴油机总体结构和机油容量。为保证柴油机纵向倾斜时机油泵仍能吸到机油,油底壳中部做得较深,并在最低处装有放油螺塞,有的放油螺塞是磁性的,能吸附机油中的金属屑,以减少柴油机运动件的磨损。油底壳内还设有挡油板,防止工程机械振动时油面波动过大。为防止漏油,油底壳一般都有密封垫,也有的采用密封胶密封。

2. 气缸套

气缸工作表面承受燃气的高温、高压作用，且活塞在其中做高速运动，因此要求其耐高温、耐高压、耐磨损、耐腐蚀。为了提高耐磨性，有时在铸铁中加入一些合金元素，如镍、钼、铬、磷等。如果气缸体全部采用优质耐磨材料，则成本太高，因为除与活塞配合的气缸壁表面外，其他部分对耐磨性要求并不高，所以现代工程机械柴油机广泛采用在气缸体内镶入气缸套，形成气缸工作表面。这样，气缸套可用耐磨性较好的合金铸铁或合金钢制造，而气缸体则用价格较低的普通铸铁或铝合金等材料制造。

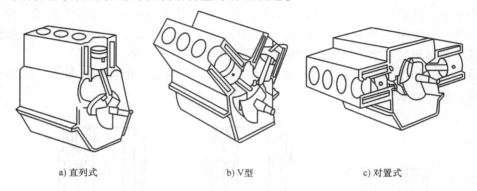

a) 直列式　　　b) V型　　　c) 对置式

图 2-6　气缸的排列方式

气缸套有两种结构，即干式和湿式，如图 2-8 所示。

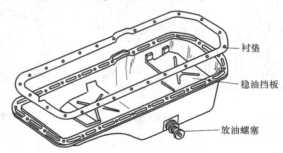

图 2-7　下曲轴箱

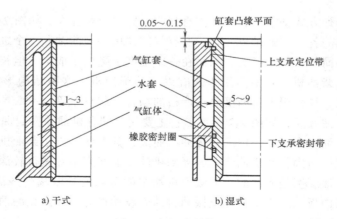

a) 干式　　　b) 湿式

图 2-8　气缸套结构

干式气缸套不直接与冷却液接触,干式缸套是被压入缸体孔中的,由于缸套自上而下都支承在缸体上,所以可以加工得很薄,壁厚一般为1~3mm。

湿式气缸套与冷却液直接接触,也是被压入缸体的。冷却液接触到缸套的中部,由于它只在上部和下部有支承,所以必须比干式气缸套厚一点,一般壁厚为5~9mm。为了保证径向定位,气缸套外表面有两个凸出的圆环带,即上支承定位带和下支承密封带,轴向定位利用上端凸缘实现。湿式缸套的顶部和底部必须采用密封件,以防止冷却液从冷却系统中渗出。湿式缸套铸造方便,容易拆卸更换,冷却效果好,但气缸体刚度差,易出现漏气、漏水。

大多数湿式缸套压入缸体后,其顶面高出气缸体上平面0.05~0.15mm。这样当紧固气缸盖螺栓时,可将气缸盖衬垫压得更紧,以保证气缸更好地密封和气缸套更好地定位。

水冷式气缸周围和气缸盖中均有用以充水的空腔,称为水套。气缸体和气缸盖上的水套是相互连通的,利用水套中的冷却液流过高温零件的周围而将热量带走。

3. 气缸盖与气缸垫

(1) 气缸盖

1) 功用与工作条件。气缸盖用来封闭气缸的上部并与气缸、活塞共同构成燃烧室。气缸盖燃烧室壁面同气缸一样承受燃气所造成的热负荷及机械负荷,由于它接触温差很大的燃气时间更长,因而气缸盖承受的热负荷更甚于气缸体。

2) 结构。气缸盖的结构随气门的布置、冷却方式以及燃烧的形状而异。

顶置气门式气缸盖一般有水套(水冷式)或散热片(风冷式)、燃烧室、喷油器座孔、进排气道、与气缸体密封的平面、安装气门装置及其他零部件的加工部分等。图2-9所示为整体式气缸盖。为了制造和维修方便、减小变形对密封的影响,缸径较大的柴油机多采用分开式气缸盖,即一缸一盖(如康明斯K19型、潍柴WD615型柴油机)(图2-10)、二缸一盖(如6135型柴油机)或三缸一盖(如6120型柴油机)。

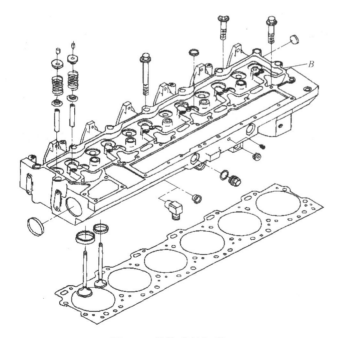

图2-9 整体式气缸盖

图2-10 一缸一盖分开式气缸盖

3）材料。气缸盖和气缸体的工作条件及结构复杂性有许多共同之处，其材料也同气缸体一样，一般采用灰铸铁或合金铸铁。

4）气缸盖的紧固。由于材料的热膨胀系数不同，为了防止受热后钢制缸盖螺栓的膨胀大于铸铁缸盖的膨胀而使紧度降低，对铸铁缸盖要在柴油机达到正常工作温度后再进行第二次拧紧。铝合金气缸盖由于其热膨胀系数比钢大，在柴油机热机后紧度会更大，故只需在冷态下一次拧紧即可。多缸一盖的气缸盖，结构刚度较差，为避免其变形，安装气缸盖时，紧固螺栓应按由中央向四周的顺序，分次逐步地以规定力矩拧紧。拆卸时则按相反的顺序拧松。

（2）气缸垫

气缸垫用来保证气缸体与气缸盖结合面间的密封，以便：

1）在进气行程期间不吸入渗入空气。

2）在压缩行程和做功行程期间不出现压力损失。

3）无冷却液或机油外流和进入气缸内。

气缸垫接触高温、高压气体和冷却液，必须能承受很高的压力和温度负荷，以及燃油、废气、机油和冷却液的化学作用。除此之外，气缸垫还要在持续保持弹性状态下与密封面匹配。这种匹配能力可以补偿因机械加工而产生的密封面不均匀性。因此要求气缸垫应具有足够的强度、耐热、不烧损或变质、耐腐蚀，具有一定的弹性，能弥补接合面的不平度，以保证密封，使用寿命长。

目前应用较多的有以下几种气缸垫。

1）金属-石棉气缸垫。石棉中间夹有金属丝或金属屑，且外覆铜皮或钢皮，在缸口、水孔和油道口周围采用卷边加固，以防被高温燃气烧坏。这种气缸垫有很好的弹性和耐热性，能重复使用，但强度较差。

2）金属骨架-石棉垫。以编织的钢丝网或冲孔钢片为骨架，外覆石棉及橡胶黏结剂，压成垫片，只在缸口、油道口及水孔处用金属包边。这种缸垫弹性更好，但易黏结，故只能一次性使用。

3）金属片式气缸垫。某些强化程度较高的柴油机，采用纯金属气缸垫，由单层或多层金属片（铜、铝或低碳钢）冲压而成。

气缸垫安装时，应注意将卷边朝向易修整的接触面或硬平面。如气缸盖和气缸体同为铸铁时，卷边应朝向气缸盖（易修整）；当气缸盖为铝合金，气缸体为铸铁时，卷边应朝向气缸体（硬平面）。换用新的气缸垫时，若有标记（例如 TOP——顶部的意思），则该面朝向气缸盖。

气缸垫常见损伤是烧蚀。部位一般在水道孔、油道孔与气缸孔之间，导致油、水、气相互渗透，致使柴油机不能正常工作。气缸垫损坏后只能更换。

2.3 机体的检修

1. 气缸体的检修

气缸体常见损伤有裂纹、磨损、变形等。

（1）裂纹

气缸体产生裂纹的主要原因：曲轴高速转动时产生振动，在气缸体的薄弱部位发生裂纹；水垢散热不良，使水道壁产生裂纹；镶套时，过盈量过大造成局部裂纹；冷却液结冰冻裂；装配时螺栓拧紧力矩过大。

气缸体产生裂纹会导致窜气、窜油和窜水，使柴油机无法工作，应立即停车检查。气缸体裂纹检查时，大的裂纹直接采用观察法，不易觉察的裂纹采用图 2-11 所示的水压试验法。维修方法一般采用粘接法或焊接法。

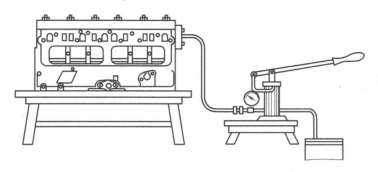

图 2-11　水压试验法检查气缸体裂纹

（2）磨损

气缸体上的主要磨损发生在气缸、曲轴轴承孔和后端面。

气缸磨损特点：形状为上大下小的不规则锥形，最大磨损部位在第一道活塞环上止点处，气缸上部不接触活塞环的部位几乎没有磨损而形成台阶。

气缸磨损的危害：

1）间隙增大，密封性能降低，造成漏气、窜机油，使柴油机压缩不良；

2）起动困难，功率降低，油耗上升，冒蓝烟。

因此，气缸磨损程度是决定柴油机是否需要进行大修的主要依据。

气缸磨损的检验过程如下：

在进行测量时，测量部位的选择很重要。气缸的测量位置如图 2-12a 所示，在气缸体上部距气缸上平面约 10mm 处，即活塞在上止点时，第一道环所对应的缸壁附近；气缸中部和气缸下部距气缸下边缘约 10mm 处的三个截面，按纵向和横向两个方向分别测量气缸的直径，共计六个部位。

如图 2-12b 所示，测量时通常使用内径百分表，其方法如下：

1）根据气缸直径的尺寸，选择合适的接杆，固定在内径百分表的下端。

2）校正内径百分表的尺寸。将外径千分尺校准到被测气缸的标准尺寸，再将内径百分表校准到外径千分尺的尺寸，并使伸缩杆有 1~2mm 的压缩量，旋转表盘，使大表针对准零位。

3）将内径百分表的测杆伸入到气缸的上部，即气缸体上部距气缸上平面 10mm 处（第一道活塞环在上止点位置时所对应的气缸壁），微微摆动表杆，使测杆与气缸中心线垂直，内径百分表指示的最小读数即为正确的气缸直径。通常分别测量平行和垂直于曲轴轴线方向的气缸磨损程度。

4）将内径百分表下移，用同样方法测量气缸中部和下部的磨损程度。

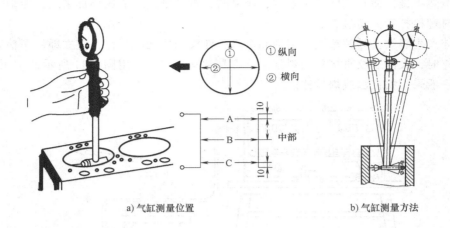

a) 气缸测量位置　　　　　b) 气缸测量方法

图 2-12　气缸磨损的检验

当柴油机中磨损量最大的气缸，其磨损程度衡量指标超过规定标准时，则应进行修理。气缸的修理通常采用机械加工的方法，即修理尺寸法和镶套修复法。

所谓修理尺寸法，就是对磨损后的气缸孔进行镗、磨加工，使之达到标准的加大尺寸（修理尺寸），然后配用加大的活塞和活塞环。通常气缸每级修理尺寸为标准尺寸+0.25mm，柴油机最大修理尺寸一般为+1.0mm。

镶套修复法是对于经多次修理，直径超过最大修理尺寸，或气缸壁上有特殊损伤时，可对气缸套承孔进行加工，用过盈配合的方式镶上新的气缸套，使气缸恢复到原来的尺寸的修理方法。

（3）变形

气缸体变形主要是指与气缸盖的接合平面翘曲变形。

变形的原因：螺栓拧紧力矩过大或不均，或没有按顺序拧紧，以及在高温下拆卸气缸盖等；气缸体上、下平面在螺纹孔口周围凸起。

变形的危害：压缩形成气缸密封不良、漏气，引起柴油机功率下降，油耗升高，排气冒烟异常。

气缸体上平面、气缸盖下平面的翘曲变形可用平板接触法检验，也可用刀形样板尺（或钢直尺）和塞尺检测（图2-13）。方法如下：

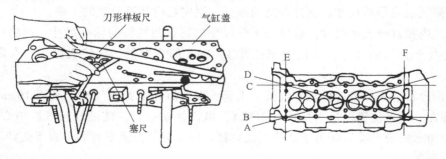

图 2-13　气缸体、气缸盖平面度的检测

1）将被测气缸盖翻过来放在检测平台上。
2）用钢直尺或刀形样板尺沿对角线、纵轴线和横向贴靠在被测平面上。
3）在钢直尺或刀形样板尺与被测平面间的缝隙处插入塞尺，塞尺所测数值最大者即为气缸体上平面或气缸盖下平面的平面度误差。

平面度要求：
1）每 50mm×50mm 的范围内均应不大于 0.05mm。
2）全长不大于 600mm 的气缸体，其平面度误差不大于 0.15mm。
3）大于 600mm 的铸铁气缸体，其平面度误差不大于 0.25mm。
4）大于 600mm 的铝合金气缸体，其平面度误差不大于 0.35mm。

气缸体变形后，可根据变形程度采取不同的修理方法，维修标准和方法应以柴油机原厂维修手册为依据。一般而言，平面度误差在整个平面上不大于 0.05mm 或仅有局部不平时，可用刮刀刮平；平面度误差较大时可采用平面磨床进行磨削加工修复，但加工量不能过大，为 0.24~0.50mm，否则会影响压缩比。

2. 气缸盖的检修

气缸盖常见损伤有裂纹、变形等。

气缸盖的裂纹常出现在气门座附近。原因有：严寒季节冻裂；在柴油机过热时突然加冷水；铸造时残余应力未消除；气门座或气门导管配合过盈量过大或镶换工艺不当等。气缸盖出现裂纹时，一般应予以更换。

气缸盖变形后，平面度超出限值，应予以修理或更换，其修理方法和气缸体平面度的修复方法相同。

任务三　活塞连杆组结构与检修

3.1　任务引入

活塞连杆组由活塞、活塞环、活塞销、连杆组等机件组成。柴油机的活塞连杆组各零件装配关系如图 2-14 所示。

3.2　相关知识

1. 活塞

活塞的作用：活塞顶部与气缸盖、气缸壁共同组成燃烧室，并与活塞环一起将燃烧室气体密封，使其在运动中相对曲轴箱密封；承受燃烧时产生的气体压力，并通过活塞销传给连杆，推动曲轴旋转。

活塞在气缸内做高速往复运动，承受周期性变化的气体压力和惯性力，且顶部直接与高温燃气接触，加之润滑不良、散热困难，活塞的工作条件十分恶劣，这就要求活塞必须具有足够的刚度和强度，质量尽可能小，导热性能好，有良好的耐磨性和热稳定性。

目前，柴油机的活塞材料广泛采用铝合金。铝合金活塞的成形方法有普通的重力铸造和压力铸造等几种。用得最多的是铸铝活塞，它具有高温强度好、制造成本低的优点，但易出现铸造缺陷。锻铝活塞的强度和导热性好，但造价高，用于强化程度较高的柴油机上。压力铸造或称液压模锻的活塞兼有铸造和锻造的特点，毛坯尺寸精度高，达到少切削甚至无切削，从而提高了金属的利用率。

（1）活塞的基本结构

活塞由顶部、头部、裙部三部分组成，如图 2-15 所示。

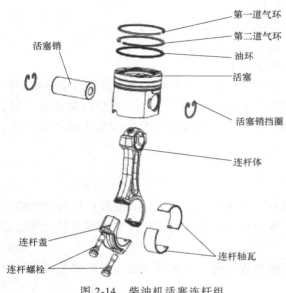

图 2-14　柴油机活塞连杆组

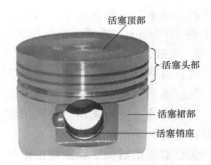

图 2-15　活塞的基本结构

活塞顶部是燃烧室的组成部分，其形状与燃烧室形式有关，一般有平顶、凸顶和凹顶三种，如图 2-16 所示。

a）平顶活塞　　　b）凸顶活塞　　　c）凹顶活塞

图 2-16　活塞顶部形状

平顶活塞结构简单，加工方便，受热面积小，在汽油机上广泛采用；凸顶活塞顶部刚度大，可获得较大的压缩比，也能增加气流强度，但顶部温度较高；凹顶活塞顶部呈凹陷形，可通过凹坑深度获得不同的压缩比，同时与气缸盖上的凹坑组成结构紧凑的燃烧室，凹坑的形状和位置必须有利于可燃混合气的燃烧，有 ω 形凹坑（图 2-17）、球形凹坑、U 形凹坑等，其顶部受热量大，易形成积炭，加工制造较困难，多用于柴油机。

活塞顶部有一定标记，如图 2-18 所示，安装时箭头要指向柴油机前端。

活塞头部是活塞环槽以上的部分，其作用是承受气体压力，并将力通过活塞销座、活塞销传给连杆；同时与活塞环一道实现气缸的密封；将活塞顶部吸收的热量通过活塞环传导到气缸壁。

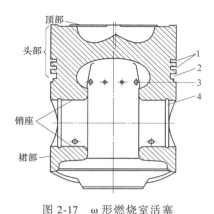

图 2-17 ω 形燃烧室活塞
1—气环槽 2—油环槽 3—油孔 4—活塞销座及锁环槽

图 2-18 活塞顶部标记

活塞头部切有若干道用以安装活塞环的环槽。如图 2-17 所示，现代柴油机活塞大部分为两道气环槽和一道油环槽。气环槽一般具有同样的宽度，油环槽比气环槽宽度大，且槽底加工有回油孔，油环刮下的机油从回油孔回到油底壳，其中一部分还提供给活塞销用于润滑。

活塞环槽的宽度和深度略大于活塞环的高度和厚度，以保证柴油机工作时，活塞环可在环槽内运动，以除去环槽内的积炭和保证密封。这样，活塞环槽的磨损常常是影响柴油机使用寿命的一个重要因素，特别是第一道环槽温度高，使材料硬度下降，磨损更为严重。为了解决第一道环槽处铝合金材料的硬度因温度过高而下降、使环槽磨损加剧的问题，近年来，不少柴油机活塞第一道环槽或两道环槽内铸有与铝合金热膨胀系数相近的铬镍钢含量较高的环槽护圈，以增加环槽的耐磨性（图 2-19）。此外，如图 2-20 所示，有些增压柴油机上采用了将通过连杆身输送到连杆小头的机油喷到活塞头部底法的方法来冷却活塞头部；或是采用在活塞头部环带区带有润滑、冷却通道的活塞，利用安装在机体上的机油喷嘴对准环带区冷却通道口喷入机油来冷却活塞头部的方法。

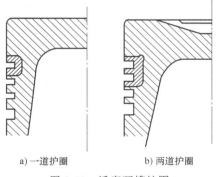

a) 一道护圈 b) 两道护圈

图 2-19 活塞环槽护圈

图 2-20 活塞头部冷却机油通道

活塞裙部是油环槽下端以下的部分，其作用是为活塞在气缸内做往复运动提供导向和承受侧压力。

活塞裙部要有一定的长度和足够的面积，以保证可靠的导向作用和减摩。裙部基本形状为一薄壁圆筒，圆筒完整的称为全裙式；活塞裙部的销孔用于安装活塞销，为厚壁圆筒结构。销座孔内接近外端面处车有安放弹性锁环的锁环槽,锁环用来防止活塞销在工作中发生轴向窜动。

活塞工作时,由于机械负荷和热负荷的影响,会使活塞产生变形。活塞销座附近金属堆积(图2-21a),受热后膨胀量大,其裙部直径沿活塞销座轴线方向增大,使裙部变成长轴在活塞销座轴线方向上的椭圆(图2-21b);活塞裙部气缸侧压力的挤压作用也会加剧这一变形趋势(图2-21c);在高度方向,由于温度分布和质量分布不均匀,因此变形量上大下小。

a) 活塞销座金属堆积　　b) 裙部受热变形　　c) 裙部挤压变形

图 2-21　活塞的变形

(2) 活塞结构改进措施

为了保证活塞在工作时与气缸壁间保持比较均匀的间隙,以免它在气缸内卡死或引起局部磨损,必须在结构上采取各种措施。

1) 冷态下将活塞制成裙部断面为长轴垂直于活塞销方向的椭圆,其椭圆度一般在 0.3~0.5mm 范围内,纵轴线方向为上小下大的近似圆锥形。

2) 活塞销座附近的裙部外表面制成凹陷 0.5~1mm。

3) 采用双金属活塞。有些铝合金活塞在活塞销座孔处嵌入线膨胀系数小的"恒范钢片"(图2-22)或"筒形钢片"(图2-23),或通过浇铸在活塞裙内下部的钢环来牵制活塞裙部的膨胀量,从而促使运行方向上的热膨胀与铸铁气缸基本相同。

4) 活塞销偏置。活塞销孔轴线一般与活塞轴线相交,如图2-24a所示。由于活塞和气缸存在配缸间隙,活塞在压缩行程切换至做功行程改变运动方向时会与气缸撞击;如图2-24b所示,许多柴油机为了降低活塞与气缸撞击力及产生的噪声,将活塞销孔轴线向在做功行程中受到侧压力的一面(称主承压面或主推力面)偏移1~2mm,使活塞在越过上止点、侧压力方向发生变化时,可以让其裙部不受侧压力的一侧的下端先与气缸壁接触,然后整个活塞再以这一接触处为圆心转过一个微小的角度,从而从缸壁的一侧过渡到压向另一侧,采用这种偏置后,"敲缸"现象减少了。为了避免在活塞安装时装错方向,在活塞顶面设有指示安装方向的标记。

2. 活塞环

活塞与气缸有两类密封问题:窜气和窜油。

窜气是指燃烧气体通过活塞与气缸的间隙泄漏至曲轴箱,这将导致功率损失;窜油指机油上行至燃烧室,造成烧机油,影响柴油机性能,因此活塞环应能:

1) 向下将燃烧室与曲轴箱隔离密封,以阻止空气和燃烧气体窜气。

2) 将活塞的一部分热量传递到冷却的气缸上。

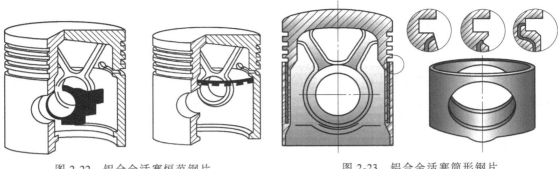

图 2-22　铝合金活塞恒范钢片　　　　图 2-23　铝合金活塞筒形钢片

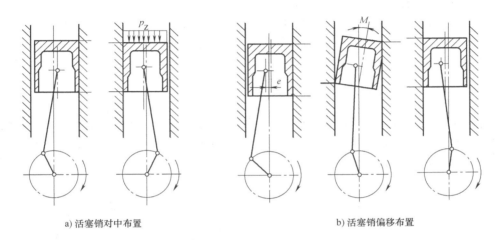

a) 活塞销对中布置　　　　　　　b) 活塞销偏移布置

图 2-24　活塞销偏置时的工作情况

3) 刮除多余的机油,并将机油送回油底壳。

(1) 活塞环的构造

活塞环有气环和油环两种,其结构如图 2-25 所示。

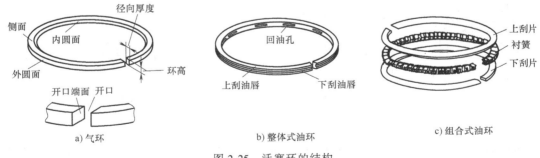

a) 气环　　　　　　b) 整体式油环　　　　　　c) 组合式油环

图 2-25　活塞环的结构

气环的作用是保证活塞与气缸壁间的密封,防止高温、高压的燃气漏入曲轴箱,同时将活塞顶部的热量传导到气缸壁,再由冷却液或空气带走。一般柴油机每个活塞上装有 2~3 道气环。

气环为一带有切口的弹性片状圆环,在自由状态下,气环的外径略大于气缸的直径,当气环装入气缸后,产生弹力使气环压紧在气缸壁上,其切口具有一定的间隙。

油环用来刮除气缸壁上多余的机油,并在气缸壁上布上一层均匀的油膜。通常柴油机上有1~2道油环。

油环有两种结构形式:整体式和组合式(图2-25)。

整体式油环其外圆面的中间切有一道凹槽,在凹槽底部加工出很多穿通的排油小孔或排油缝隙。

组合式油环由上、下刮片和产生径向、轴向弹力的衬簧组成。这种环的环片很薄,对气缸壁的比压大,刮油作用强;质量小;回油通道大。

无论活塞上行或下行,油环都能将气缸壁上多余的机油刮下来,经活塞上的回油孔流回油底壳。油环的刮油作用如图2-26所示。

由于活塞环也是在高温、高压、高速及润滑困难的条件下工作,且运动情况复杂,因此要求其材料应有良好的耐热性、导热性、耐磨性、磨合性、韧性及足够的强度和弹性。目前活塞环的材料采用优质铸铁、球墨铸铁、合金铸铁,并对第一道环甚至所有环实行工作表面镀铬或喷钼处理,提高耐磨性。组合式油环还采用弹簧钢片制造。

(2)活塞环的间隙

柴油机工作时,活塞、活塞环都会发生热膨胀,并且,活塞环随着活塞在气缸内做往复运动时,有径向胀缩变形现象。为防止环卡死在缸内或胀死在环槽中,安装时,活塞环应留有端隙、侧隙和背隙,如图2-27所示。

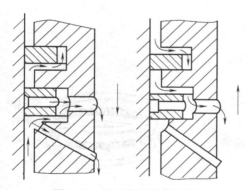

图2-26 油环的刮油作用图

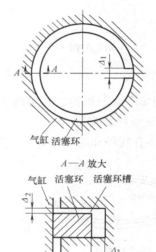

图2-27 活塞环的间隙

端隙Δ_1又称为开口间隙,是活塞环在冷态下装入气缸后,该环在上止点时环的两端头的间隙。端隙大小与气缸直径有关,一般每100mm气缸直径,其端隙为0.25~0.45mm。

侧隙Δ_2又称边隙,是指活塞环装入活塞后,其侧面与活塞环槽之间的间隙。第一环因工作温度高,间隙较大,一般为0.04~0.10mm,其他环一般为0.03~0.07mm。油环侧隙较气环小,一般为0.03~0.06mm。

背隙Δ_3是活塞及活塞环装入气缸后,活塞环内圆柱面与活塞环槽底圆柱面的间隙,一一般为 0.50~1.00mm。油环背隙较气环大，以增大存油间隙，利于减压泄油。

（3）气环的密封原理

活塞环在自由状态下不是圆环形，其外形尺寸比气缸内径大，因此，它随活塞一起装入气缸后，便产生弹力 F_1 而紧贴在气缸壁上，形成第一密封面，使燃气不能通过环与气缸接触面的间隙。活塞环在燃气压力作用下，压紧在环槽的下端面上，形成第二密封面，于是燃气绕流到环的背面，并发生膨胀，其压力降低。同时，燃气压力对环背的作用力 F_2 使环更紧地贴在气缸壁上，形成对第一密封面的第二次密封，如图 2-28 所示。

燃气从第一道气环的切口漏到第二道气环的上平面时压力已有所降低，又把这道气环压贴在第二环槽的下端面上，于是，燃气又绕流到这个环的背面，再发生膨胀，其压力又进一步降低。如此下去，从最后一道气环漏出来的燃气，其压力和流速已大大减小，因而漏气量也就很少了。

为减少气体泄漏，将活塞环装入气缸时，各道环的开口应相互错开。若有三道环，则各道环开口应沿圆周成 120°夹角；若有四道环，则第一、二道互错 180°，第二、三道互错 90°，第三、四道互错 180°，形成迷宫式的路线，增大漏气阻力，减少漏气量。

（4）气环的泵油现象

由于侧隙和背隙的存在，当柴油机工作时，活塞环便产生了泵油现象，如图 2-29 所示。活塞下行时，环靠在环槽上方，环从缸壁上刮下来的机油会充入环槽下方；当活塞上行时，环又靠在环槽的下方，同时将机油挤压到环槽上方。如此反复，就会将缸壁上的机油泵入燃烧室。

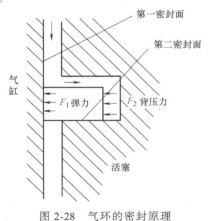

图 2-28 气环的密封原理

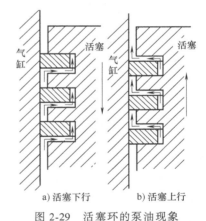

图 2-29 活塞环的泵油现象

泵油现象会使燃烧室内形成积炭，同时增加机油消耗，并且可能在环槽中形成积炭，引起环卡死，失去密封作用，甚至引起活塞环折断。因此在使用中人们设计了各种不同断面的气环。

（5）气环的种类

气环按其断面形状分有多种，如图 2-30 所示。

矩形环——结构简单，制造方便，与缸壁接触面积大，对活塞头部的散热有利，是最基本的结构形式，可用于各道气环。但它的泵油作用大，磨合性能和刮油性能较差。

锥形环——与缸壁是线接触，有利于磨合和密封。另外，这种环在活塞下行时有刮油作用，上行时有布油作用。安装这种环只能按图 2-30 所示方向安装。为避免装反，在环端上侧面标有记号（向上或 TOP 等）。

梯形环——当活塞受侧压力的作用而改变位置时，环的侧隙相应地发生变化，使沉积在环槽中的积炭被挤出，避免了环被黏在环槽中而失效。这种环常用于热负荷较高的柴油机的第一道气环。

桶面环——活塞环的外圆面为凸圆弧形。当活塞上下运动时，桶面环均能改变形成楔形间隙，使机油容易进入摩擦面，从而使磨损大为减少。另外，桶面环与气缸是圆弧接触，故对气缸表面的适应性较好。但圆弧表面加工较困难。目前，它已普遍地用于强化柴油机的第一道气环。

扭曲环——在矩形环的内圆上边缘或外圆下边缘切去一部分。将这种环随同活塞装入气缸时，由于环的弹性内力不对称而产生断面倾斜，其作用原理如图 2-31 所示。当活塞环装入气缸，其外侧拉伸应力的合力 F_1 与内侧压缩应力的合力 F_2 之间有一力臂 e，于是产生了扭转力偶 M，它使环外圆周扭曲成上小下大的锥形，从而使环的边缘与环槽的上、下端面接触，防止了活塞环在环槽内上下窜动而造成的泵油作用，同时还增加了密封性，易于磨合，并具有向下的刮油作用。

扭曲环目前在柴油机上得到了广泛应用。它在安装时，必须注意环的断面形状和方向，应将其内圆切槽向上，外圆切槽向下。第一道环多为内圆上边缘切口，不能装反。

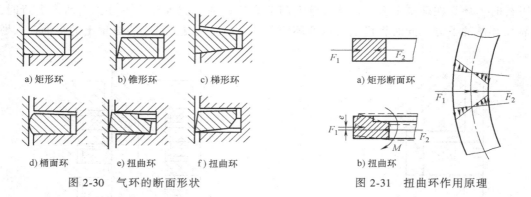

图 2-30　气环的断面形状　　　图 2-31　扭曲环作用原理

（6）柴油机活塞环配置实例

如图 2-32 所示，康明斯 EQ6BT 型柴油机活塞环第一道气环为球墨铸铁梯形桶面环，第二道气环为合金铸铁锥面扭曲环，第三道为组合式油环。该型柴油机活塞环的间隙值见表 2-1，常用柴油机活塞环间隙值见表 2-2。

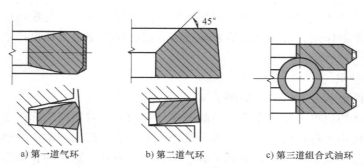

图 2-32　康明斯 EQ6BT 型柴油机活塞环

表 2-1　康明斯 EQ6BT 型柴油机活塞环各间隙值

活塞环端隙/mm			活塞环侧隙/mm		
第一道气环	第二道气环	油环	第一道气环	第二道气环	油环
0.40~0.70	0.25~0.55	0.25~0.55	0.095~0.115	0.085~0.130	0.040~0.085

表 2-2　常用柴油机活塞环各间隙值

机型	端隙/mm			侧隙/mm		背隙/mm
	第一道环	第二、三道环	油环	第一道环	其余气环和油环	
6135K	0.60~0.80	0.50~0.70	0.40~0.60	0.130~0.165	气环 0.11~0.145 油环 0.04~0.98	0~0.60
F6L912	0.35~0.55	0.35~0.55	0.25~0.40	0.079~0.119	气环 0.09~0.112 油环 0.04~0.72	0~0.60
WD615	0.40~0.60	0.25~0.40	0.35~0.55	0.070~0.102	0.05~0.085	0~0.75

3. 活塞销

活塞销的作用是：

1）将活塞与连杆连接。

2）将活塞承受的气体作用力传给连杆。

活塞销工作时承受很大的周期性冲击载荷，且高温，润滑条件差，因而要求活塞销要有足够的刚度和强度，表面耐磨，重量轻。

活塞销一般采用低碳钢或低碳合金钢，经表面渗碳淬火后再精磨加工。为了减小质量，活塞销一般做成空心柱，空心柱可以是组合形或两段截锥形，如图 2-33 所示。

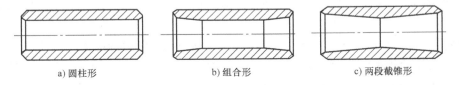

a) 圆柱形　　　　　　　b) 组合形　　　　　　　c) 两段截锥形

图 2-33　活塞销内孔形状

为确保活塞正常工作，活塞销在活塞销孔中的精确配合非常重要。例如，在 WD615 柴油机上，活塞销与活塞销孔之间的间隙为 0.002~0.015mm。为了达到这么小的间隙，制造商按照相应的配合公差选择活塞销，同时为了避免错误配对，一般会用相同的色标标记出配对的活塞销和活塞。

活塞销必须无法轴向移动，以免造成气缸壁损坏。

活塞销的连接方式有两种：全浮式和半浮式，如图 2-34 所示。

全浮式连接是指在柴油机工作温度时，活塞销可以在活塞销孔中和在连杆衬套孔中转动，为防止工作时活塞销从孔中滑出，活塞销两侧通过卡环固定（图 2-35）。

半浮式连接是指活塞销以热压配合方式固定在连杆小头内，在活塞销孔中则为间隙配合。因此取消了卡环和连杆衬套。

4. 连杆组

如图 2-36 所示，连杆组件包括连杆、连杆盖、连杆轴瓦、连杆螺栓等。连杆和连杆盖统称为连杆。

连杆组的作用是：

1）将活塞与曲轴连接。
2）将活塞上的力传递到曲轴上。
3）在曲轴上产生转矩。
4）将活塞的直线运动转化为曲轴的旋转运动。

a) 全浮式　　b) 半浮式

图 2-34　活塞销连接方式

连杆工作时要承受活塞销传来的气体压力，以及本身摆动和活塞往复运动时产生的惯性力。这些周期性变化的力使连杆受到拉伸、压缩、弯曲等交变载荷的作用，因而要求连杆要有足够的刚度和强度，质量尽可能小。

连杆一般采用中碳钢或中碳合金钢经模锻成形，然后进行机加工和热处理。

（1）连杆

连杆由小头、杆身、大头三部分组成。

连杆小头与活塞销连接。

图 2-35　全浮式连接活塞销、孔

采用全浮式连接时，小头孔中有减摩的青铜衬套，小头和衬套上钻有集油槽，用来收集飞溅的机油进行润滑。有些柴油机连杆小头采用压力润滑，则在连杆杆身内钻有纵向油道。

连杆杆身制成"工"字形断面，以求在强度和刚度足够的前提下减小质量。

连杆大头与曲轴的连杆轴颈连接。为便于安装，连杆大头一般做成剖分式，被分开的部分称作连杆盖，用连杆螺栓紧固在连杆大头上。连杆盖与连杆大头是组合加工的，为防止装配时配对错误，在同一侧刻有配对记号（图2-37）。连杆杆身的一面有厂标，或者杆身槽内有字、有凸点表示等记号。组装时，连杆杆身有厂标的一面（或有字、有凸点表示的一面）要朝向活塞上的箭头。当连杆随活塞装入气缸内时，要使这些有记号的一面朝向柴油机前端方向。

连杆大头上还铣有连杆轴承的定位凹坑。有的连杆大头连同轴承还钻有喷油孔，将机油导向缸壁以改善润滑状况。

连杆大头的切口形式分为平切口和斜切口两种。平切口连杆的剖分面垂直于连杆轴线，一般汽油机连杆大头尺寸小于气缸直径，可以采用平切口。柴油机连杆受力较大，尺寸往往超过气缸直径，为使连杆大头能通过气缸，拆装方便，一般采用斜切口。

连杆大头与连杆盖必须定位。平切口的定位是利用连杆螺栓上精加工的圆柱凸台或光圆柱部分，与经过精加工的螺纹孔来保证的。斜切口连杆的大头剖分面与连杆轴线成 30°~60° 的夹角，在工作中受到惯性力的拉伸，在切口方向有一个较大的横向分力，必须采用可靠的定位措施。常用定位方法有几种，如图 2-38 所示。

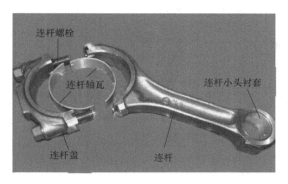

图 2-36　连杆组件

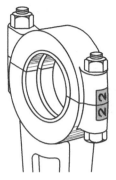

图 2-37　连杆盖、连杆大头配对记号

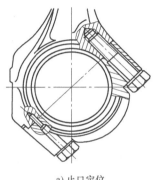

a) 止口定位

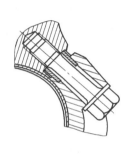

b) 套筒定位

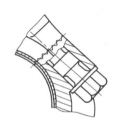

c) 锯齿定位

图 2-38　斜切口连杆的定位方式

止口定位工艺简单，但定位不大可靠，只能单向定位，对连杆盖止口向外变形或连杆大头止口向内变形均无法防止。

套筒定位是在连杆盖的每一个螺纹孔中压配一个短套筒。它与连杆大头有精度很高的配合间隙，故装拆连杆盖时也很方便。它的缺点是定位套筒孔的工艺要求高，若孔距不够准确，则可能因为定位而造成大头孔严重失圆，此外，连杆大头的横向尺寸也必然因此而加大。

锯齿定位结构紧凑，定位可靠。但对齿节距公差要求严格，否则连杆盖装在连杆大头上时，中间会有几个齿脱空，不仅影响连杆组件的刚度，而且连杆大头孔也会立即失圆。

（2）连杆螺栓

连杆螺栓经常承受交变载荷的作用，一般采用韧性较高的优质合金钢或优质碳素钢锻制成型。装配时，连杆螺栓必须以原厂规定的拧紧力矩，分次均匀地拧紧。例如，上柴 D6114 柴油机连杆螺栓的预紧力矩为（55±5）N·m，接着再转动 60°±3°。

（3）连杆轴承

连杆轴承也称连杆轴瓦（俗称小瓦），装在连杆大头内，保护连杆轴颈和连杆大头孔。由于其工作时承受较大的交变载荷，且润滑困难，要求它具有足够的强度、良好的减摩性和耐蚀性。

连杆轴承由钢背和减摩层组成，为两半分开形式。钢背由厚 1~3mm 的低碳钢制成，是轴承的基体，减摩层是由浇铸在钢背内圆上厚为 0.3~0.7mm 的薄层减摩合金制成，减摩合金具有保持油膜、减少摩擦阻力和易于磨合的作用，如图 2-39 所示。

连杆轴承减摩合金主要有白合金（巴氏合金）、铜铅合金和铝基合金，其中巴氏合金轴承的疲劳强度较低，只能用于负荷不大的汽油机，而铜铝合金或高锡铝合金轴承均具有较高的承载能力与耐疲劳性。含锡量 20%（质量分数）以上的高锡铝合金轴承，在汽油机和柴油机上均得到广泛应用。

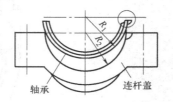
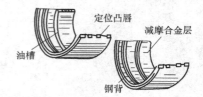

图 2-39 连杆轴承

半个连杆轴承在自由状态下并不是半圆形，即 $R_1 > R_2$。当它们装入连杆大头孔内时，又有过盈量，故能均匀地紧贴在大头孔壁上及连杆盖上，具有很好的承载和导热能力。为了防止连杆轴承在工作中发生转动或轴向移动，在两个连杆轴承的剖分面上，分别冲压出高于钢背面的两个定位凸唇。装配时，这两个凸唇分别嵌入在连杆大头和连杆盖上的相应凹槽中。在连杆轴承内表面上还加工有油槽，用以储油，保证可靠润滑。

3.3　活塞连杆组的检修

1. 活塞的检修

活塞的损伤主要是磨损。包括活塞环槽的磨损、活塞裙部的磨损、活塞销座孔的磨损。活塞的刮伤、顶部烧蚀和脱顶则属于非正常的损伤形式。

活塞在工作中最大的磨损部位是活塞环槽，主要原因是气体压力的作用，使活塞环对活塞环槽的压力很高，同时活塞在高速往复运动中，活塞环对活塞环槽的冲击很大，尤其是第一道环槽，所承受的压力最大，周围的温度最高，且润滑条件差，因此磨损最严重，以下逐渐减轻。环槽磨损后引起活塞环侧隙增大，使气缸漏气和窜油，机油进入燃烧室，燃烧产生大量积炭、结胶，使活塞环过热，失去弹性或卡死，造成柴油机工作时冒蓝烟、烧机油、性能下降。

活塞裙部磨损相对环槽磨损要小，当活塞裙部与气缸间隙过大时，工作时会产生敲缸，且导致机油过量燃烧。

活塞工作时，由于气体压力和惯性力的作用，活塞销与销座孔之间产生磨损，其最大磨损在上下方向。磨损使配合松旷，严重时在工作中会出现不正常响声。

（1）活塞的选配

当气缸的磨损超过规定值及活塞发生异常损坏时，必须对气缸进行修复，并且要根据气缸的修理尺寸选配活塞，以恢复正常的配合间隙。

选配活塞时要注意以下几点：

1）选用同一修理尺寸和同一分组尺寸的活塞。活塞裙部的尺寸是镗磨气缸的依据，即气缸的修理尺寸是哪一级，也要选用哪一级修理尺寸的活塞。由于活塞的分组，只有在选用同一分组活塞后，才能按选定活塞的裙部尺寸进行镗磨气缸。

2）同一柴油机必须选用同一厂牌的活塞。活塞应成套选配，以保证其材料和性能的一致性。

3) 在选配的成套活塞中，尺寸差和质量差应符合要求。成套活塞中，其尺寸差一般为 0.02~0.025mm，质量差一般为 4~8g，销座孔的涂色标记应相同。

工程机械柴油机活塞与气缸的配合采用选配法，在气缸的技术要求确定的前提下，选配相应的活塞。活塞的修理尺寸级别各柴油机不同，应查阅相关的维修手册。例如，东风朝柴 6102 柴油机，气缸套孔内径为 $\phi 102.020 \sim \phi 102.060$mm，活塞裙部大径为 $\phi 101.830 \sim \phi 101.870$mm，分为四组，同组相配。

（2）活塞的检测

1) 活塞裙部尺寸的检测。镗缸时，要根据选配活塞的裙部直径确定镗削量，活塞裙部直径的测量方法如图 2-40 所示。由于活塞裙部在冷态下呈上小下大的锥形，因此不同测量位置测出的活塞裙部直径不同，应以维修手册为依据。如上柴 D6114 柴油机活塞裙部的测量位置在与销孔轴线垂直的方向，距离活塞顶 23.6mm 处测量。

2) 配缸间隙的检测。活塞与气缸壁之间的间隙称为配缸间隙，此间隙应符合标准。例如，东风朝柴 6102 柴油机，配缸间隙为 0.18~0.20mm。检测时可用量缸表测量气缸的直径，用外径千分尺测量活塞的直径，两者之差即为配缸间隙。也可如图 2-41 所示，将活塞（不装活塞环）放入气缸中，用塞尺测量其间隙值。

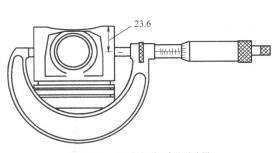

图 2-40　活塞裙部直径测量

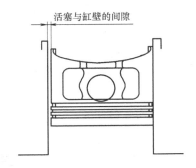

图 2-41　配缸间隙的检测

2. 活塞环的检修

活塞环的损伤主要是磨损，随着磨损的加剧，活塞环的弹力逐渐减弱，端隙、侧隙、背隙增大。此外，活塞环还可能折断。

（1）活塞环的选配

除了有标准尺寸的活塞环以外，还有与各级修理尺寸气缸、活塞相对应的加大尺寸的修理尺寸活塞环。柴油机修理时，应按照气缸的标准尺寸或修理尺寸，选用与气缸、活塞同级别的活塞环。

在大修时，优先使用活塞、活塞销及活塞环成套供应配件。

（2）活塞环的检验

为了保证活塞环与活塞环槽及气缸的良好配合，在选配活塞环时，还应对活塞环弹力、环的漏光度、端隙、侧隙、背隙等进行检测，当其中任何一项不符合要求时，均应重新选配活塞环。

1) 活塞环端隙的检验。将活塞环平正地放入气缸内，用活塞顶部把它推平，然后用塞尺测量开口处的间隙,如图2-42所示。

端隙大于规定时,应另选活塞环;小于规定时,可对环口的一端加以锉修。锉修时,应注意环口平整,锉修后环外口应去掉毛刺,以防锋利的环口刮伤气缸。

2）活塞环侧隙的检验。将活塞环放入环槽内,围绕环槽滚动一周,应能自由滚动,既不松动,又无阻滞现象。用塞尺按图2-43所示的方法测量,其值符合要求。

若侧隙过小,可将活塞环放在有平板的砂布上研磨,不允许加工活塞;若侧隙过大,则应另选活塞环。

3）活塞环背隙的检验。在实际测量中,活塞环背隙通常以槽深和环厚之差来表示。检验活塞环背隙的经验方法是：将活塞环置入环槽内,如活塞环低于环槽岸,能转动自如,且无松旷,则间隙合适。

4）活塞环弹力的检验。活塞环的弹力是指活塞环端隙达到规定值时作用在活塞环上的径向力。活塞环的弹力是保证气缸密封的必要条件。弹力过弱,气缸密封性变差,燃润料消耗增加,燃烧室积炭严重,柴油机动力性、经济性降低。弹力过大使环的磨损加剧。

活塞环的弹力可用活塞环弹力检验仪检验,其值应符合规定的要求。

5）活塞环漏光度的检验。活塞环漏光度用于检查活塞环的外圆与缸壁贴合的良好程度。漏光度的检查方法如图2-44所示,将活塞环平正地放入气缸内,用活塞顶部把它推平,在气缸下部放置一发亮的灯泡,在活塞环上放一直径略小于气缸内径、能盖住活塞环内圆的盖板,然后从气缸上部观察漏光处及其对应的圆心角。

一般要求活塞环局部漏光每处不大于25°；最大漏光缝隙不大于0.03mm；每环漏光处不超过2个,每环总漏光度不大于45°；在活塞环开口处30°范围内不允许有漏光现象。

图2-42 活塞环端隙的检验

图2-43 活塞环侧隙的检验

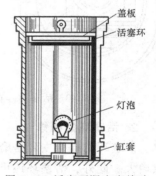

图2-44 活塞环漏光度检验

3. 活塞销的检修与选配

柴油机工作时,活塞销受到气体压力和惯性力的作用,使其与销座孔以及连杆衬套相配合处产生磨损,造成间隙增大,严重时会产生敲击声。以往修理时均以加大活塞销来恢复正常配合,近年均采用成对更换活塞、活塞销来解决。这种方法能保证活塞销与活塞具有较高的装配精度。

柴油机大修时,一般应更换活塞销。

活塞销的选配原则是：同一台柴油机应选用同一厂牌、同一修理尺寸的成组活塞销；活塞销表面应无任何锈蚀和斑点,表面粗糙度 Ra 不大于 $0.63\mu m$,圆柱度误差不大于0.0025mm,质量差在10g范围内。

4. 连杆组的检修

（1）连杆的检修

连杆的损伤有杆身的弯曲、扭转变形，小头孔和大头侧面的磨损，其中变形最为常见。

1) 连杆变形的检验。连杆变形的检验在连杆检验仪上进行，如图 2-45 所示。检验仪上的菱形支承轴能保证连杆大端承孔轴向与检验平板垂直。测量工具是一个带 V 形槽的"三点规"，三点规上的三点构成的平面与 V 形槽的对称平面垂直，两下测点的距离为 100mm，上测点与两下测点连线的距离也是 100mm。

检验方法如下：

① 将连杆大头的轴承盖装好（不装轴承），按规定力矩把螺栓拧紧，检查连杆大头孔的圆度和圆柱度应符合要求；装上已修配好的活塞销。

② 把连杆大头装在检验仪的支承轴上，拧紧调整螺钉使定心块向外扩张，把连杆固定在检验仪上。

③ 将 V 形检验块两端的 V 形定位面靠在活塞销上，观察 V 形三点规的三个接触点与检验平板的接触情况，即可检查出连杆的变形方向和变形量。

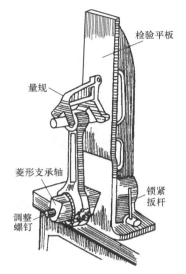

图 2-45 连杆检验仪

a. 三点规的三个测点都与平板接触，说明连杆没有变形。

b. 若上测点与平板接触，两下测点不接触且与平板距离一致；或两下测点与平板接触而上测点不接触，表明连杆弯曲。用塞尺测出测点与平板的间隙，即为连杆在 100mm 长度上的弯曲度，如图 2-46a 所示。

c. 若只有一个下测点与平板接触，另一个下测点与平板不接触，且间隙为上测点与平板间隙的两倍，这时下测点与平板的间隙即为连杆在 100mm 长度上的扭曲度，如图 2-46b 所示。

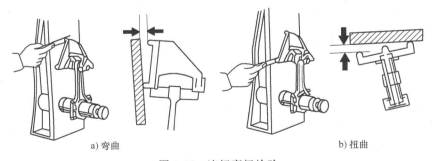

a) 弯曲　　　　　　　　　　b) 扭曲

图 2-46 连杆弯扭检验

d. 如果一个下测点与平板接触，但另一个下测点与平板的间隙不等于上测点间隙的两倍，这时连杆弯扭并存。下测点与平板的间隙为连杆的扭曲度，上测点间隙与下测点间隙一半的差值为连杆的弯曲度。

e. 测出连杆小头端面与平板的距离，然后将连杆翻转 180°后再测此距离，若数值不相等，即说明连杆有双重弯曲，两次测量数值之差为连杆双重弯曲度。

2）连杆变形的校正。经检验，如果弯、扭超过规定值，应记住弯、扭方向和数值，进行校正。

连杆弯曲的校正可在压力机或弯曲校正器上进行，用弯曲校正器校正连杆弯曲的方法，如图 2-47 所示。

连杆扭曲的校正可将连杆夹在台虎钳上，用扭曲校正器、长柄扳钳或管钳进行校正，用扭曲校正器校正连杆扭曲的方法如图 2-48 所示。

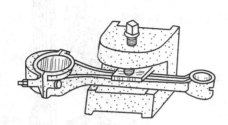

图 2-47 连杆弯曲的校正

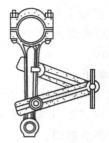

图 2-48 连杆扭曲的校正

校正时注意：先校扭，再校弯；避免反复过校正。校正后要进行时效处理，消除弹性后效作用。

（2）连杆衬套的检修

1）连杆衬套的选配。对于全浮式安装的活塞销，连杆小头内压装有连杆衬套。柴油机在大修时，在更换活塞、活塞销的同时，必须更换连杆衬套，以恢复其正常配合。

连杆衬套与连杆小头应有一定的过盈量，以保证衬套在工作时外圆不滑动。可通过分别测量连杆小头内径（图 2-49）和新衬套外径（图 2-50）的方法求得过盈量。

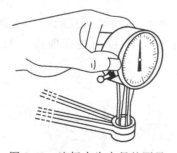

图 2-49 连杆小头内径的测量

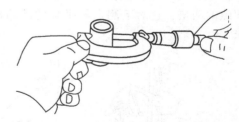

图 2-50 连杆衬套外径的测量

新衬套的压入可在台虎钳上进行。压入前，应检查连杆小头有无毛刺，以免擦伤衬套外圆。压入时，衬套倒角应朝向连杆小头倒角一侧，并将其放正，同时对正衬套的油孔和连杆小头油孔，确保润滑油道畅通。

2）连杆衬套的修配。活塞销与连杆衬套的配合，在常温下应有一定间隙。例如，上柴 D6114 柴油机的活塞销与连杆后小头轴承内孔配合间隙为 0.025～0.048 mm。若配合间隙过小，可将连杆夹到内圆磨床上进行磨削，并留有研磨余量，再将活塞销插入连杆衬套内配对研磨，研磨时可加少量机油，将活塞销夹在台虎钳上，沿活塞销轴线方向扳动连杆，应有无间隙感觉（图 2-51）。加入机油扳动时应无"气泡"产生，把连杆置于与水平面成 75°角时应能停住，轻拍连杆后徐徐下降，此时配合间隙为合适。

经过加工的衬套，应能用大拇指把活塞销推入连杆衬套内，并有无间隙感觉，如图2-52所示。

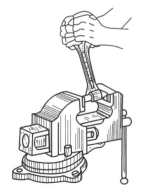

图2-51 连杆衬套修配质量检验

图2-52 检查活塞销与连杆衬套的配合

任务四　曲轴飞轮组结构与检修

4.1　任务引入

曲轴飞轮组由曲轴、飞轮、扭转减振器、曲轴主轴承、曲轴带轮、正时齿轮（或链轮）等组成，图2-53所示为康明斯6BT柴油机曲轴飞轮组的组成。

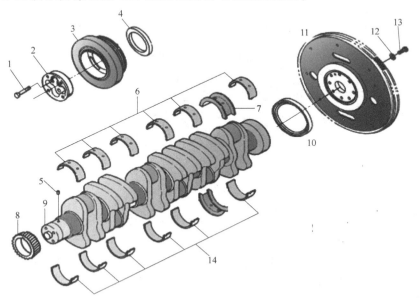

图2-53　柴油机曲轴飞轮组

1—减振器螺栓　2—曲轴垫块　3—扭转减振器、带轮　4—曲轴前油封　5—定位销　6—主轴承上轴瓦
7—推力轴承　8—曲轴正时齿轮　9—曲轴　10—曲轴后油封　11—飞轮总成　12—飞轮螺栓垫圈
13—飞轮螺栓　14—主轴承下轴瓦

4.2 相关知识

1. 曲轴

曲轴的作用是：

1) 将曲轴的直线运动转化为旋转运动。
2) 将连杆产生的扭转力转换为转矩。
3) 将转矩传递到离合器或液力变矩器上。
4) 驱动配气机构、机油泵、空调压缩机、发电机和其他附属总成。

曲轴工作时，承受周期性变化的气体压力及活塞连杆等运动件的往复和旋转惯性力作用，这些力及其力矩使曲轴产生弯曲和扭转变形，弯曲和扭转作用还会使曲轴产生振动，因此要求曲轴必须要有足够的刚度、强度、耐磨性和很高的平衡性。

曲轴一般采用优质中碳钢或中碳合金钢模锻，其主轴颈和连杆轴颈表面均应高频淬火或氮化，以提高耐磨性。也有柴油机采用球墨铸铁铸造曲轴。

（1）曲轴的构造

曲轴有整体式和组合式，多缸柴油机曲轴一般做成整体式。整体式曲轴的基本结构如图2-54所示，包括：

1) 用于曲轴支承在曲轴箱内的主轴颈。
2) 用于安装连杆轴承的连杆轴颈。
3) 连接连杆轴颈和主轴颈的曲柄臂。
4) 用于安装正时齿轮、带轮的前端轴。
5) 用于安装飞轮的后端凸缘。
6) 用来平衡连杆大头、连杆轴颈和曲柄臂等产生的离心力及其力矩的平衡重。

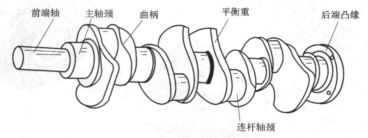

图2-54　整体式曲轴的构造

曲轴的形状取决于气缸数量、气缸布置、曲轴轴承数量、行程、喷油顺序。

（2）曲轴的支承方式

主轴颈是曲轴的支承部分。按曲轴主轴颈的数目，可以把曲轴分为全支承曲轴和非全支承曲轴两种。在每个连杆轴颈两边都有一个主轴颈者，称为全支承曲轴，否则为非全支承。显然全支承曲轴的主轴颈数比连杆轴颈数多一个。这种支承方式曲轴刚度好，但长度较长，如图2-55所示。由此可见，直列柴油机全支承曲轴的主轴颈数比气缸数多一个；V型柴油机全支承曲轴的主轴颈数是气缸数的一半加一个。

（3）平衡重的作用

平衡重用来平衡连杆大头、连杆轴颈和曲柄等产生的离心力及其力矩，有时还平衡部分

图 2-55 曲轴的支承形式

往复惯性力，使柴油机运转平稳。如图 2-56 所示的四缸柴油机，从整体来说，其惯性力及力矩是平衡的，但曲轴局部却受弯矩 M_{1-2}、M_{3-4} 作用，造成曲轴弯曲变形。如果在曲柄的相反方向上设置平衡重，就能使其产生的力矩与上述惯性力矩 M_{1-2}、M_{3-4} 相平衡。

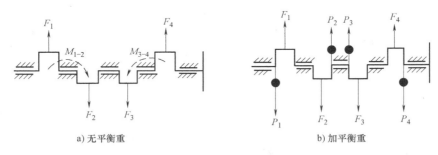

图 2-56 曲轴平衡重作用示意图

平衡重有的与曲轴制成一体，也有的是单独制成，再用螺栓固定于曲柄上。无论有无平衡重，曲轴本身必须经过动平衡校验，对不平衡的曲轴常在其偏重的一侧钻去一部分质量使其达到平衡。

（4）曲轴的轴向定位

曲轴作为转动件，必须与其固定件之间有一定的轴向间隙。而在柴油机工作时，曲轴经常受到离合器等传动件施加于飞轮的轴向力，以及在上、下坡行驶或突然加、减速出现的轴向力作用而有轴向窜动的趋势。曲轴的轴向窜动将破坏曲柄连杆机构各零件的正确相对位置，因此曲轴必须有轴向定位措施。而在曲轴受热膨胀时，又应允许它能自由伸长，故曲轴上只能有一处设置轴向定位装置，该装置可设在曲轴的前端、中间或后端。

曲轴的轴向定位是通过止推装置实现的。止推装置有翻边轴瓦、止推片、止推环等多种形式，如图 2-57 所示。

翻边轴瓦放在曲轴的某一道主轴承内，靠翻边轴瓦两外侧表面的减摩合金层减低与轴颈端面相对运动时的摩擦阻力，并可挡住曲轴的左、右窜动。

止推片又称为推力轴承，如图 2-58 所示。它是外侧有减摩层的半圆环钢片，装在气缸体或主轴承盖的槽内。为防止止推片的转动，止推片上有凸起卡在槽内。

止推环是带有减摩合金层的止推钢环形式，它能从曲轴端部直接套入主轴颈，故放置在曲轴第一道主轴颈上。为防止止推环转动，止推环上也有定位舌。

（5）曲拐的布置

一个连杆轴颈和它两端的曲柄及相邻两个主轴颈构成一个曲拐，如图 2-59 所示。

曲轴的曲拐数取决于柴油机气缸的数目和排列方式。直列式柴油机曲拐数等于气缸数；V 型柴油机曲拐数等于气缸数的一半。

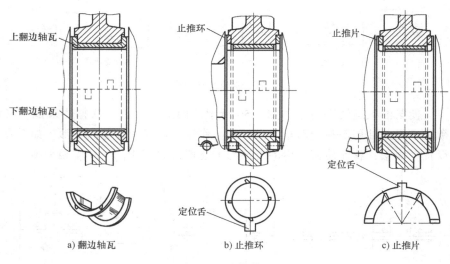

a) 翻边轴瓦

b) 止推环

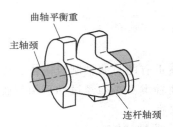
c) 止推片

图 2-57 止推装置

图 2-58 推力轴承

图 2-59 曲拐

曲拐的布置（即曲拐的相对位置）除了与气缸数、气缸排列方式有关外，还与柴油机工作顺序有关。在安排柴油机工作顺序时，应注意使连续做功的两缸相距尽可能远些，以减轻主轴承的载荷，同时避免进气干涉而影响充气量；做功间隔力求均匀，在柴油机完成一个工作循环的曲轴转角内，每个气缸应做功一次，以保证柴油机运转平稳；曲拐布置尽可能对称、均匀。

如多缸柴油机气缸数为 i，则柴油机做功间隔角为 $720°/i$。

常见几种多缸柴油机曲拐的布置和工作顺序如下：

1）直列四缸四冲程柴油机曲拐布置。曲拐对称布置在同一平面内，如图 2-60 所示。做功间隔角为 $720°/4 = 180°$，各缸工作顺序有 1-2-4-3 和 1-3-4-2 两种。工作循环见表 2-3、表 2-4。

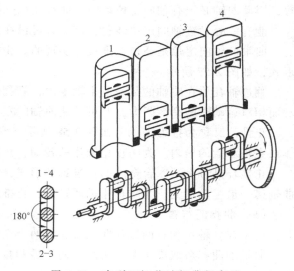

图 2-60 直列四缸柴油机曲拐布置

表 2-3　四缸柴油机工作循环表（工作顺序 1-2-4-3）

曲轴转角/(°)	第一缸	第二缸	第三缸	第四缸
0～180	做功	压缩	排气	进气
180～360	排气	做功	进气	压缩
350～540	进气	排气	压缩	做功
540～720	压缩	进气	做功	排气

表 2-4　四缸柴油机工作循环表（工作顺序 1-3-4-2）

曲轴转角/(°)	第一缸	第二缸	第三缸	第四缸
9～180	做功	排气	压缩	进气
180～360	排气	进气	做功	压缩
350～540	进气	压缩	排气	做功
540～720	压缩	做功	进气	排气

2) 直列六缸四冲程柴油机曲拐布置。曲拐均匀布置在互成120°的三个平面内，如图2-61所示。做功间隔角为720°/6 = 120°，各缸柴油机工作顺序为1-5-3-6-2-4和1-4-2-6-3-5，以第一种应用较为普遍。工作循环见表2-5。

3) V型八缸四冲程发动机曲拐布置。这种曲轴有四个曲拐，其布置可以与直列四缸发动机一样，四个曲拐布置在同一平面内，也可以布置在两个相互错开90°的平面内，如图2-62所示。做功间隔角为720°/8 = 90°，V型发动机工作顺序随气缸序号的排列方法而定，图2-62中为1-8-4-3-6-5-7-2。工作循环见表2-6。

除上述常见曲轴外，还有许多种类，如直列五缸的曲轴，曲拐布置在五个纵向平面内，做功间隔角为720°/5 = 144°。

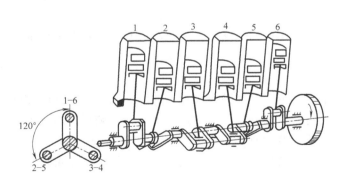

图 2-61　直列六缸柴油机曲拐布置图

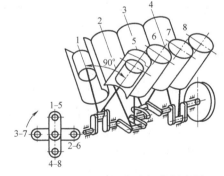

图 2-62　V型八缸发动机曲拐布置

2. 曲轴轴承

（1）曲轴轴承的构造

曲轴轴承（俗称大瓦），装于主轴承座孔中，将曲轴支承在柴油机的机体上。主轴承的结构与连杆轴承相同，如图2-63所示。为了向连杆轴承输送机油，在主轴承上都开有周向油槽和通油孔。有些负荷不大的柴油机，为了通用化起见，上、下两半轴瓦上都制有油槽，有些柴油机只在上轴瓦开油槽和通油孔，而负荷较重的下轴瓦不开油槽。在相应的主轴颈上

表 2-5 六缸柴油机工作循环表（工作顺序 1-5-3-6-2-4）

曲轴转角/(°)		第一缸	第二缸	第三缸	第四缸	第五缸	第六缸
0~180	0 60 120	做功	排气	进气	做功	压缩	进气
180~360	180 240 300	排气	进气	压缩 排气	排气	做功	压缩
360~540	360 420 480	进气	压缩	做功	进气 排气	排气	做功
540~720	540 600 660 720	压缩	做功 排气	进气	压缩 做功	进气 压缩	排气

表 2-6 V 型八缸柴油机工作循环表（工作顺序 1-8-4-3-6-5-7-2）

曲轴转角/(°)		第一缸	第二缸	第三缸	第四缸	第五缸	第六缸	第七缸	第八缸
0~180	90	做功	做功 排气	进气 压缩	压缩 做功	排气	进气	排气 进气	压缩 做功
180~360	270	排气	进气 做功	压缩	做功 排气	压缩	压缩 做功	进气	做功 排气
360~540	450	进气	压缩 排气	做功 排气	排气 进气	做功	做功 排气	压缩	排气 压缩
540~720	630	压缩	排气 做功	排气 进气	进气 压缩	排气	排气	做功	压缩

开径向通孔，这样，主轴承便能不间断地向连杆轴承供给机油。注意：后一种主轴瓦上、下片不能互换，否则主轴承的来油通道将被堵塞。

对于采用组合式曲轴的柴油机，主轴承采用滚动轴承，以过盈配合套装在每两节曲轴相连接的主轴颈上。

(2) 曲轴轴承的选配

曲轴轴承在工作中会发生磨损、合金层疲劳剥落和黏着咬死等故障；轴承的径向间隙的使用限度超限后，因轴承对机油流动阻尼能力减弱，可使主油道压力降低而破坏轴承的正常润滑，发生上述情况应更换轴承。柴油机总成修理时，也应更换全部轴承。

轴承的选配包括选择合适内径的轴承，以及检验轴承的高出量、自由弹开量、定位凸点和轴承钢背表面质量等内容。

1) 选择轴承内径。根据曲轴轴承的直径和规定的径向间隙选择合适内径的轴承。现代柴油机曲轴轴承制造时，根据选配的需要，其内径直径已制成一个尺寸系列。

2) 检验轴承钢背质量。要求定位凸点完整，轴承钢背光整无损。

3) 检验轴承自由弹开量。要求轴承在自由状态下的曲率半径大于座孔的曲率半径，保证轴承压入座孔后，可借轴承自身的弹力作用与轴承座贴合紧密，如图 2-64a 所示。

4) 检验轴承的高出量。如图 2-64b 所示，轴承装入座孔内，上、下两片的每端均应高出轴承座平面 0.03~0.05mm，称为高出量。轴承高出座孔，以保证轴承与座孔紧密贴合，

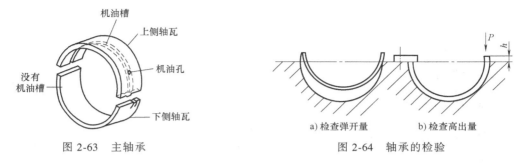

提高散热效果。

图 2-63 主轴承　　　　　　　　　　图 2-64 轴承的检验

3. 曲轴扭转减振器

曲轴是一种扭转弹性系统，本身具有一定的自振频率。柴油机在工作过程中，经连杆传给连杆轴颈的作用力的大小和方向都是周期性地变化的，这种周期性变化的激励作用在曲轴上，引起曲拐回转的瞬时角速度呈周期性变化。由于固装在曲轴上的飞轮转动惯量大，其瞬时角速度基本上可以看成是均匀的。这样曲拐便会有时比飞轮转得快，有时又比飞轮转得慢，形成相对于飞轮的扭转摆动，这就是曲轴的扭转振动。当激励频率与曲轴自振频率成整数倍关系时，曲轴扭转振动会因共振而加剧，这将使柴油机功率受到损失，正时齿轮磨损增加，严重时甚至将曲轴扭断。为了消减曲轴的扭转振动，康明斯 B、C 系列，上柴 D6114 等工程机械柴油机在曲轴前端装有扭转减振器。

（1）压入式橡胶阻尼扭转减振器结构

康明斯 B 系列柴油机的曲轴前端安装了压入式橡胶阻尼扭转减振器，其装配示意图如图 2-65 所示。

压入式橡胶阻尼扭转减振器主要由惯性环、轮毂、橡胶圈、带轮等组成，橡胶圈压入惯性环和轮毂的空腔内，惯性环外径为 209mm。

（2）压入式橡胶阻尼扭转减振器工作原理

当柴油机曲轴发生扭转振动时，曲轴前端的角振幅最大。惯性环 1 因转动惯量较大而实际上相当于一个小型飞轮，其转动瞬时角速度也就比轮毂 2 均匀得多。这样，惯性环 1 就同轮毂 2 有了相对角振动，而使橡胶圈 3 产生正反方向交替变化的扭转变形。这时，由于橡胶的内阻尼作用，当橡胶变形时产生的橡胶内部的分子摩擦，消耗扭转振动能量，使整个曲轴的扭转振幅减小。

4. 飞轮

（1）功用

飞轮是一个转动惯量很大的圆盘，其主要功用是将在做功行程中输入于曲轴的动能的一部分储存起来，用以在其他行程中克服阻力，带动曲柄连杆机构越过上、下止点，保证曲轴旋转角速度和输出转矩尽可能均匀，并使柴油机有可能克服短时间的超载荷。

在结构上，飞轮又用作工程机械传动系统中摩擦离合器或液力变矩器的驱动件。

柴油机起动时，起动机带动飞轮齿圈旋转，使柴油机起动。

（2）构造

飞轮的构造如图 2-66 所示，飞轮是一铸铁圆盘，飞轮外缘镶有飞轮齿圈，飞轮齿圈与飞轮是过盈配合，装配时先将齿圈加热再压入飞轮。飞轮齿圈与起动机小齿轮啮合，用于起动柴油机。飞轮和飞轮齿圈总成用螺栓固定于曲轴后端凸缘上。

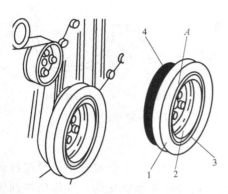

图 2-65　扭转减振器结构及安装示意图
1—惯性环　2—轮毂　3—橡胶圈　4—带轮　A—刻线

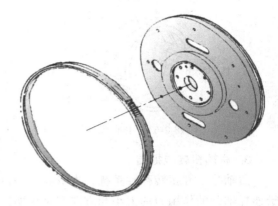

图 2-66　飞轮构造

4.3　曲轴飞轮组的检修

1. 曲轴的检修

曲轴的损伤形式主要有：磨损、变形、裂纹甚至断裂。

曲轴磨损主要发生在曲轴主轴颈和连杆轴颈的部位，且磨损是不均匀的，有一定规律性的。主轴颈和连杆轴颈径向最大磨损部位相互对应，即各主轴颈的最大磨损靠近连杆轴颈一侧；而连杆轴颈的最大磨损部位在主轴颈一侧。另外，曲轴轴颈沿轴向还有锥形磨损，与连杆轴颈油道的油流相背的一侧磨损严重。各轴颈不同方向的磨损，导致主轴颈同轴度破坏，容易造成曲轴断裂。

曲轴变形的方式主要是弯曲和扭曲，是由于使用和修理不当造成的。如柴油机在超负荷等条件下工作；个别气缸不工作或工作不均衡；各道主轴承松紧度不一致等，都会造成曲轴承载后的弯曲变形。扭曲变形主要是烧瓦和个别活塞卡缸造成的。

曲轴裂纹多发生在曲柄与轴颈之间的过渡圆角处以及油孔处，多由应力集中引起。前者是横向裂纹，危害极大，严重时造成曲轴断裂；后者为轴向裂纹，沿斜置油孔的锐边轴向发展，必要时也应更换曲轴。

（1）曲轴磨损的检修

1）轴颈磨损的检验。曲轴轴颈磨损情况的检验，主要是用外径千分尺测量轴颈的直径、圆度误差和圆柱度误差。一般根据圆柱度误差确定轴颈是否需要修磨，同时也可确定修理尺寸。

测量通常是按磨损规律进行，先在轴颈磨损最大的部位测量，找出最小直径，然后在轴颈磨损最小的部位测量，找到最大直径。主轴颈和连杆轴颈磨损后，其圆度、圆柱度误差超出标准要求时（如上柴 D6114 曲轴主轴颈和连杆轴颈的圆度误差极限为 0.05mm、圆柱度误差极限为 0.013mm），应进行曲轴的光磨修理。

2）轴颈的修磨。柴油机大修时，对轴颈磨损已超过规定的曲轴，可用修理尺寸法对曲轴主轴颈、连杆轴颈进行光磨修理，同名轴颈必须为同级修理尺寸，以便选择统一的轴承。具体修理尺寸应查阅相关柴油机的维修手册。上柴 D6114 柴油机曲轴轴颈的修理尺寸见表 2-7。

表 2-7　D6114 柴油机曲轴轴颈修理尺寸　　　　　　　　　　（单位：mm）

修磨次数	主轴颈	主轴颈磨损极限	连杆轴颈	连杆轴颈磨损极限
标准尺寸	φ98±0.013	φ97.962	φ76±0.013	φ75.962
第一次修磨（0.25）	φ97.712±0.013	φ97.674	φ75.712±0.013	φ75.674
第二次修磨（0.50）	φ97.462±0.013	φ97.424	φ75.462±0.013	φ75.424
第三次修磨（0.75）	φ97.212±0.013	φ97.174	φ75.212±0.013	φ75.174
第四次修磨（1.00）	φ96.962±0.013	φ96.924	φ75.962±0.013	φ74.924

（2）曲轴弯曲变形的检修

1）弯曲变形的检验。检验弯曲变形应以两端主轴颈的公共轴线为基准，检查中间主轴颈的径向圆跳动误差，如图 2-67 所示。检验时，将曲轴两端主轴颈分别放置在检验平板的 V 形架上，将百分表触头垂直地抵在中间主轴颈上，慢慢转动曲轴一圈，百分表指针所指示的最大读数与最小读数之差，即为中间主轴颈的径向圆跳动误差值。

2）弯曲变形的校正。曲轴的径向圆跳动误差不得大于 0.15mm，否则应进行校正。

曲轴弯曲变形的校正，一般采用冷压校正或敲击校正法。当变形量不大时，可采用敲击校正法，即用锤子敲击曲柄边缘的非工作表面，使被敲击表面产生塑性残余变形，达到校正弯曲的目的。冷压校正是将曲轴用 V 形块架住两端主轴颈，用油压机沿曲轴弯曲相反方向加压，如图 2-68 所示。由于钢质曲轴的弹性作用，压弯量应为曲轴弯曲量的 10~15 倍，并保持 2~4min，为减小弹性后效作用，最好采用人工时效法消除。

当曲轴弯曲变形量较大时，校正必须分步、反复多次进行，直到符合要求为止。校正后的曲轴径向圆跳动误差不得大于 0.05mm。

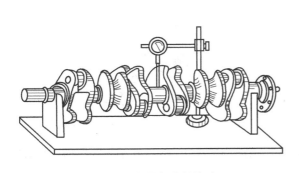

图 2-67　曲轴弯曲的检验

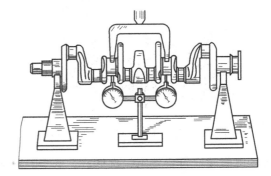

图 2-68　曲轴弯曲冷压校正

（3）曲轴扭曲变形的检修

1）扭曲变形的检验。曲轴扭曲变形检验的支承方法和弯曲检验一样，将曲轴两端主轴颈分别放置在检验平板的 V 形架上，保持曲轴水平，使两端同一曲柄平面内的两个连杆轴颈位于水平位置，用百分表测量两轴颈最高点至平板的高度差 ΔA，据此求得曲轴主轴线的

扭曲角 θ

$$\theta = \frac{360\Delta A}{2\pi R} = \frac{57\Delta A}{R}$$

式中　R——曲柄半径（mm）。

2）扭曲变形的校正。曲轴扭曲变形量一般很小，可直接在曲轴磨床上结合对连杆轴颈磨削时予以修正。

（4）曲轴裂纹的检修

裂纹的检验方法有磁力探伤法和浸油敲击法。

磁力探伤的原理是：当磁力线通过被检验的零件时，零件被磁化。如果零件表面有裂纹，在裂纹部位的磁力线就会因裂纹不导磁而被中断，使磁力线偏散而形成磁极。此时，在零件表面撒上磁性铁粉，铁粉便被磁化而吸附在裂纹处，从而显现出裂纹的部位和大小。

浸油敲击法是将曲轴置于煤油中浸一会，取出后擦净表面煤油并撒上白粉，然后分段用锤子轻轻敲击，如有明显的油迹出现，说明该处有裂纹。

曲轴如出现裂纹，一般应更换曲轴。

（5）曲轴轴向间隙和径向间隙的检查与调整

1）轴向间隙的检查与调整。为了适应柴油机机件正常工作的需要，曲轴必须留有合适的轴向间隙，间隙过小，会使机件因受热膨胀而卡死；轴向间隙过大，曲轴工作时将产生轴向窜动，加速气缸的磨损，活塞连杆组也会不正常磨损，还会影响配气相位和离合器的正常工作。因此，曲轴装到气缸体上之后，应检查其轴向间隙。

曲轴轴向间隙的检查可采用百分表或塞尺进行。检查时，将曲轴装入缸体轴承座，将百分表触头顶在曲轴平衡重上，用撬棒前后撬动曲轴，观察表针摆动数值，指针的最大摆差即为曲轴轴向间隙，如图 2-69 所示。或者用撬棒将曲轴撬向一端，再用塞尺检查推力轴承和曲轴止推面之间的间隙，即为曲轴轴向间隙，如图 2-70 所示。

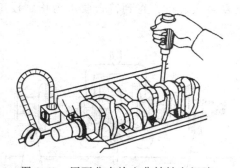

图 2-69　用百分表检查曲轴轴向间隙

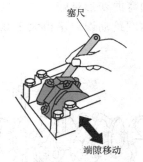

图 2-70　用塞尺检查曲轴轴向间隙

此间隙应符合规定，例如：上柴 D6114 曲轴的轴向间隙为 0.100~0.274mm，轴向间隙过小或过大时，应通过推力轴承进行调整。

2）径向间隙的检查与调整。曲轴的径向也必须留有适当间隙，因为轴承的适当润滑和冷却是取决于曲轴径向间隙的大小。曲轴径向间隙过小会使阻力增大，加重磨损，使轴瓦划伤；曲轴径向间隙太大，曲轴会上下敲击，并使机油压力降低，曲轴表面过热并与轴瓦烧熔到一起。曲轴的径向间隙可用软金属丝检查，首先清洁曲轴主轴颈、连杆轴颈、轴瓦和轴承盖，将软金属丝放置在曲轴轴颈上（不要将油孔盖住），盖上轴承盖并按规定力矩拧紧螺栓。注意不要转动曲轴。然后取下轴承盖和软金属丝，测量软金属丝厚度即为曲轴的径向间隙。

上柴 D6114 曲轴主轴颈与主轴承径向间隙为 0.076~0.144mm，如果径向间隙不符合规定，应重新选配轴承。

2. 扭转减振器的检修

康明斯 B 系列柴油机扭转减振器安装时，如前面的图 2-53、图 2-65 所示，将曲轴垫块紧贴在轮毂上，用四个减振器螺栓固定，螺栓拧紧力矩为（125±5）N·m。柴油机运转时，若发现扭转减振器抖动，应检查扭转减振器是否损坏，以便及时更换。

1）扭转减振器轮毂和惯性环有一条对齐的刻线 A（图 2-65）当刻线偏移量超过 2mm 时，必须更换。

2）当扭转减振器橡胶掉块，且缺损深度低于金属表面 3mm 以上时，必须更换扭转减振器总成。

扭转减振器橡胶环的专用配方是经试验确定的，因而更换时应遵循有关说明，购买指定厂商供应的维修备件。

3. 飞轮的检修

康明斯 B 系列柴油机飞轮使用注意事项如下：

1）飞轮摩擦面不得有裂纹、严重烧伤或明显沟槽，必要时可进行修磨，但磨削量不得超过 1mm。

2）飞轮平面修磨后，应以曲轴安装止口定位进行动平衡检查，不平衡量不得大于 0.3N·cm。

3）飞轮齿圈齿面不得有变形或严重磨损等缺陷，否则应更换齿圈，齿圈和飞轮的配合为过盈配合，过盈量为 0.43~0.72mm。

4）更换齿圈时，应将齿圈加热至 127℃，保温 20min，然后与飞轮配装。

5）装配齿圈时，应使齿圈上倒角朝向曲轴侧。

6）换装齿圈后，飞轮总成应以曲轴安装止口定位进行动平衡检查，不平衡量不得大于 0.3N·cm。

7）将飞轮总成装上曲轴后凸缘时，应与安装止口定位对齐，并将飞轮螺栓交叉分 2~3 次拧紧至规定力矩（137±7）N·m。

任务五　潍柴柴油机曲柄连杆机构特点

1. 机体

潍柴 WD615 系列柴油机的机体是由气缸体、曲轴箱、油底壳和飞轮壳、气缸盖等机件组成的。

如图 2-71 所示，它的气缸体和曲轴箱是由高强度灰铸铁铸造、加工而成，以曲轴中心线水平分开。气缸体与曲轴箱之间没有胶垫，通过密封胶密封。气缸体与整体式曲轴箱通过三个直径为 12mm 的定位销定位，用 14 个 M18×2.5、22 个 M8×25 和两个 M8×110 的螺栓固定在一起，提高了整机的刚度，减少了振动噪声，延长了使用寿命。

气缸体采用150mm等中心距缸孔,每一缸孔内压装一个干式薄壁气缸套。气缸体的右侧有一空腔,用来安装机油冷却器。右侧机体上加工有七道凸轮轴轴承座孔,座孔的右上方加工一个27mm的中尺寸贯通式主油道。凸轮轴孔的上方机体加工有12个气门挺柱孔,挺柱与主油道通过12mm斜油道相通,通过空心推杆来润滑配气机构。气缸体左侧有不贯通的副油道,副油道、主轴承机油孔、凸轮轴轴承机油孔与主油道用12mm中尺寸斜油道贯通第2、3、5、6道主轴承机油孔与副油道用9mm小尺寸斜油道相通。

气缸套是由高磷铸铁铸造、加工而成,壁厚为2mm。气缸套的内孔面采用经过特殊处理的平面螺旋网纹结构,改善活塞与缸壁之间的润滑条件,提高了耐磨性能。

图 2-71 潍柴 WD615 气缸体与曲轴箱

曲轴箱与七道主轴承盖铸造成一体,形成一个框架结构,提高了整机的刚度。

油底壳与气缸体之间通过U形橡胶密封垫密封,通过油底壳托块紧固。

气缸盖采用一缸一盖结构。气缸盖是由合金铸铁铸造、加工的六面体,如图2-72所示。

每一气缸盖均布有一个进气门和一个排气门,进、排气道分布两侧。每一气缸盖除了通过四个M16的主螺栓与气缸体固定外,还有六个M12的双头螺柱通过马鞍式压板、球面垫圈和锁紧螺母同时将相邻两气缸盖压紧,确保气缸密封良好。气缸垫采用石棉-钢架结构,厚0.2mm,宽10mm。气缸垫缸孔直径为127.0~127.8mm,内周边用耐热冷轧合金板包覆。气缸垫上有8个直径为8.5mm的小通水孔,孔周围涂有宽2mm的

图 2-72 潍柴 WD615 的一缸一盖结构

涂料;挺柱孔周围涂有宽3mm的涂料,用来防止冷却液和机油的渗透。气缸垫的上面打有"TOP"字样的向上标记,安装时应将此面朝上。

2. 曲柄连杆机构

曲柄连杆机构是由曲轴、连杆、活塞和飞轮等机件组成,如图2-73所示。

WD615系列柴油机采用整体式全支承模锻曲轴。曲轴前端套装有曲轴齿轮、减振器和带轮;后端通过一个圆柱销定位、九个飞轮螺栓将飞轮总成固定成一体。整个曲轴总成通过七道主轴瓦固定在缸体上。

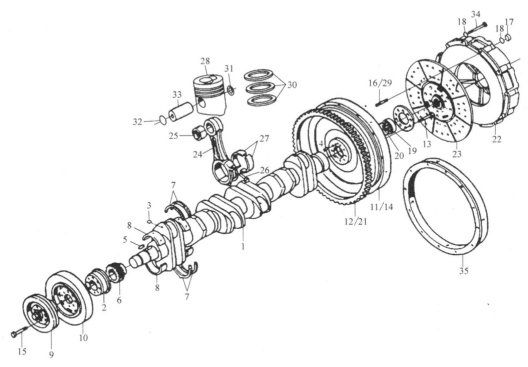

图 2-73 潍柴 WD615 曲轴连杆机构

1—曲轴 2—法兰 3、4—圆柱销 5—平键 6—曲轴齿轮 7—止推片 8—主轴承 9—带轮 10—减振器 11、14—飞轮 12、21—齿圈 13—飞轮螺栓 15、16、29—螺栓 17—螺母 18—垫圈 19—滚动轴承 20—弹性挡圈 22—压盘 23—从动盘 24—连杆 25—衬套 26—连杆螺栓 27—连杆轴承 28—活塞 30—活塞环 31、32—挡圈 33—活塞销 34—压盘固定螺栓 35—中间法兰

活塞、连杆采用常规结构。活塞上安装有三道活塞环,其中两道气环、一道油环。连杆通过连杆轴瓦、连杆衬套将活塞与曲轴连接在一起,组成柴油机的主要运动机件。

(1) 曲轴飞轮组

曲轴飞轮组由曲轴、飞轮、减振器等机件组成。

曲轴采用整体式全支承结构曲轴,采用 45 钢模锻加工而成。曲轴采用平衡块结构,每一曲轴上都有 12 个平衡块,提高了柴油机运动的平衡性。曲轴轴颈、连杆轴颈的表面均经过氮碳共渗处理,氮碳共渗层深度为 0.15~0.20mm,提高了曲轴的耐磨性和抗疲劳强度。曲轴的油道除第一主轴颈外,其余均采用直通孔油道,保证了各轴承的良好润滑。曲轴前端加工有安装曲轴齿轮和法兰的圆柱面,曲轴齿轮是加热到 180℃ 后通过平键套装在轴颈上的;法兰是加热到 290℃ 后直接套装在轴颈上的。曲轴后端加工有与曲轴一体的法兰,法兰上加工有九个 M14 的螺纹孔和一个直径为 8mm 的定位销孔,用于安装飞轮;法兰外圆为曲轴后油封密封面。

主轴承为钢背等厚轴瓦,在钢背上镀有一层高锡铝合金,厚度为 0.3~0.6mm;主轴承的上瓦片加工有油孔和油槽。连杆轴承为钢背不等厚轴瓦,钢背上镀有一层低锡铝合金,厚度为 0.3~0.5mm,在低锡铝合金的表面先后镀了一层 0.015mm 厚的巴氏合金耐磨层和 0.002mm 厚的防腐层。止推片的材料与主轴瓦相同,止推片的一侧加工有油槽。

飞轮的结合盘直径为 φ477mm，飞轮与齿圈为热装结构，飞轮上刻有正时刻线和喷油提前角度刻线。

硅油减振器采用两种规格，功率小于或等于 191kW 的机型上配用外径为 φ260mm 的减振器；功率大于或等于 206kW 的机型配用外径为 φ280mm 的减振器。减振器、带轮通过曲轴前端法兰固定在曲轴上。法兰的外圆面加工有曲轴前油封密封面。

（2）活塞连杆组

活塞连杆组由活塞、活塞环、活塞销和连杆等机件组成。

活塞顶部加工有 ω 形燃烧室和进、排气门避碰坑。燃烧室的加工位置和容积随机型的不同而有所不同，所有机型燃烧室中心向喷油泵方向偏置 4mm，向后偏置 9mm。

活塞头部的圆周加工有细环形槽，用来防止活塞头部受热后与缸壁抱死，改善活塞头部与缸壁的磨合条件。活塞上开有三道环槽：第一、二道环槽为气环槽，第三道环槽为油环槽。在第一道环槽内镶有耐热铸铁镶圈，提高了第一道环槽的耐磨性能，延长了活塞的使用寿命。

活塞销座孔的中心向曲轴旋转方向（活塞非受力面）偏置 1mm，这不仅使活塞运转平稳、减少冲击，而且改善了活塞与缸壁之间的磨合。活塞销座孔的两端各开一个活塞销挡圈槽，起轴向定位作用。为了改善活塞销座孔上的应力分布情况，在活塞销座孔上加工有减压槽。

活塞裙部采用了中凸变椭圆的形状，以保证活塞与缸壁有较大的接触面。在裙部表面喷涂一层厚 0.01mm 的石墨，提高了活塞的耐磨性。在活塞裙部下方开有一个 U 形缺口，用来防止活塞运动过程中与机油喷嘴相碰撞。

活塞上共装有三道活塞环，其中两道气环，一道油环。

第一道气环是用合金铸铁加工成的梯形桶面环。内环上边缘加工有切槽，环表面进行磷化处理，工作表面喷有 0.2mm 厚的铝层，上环面打印有"TOP"字样的向上安装标记。

第二道气环是用铸铁加工成的锥面环。单边外环面锥角为 90°±5′，环表面进行发蓝处理，工作表面镀有一层厚度为 0.10~0.18mm 的铬，上环面打印有"TOP"字样的向上安装标记。

第三道油环是由铸铁环体和螺旋撑簧组成的组合环。环体上开有 12 个切口，环体的双刃面镀铬，厚度为 0.10~0.18mm。

活塞销采用直径为 50mm 的等圆筒形结构，材料为 15Cr3 合金钢或 15Cr 合金钢，内、外表面都经过渗碳淬火处理，外表面渗碳层厚度为 0.6~1.5mm，内表面为 0.4~1.7mm。

连杆采用低合金钢模锻加工制成，杆体断面为工字形，按重量分为 C、D、E、F、G、H、J、K、L 九个组别，每组重量相差 29g。

连杆大、小头中心距为 219mm，大头宽 46mm，小头宽 41mm。连杆大头为斜面切形式，斜切角度为 45°，接合面采用 60°的锯齿定位结构，通过两个铬钼合金制造的 M14×1.5m 的连杆螺栓紧固在一起。在连杆大头上分别打印有缸序标记、重量分组标记和连杆体、盖配对标记。连杆杆身上无机油道。连杆小头顶部开有 V 形集油槽孔，用来润滑活塞销和连杆衬套。连杆小头衬套是由钢背铜铅合金卷制而成，厚度为 2.5mm，开有 T 形油槽。

实训二 气缸盖拆装与检测

1. 实训目的

(1) 正确进行气缸盖拆装。

(2) 正确进行气缸盖的检测。

2. 实训设备

康明斯 6BT 柴油机、15kgf·m① 扭力扳手、套筒扳手、钢直尺、塞尺等。

3. 实训原理与方法

(1) 气缸盖的拆装

气缸盖拆卸之前,应拆卸涡轮增压器、进排气管及气门室罩等部件。

康明斯柴油机气缸盖螺栓采用12.9级高级强度螺栓,螺纹为M12×1.75,螺栓长度有3种,分别为:长螺栓180mm、中螺栓120mm、短螺栓70mm。

安装气缸盖时,康明斯 6BT 系列柴油机气缸盖螺栓的拧紧顺序如图2-74所示,缸盖螺栓应按由中央对称地向四周的顺序,分次逐步地以规定力矩拧紧。拆卸时则按相反的顺序。

缸盖螺栓采用"力矩—转角法"分为三次拧紧。具体如下所述:

第1次:按顺序拧紧到90N·m。

第2次:全部按顺序拧紧到120N·m。

第3次:所有螺栓再旋紧90°。

缸盖螺栓在采用"力矩—转角法"拧紧后,会有不同程度的塑性变形,螺栓多次拆装后能否继续使用,可通过用卡尺测量螺栓自由状态下的长度及外观形来判断。

最大允许自由长度(参考):

短螺栓　　71.5mm

中螺栓　　122.0mm

长螺栓　　183.0mm

自由长度超出上述尺寸的螺栓应报废,螺纹出现有裂纹、点蚀及螺纹部分已出现缩颈的,也不能再用。

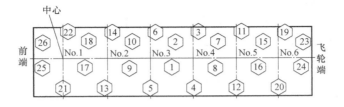

图2-74　康明斯6BT柴油机气缸盖螺栓拧紧顺序

气缸垫安装时要注意其安装方向。密封处卷边凸出的面一般要朝上安装,气缸垫上如果有安装标记,如"TOP",该面应朝向气缸盖。

(2) 气缸盖的检测

---

① 1kgf·m=9.8N·m

气缸盖主要检查其安装面的变形即平面度。方法如下：

1) 如前面的图2-13所示，将被测气缸盖翻过来放在检测平台上。

2) 用钢直尺或刀形尺沿对角线、纵轴线和横向贴靠在被测平面上。

3) 在钢直尺或刀形尺与被测平面间的缝隙处插入塞尺，塞尺所测数值最大者即为气缸体上平面或气缸盖下平面的平面度误差。

康明斯6BT柴油机气缸盖平面度长度方向一端到另一端不超过0.076mm，宽度方向一侧到另一侧不超过0.051mm。

实训三　活塞连杆组的检测

1. 实训目的

(1) 掌握活塞连杆组正确的检测方法。

(2) 加深对活塞连杆组的认识。

2. 实训设备

康明斯6BT柴油机活塞连杆总成、活塞环、外径千分尺、塞尺、连杆测定仪、百分表、灯泡等。

3. 实训原理与方法

(1) 活塞的检测

活塞的检测项目有：

1) 活塞外观和磨损量的检测

检查活塞有无裂纹、顶部龟裂、裙部过度磨损等故障。如存在上述故障，则必须更换活塞。康明斯6BT柴油机活塞直径为101.823~101.887mm、活塞销直径39.990~40.003mm。

2) 活塞销座和活塞销配合情况检查

如果活塞销座孔磨损过大，或者活塞销和活塞销座转动不灵活或粘住，则更换活塞和活塞销。

3) 活塞环槽磨损情况的检查

活塞环槽磨损过大或活塞环黏死在环槽内，则应更换活塞和活塞环。

(2) 连杆的检测

1) 连杆扭曲和弯曲变形的检测

在专用检测仪上检查连杆的扭曲和弯曲变形，如超出康明斯6BT柴油机0.15mm的规定，则按照要求校正。一般先校正扭曲变形，然后校正弯曲变形。

2) 连杆轴承的检查

如果大小头轴瓦磨损过度或出现烧损、黏死等故障，则更换轴瓦。

3) 连杆裂纹的检查

用目测或磁力探伤的办法检查。如出现裂纹，则更换连杆。

(3) 活塞环的检测

1) 活塞环开口间隙、漏光的检测

康明斯6BT柴油机活塞第一道气环开口间隙为0.40~0.70mm；第二道气环0.25~0.55mm；油环为0.25~0.55mm。一般要求活塞环局部漏光每处不大于25°；最大漏光缝隙不大于0.03mm；每环漏光处不超过2个，每环总漏光度不大于45°；在活塞环开口处30°范围内不允许有漏光现象。

2）活塞环侧隙、背隙的检测

康明斯 6BT 柴油机活塞第一道气环侧隙为 0.075～0.150mm；第二道气环 0.085～0.150mm；油环为 0.040～0.130mm。

检验活塞环背隙的经验方法是：将活塞环置入环槽内，若活塞环低于环槽岸，能转动自如，且无松旷，则说明间隙合适。

实训四　曲轴的检测

1. 实训目的

（1）掌握曲轴正确的检测方法。

（2）加深对曲轴的认识。

2. 实训设备

康明斯 6BT 柴油机曲轴、外径千分尺、V 形架、塞尺、软金属丝、百分表等。

3. 实训原理与方法

（1）曲轴轴颈磨损的检测

曲轴轴颈磨损情况的检验，主要是用外径千分尺测量轴颈的直径、圆度误差和圆柱度误差。

康明斯 6BT 柴油机曲轴主轴颈外径为 82.962～83.013mm，圆度误差不超过 0.050mm；连杆轴颈外径为 68.962～69.013mm，圆度误差不超过 0.050mm。

（2）曲轴弯曲变形的检测

检验弯曲变形应以两端主轴颈的公共轴线为基准，检查中间主轴颈的径向圆跳动误差。康明斯 6BT 柴油机曲轴的径向圆跳动误差不得大于 0.15mm，否则应进行校正。

（3）曲轴轴向间隙和径向间隙的检测

曲轴装到气缸体上之后，应检查其轴向间隙。曲轴轴向间隙的检查可采用百分表或塞尺进行。康明斯柴油机曲轴轴向间隙为 0.102～0.432mm，超出范围则修理或更换推力轴承。

曲轴的径向间隙可用软金属丝检查，首先清洁曲轴主轴颈、连杆轴颈、轴瓦和轴承盖，将软金属丝放置在曲轴轴颈上（不要将油孔盖住），盖上轴承盖并按规定力矩拧紧螺栓。注意不要转动曲轴。然后取下轴承盖和软金属丝，测量软金属丝厚度即为曲轴的径向间隙。康明斯 6BT 柴油机主轴承间隙不应该超过 0.119mm，否则应更换主轴承。

复习思考题

一、单项选择题

1. 曲柄连杆机构是在（　　）条件下工作的。

A. 高温、高压、高负荷、化学腐蚀

B. 高温、高磨损、高负荷、化学腐蚀

C. 高温、高压、高速、化学腐蚀

D. 高温、高压、高速、高磨损

2. 四冲程六缸发动机的做功间隔角是（　　）。
   A. 180°　　　　B. 360°　　　　C. 120°　　　　D. 60°
3. 将气缸盖用螺栓固定在气缸体上，拧紧螺栓时，应采取（　　）方法。
   A. 由中央对称地向四周分几次拧紧
   B. 由中央对称地向四周一次拧紧
   C. 由四周对称地向中央分几次拧紧
   D. 由四周对称地向中央一次拧紧
4. 一般柴油机活塞顶部多采用（　　）。
   A. 平顶　　　　　　　　　　　B. 凹顶
   C. 凸顶　　　　　　　　　　　D. 平顶、凹顶和凸顶都可以
5. 直列式柴油机的全支承曲轴的主轴颈数等于（　　）。
   A. 气缸数　　　　　　　　　　B. 气缸数的一半
   C. 气缸数的一半加1　　　　　　D. 气缸数加1
6. 扭曲环之所以会扭曲，是因为（　　）。
   A. 加工成扭曲的　　　　　　　B. 环断面不对称
   C. 摩擦力的作用　　　　　　　D. 人为扭曲
7. 大多数湿式气缸套压入后，与气缸体上平面的关系是（　　）。
   A. 高出　　　　B. 相平　　　　C. 低于　　　　D. 以上都不对
8. 活塞销与销座选配的最好方法是（　　）。
   A. 用量具测量　　　　　　　　B. 用手掌力击试
   C. 用两者有相同涂色标记选配　　D. 以上都不对
9. 偏置活塞销座的目的是（　　）。
   A. 活塞容易装置于气缸内　　　　B. 活塞销拆装容易
   C. 可增加活塞的推力　　　　　　D. 可减少活塞对缸壁的冲击力
10. 通常用来调整曲轴轴向间隙的轴承为（　　）。
    A. 推力轴承　　　B. 轴衬　　　C. 轴瓦　　　D. 球轴承
11. 柴油机曲轴轴颈磨损量检查可用（　　）进行。
    A. 外径千分尺　　B. 游标卡尺　　C. 百分表　　D. 塞尺
12. 活塞环的背隙是指，活塞与活塞环装入气缸后，（　　）。
    A. 环端面与环槽上面之间的间隙
    B. 环内圆柱面与环槽底圆柱面之间的间隙
    C. 环外圆柱面与缸壁之间的间隙
    D. 环自由状态下的搭口间隙

二、简答题

1. 柴油机曲柄连杆机构由哪几部分组成？它们各有什么作用？
2. 叙述气缸体具体结构形式有哪几种类型？它们各有何特点？
3. 为了避免在气缸内卡死或引起局部磨损，柴油机活塞在结构上可采取哪些措施？
4. 试叙述气环的泵油现象。
5. 柴油机活塞扭曲环有何特点？在安装时注意事项是什么？

项目三
柴油机配气机构结构与检修

任务一 柴油机配气机构认识

1.1 任务引入

柴油机配气机构的功能作用是根据气缸的工作次序，定时开启或关闭进气门和排气门，以保证气缸吸入新空气和排出废气。

配气机构的组成，按其功用都可分为气门驱动组和气门组两大部分。气门驱动组包括从正时齿轮开始至推动气门动作的所有零件，可定时驱动气门启闭。它的组成视配气机构的形式不同而异，如顶置气门式主要由正时齿轮、凸轮轴、挺柱、推杆、摇臂、摇臂轴等组成。气门组的组成与配气机构的形式基本无关而大致相同，它包括气门、气门座、气门导管、气门弹簧、气门弹簧座等，它的主要作用是维持气门的关闭。

1.2 相关知识

1. 配气机构分类与工作原理

配气机构按气门的布置位置不同可分为顶置气门式、侧置气门式两类；顶置气门式根据凸轮轴的位置又可分为下置式、中置式和上置式。所以配气机构的布置有四种形式，通常分别称为顶置气门式、中置凸轮轴式、上置凸轮轴式、侧置气门式。

顶置气门式配气机构是应用最多的一种形式。气门倒装在气缸盖上，凸轮轴装在上曲轴箱内，离曲轴较近，采用一对正时齿轮驱动。如图3-1所示，它的组成主要包括由正时齿轮驱动的凸轮轴、气门挺柱、推杆、摇臂、气门弹簧座、气门弹簧、气门、气门导管等。顶置气门式配气机构凸轮轴距曲轴较近，二者之间的传动简单，安装调整容易。但从凸轮轴到气门的距离较远，挺柱及推杆增大了高速运转时的惯性冲击力，再加上推杆细长有较大的弹性，因而可能引起振动和噪声。

工作过程：当气缸的工作循环需要将气门打开进行换气时，曲轴通过正时齿轮驱动凸轮轴旋转，通过挺柱、推杆，推动摇臂摆转。摇臂的另一端便向下压缩弹簧，推开气门。当凸轮顶点转过挺柱以后，挺柱下降，气门在气门弹簧张力作用下关闭。四冲程柴油机每完成一个工作循环，曲轴转两周，凸轮轴转一周，各缸进、排气一次。

上置凸轮轴式配气机构的凸轮轴置于气缸盖上，凸轮轴直接驱动摇臂或气门，省去了挺柱和推杆，较好地解决了下置凸轮轴式的缺点，但凸轮轴距曲轴远，凸轮轴一般多采用链条或正时带来驱动。这种形式多用于高转速柴油机上。

中置凸轮轴式配气结构的凸轮轴置于气缸体上部，缩短了凸轮轴至摇臂的距离，使推杆较短，提高了刚度，甚至可省去推杆。目前这种形式应用较少。

侧置气门式，虽结构简单，但由于燃烧室不紧凑，动力性、经济性指标低，排放污染比较严重，且整个配气机构全在气缸体上，缸体维修加工期长，调整气门间隙不方便，现已基本被淘汰。

配气机构还可按每缸气门的数目分，可双气门、三气门、四气门和五气门。传统柴油机一般采用每缸双气门（一个进气门，一个排气门）。为了改善柴油机的充气性能，应尽量加大气门的直径，但由于气缸的限制，气门的直径不能超过气缸直径的一半。目前许多柴油机采用了多气门结构（三至五气门，常用为四气门），如图3-2所示，可使柴油机的进、排气流通截面面积增大，提高充气效率，改善柴油机的动力、燃油经济性和排放性能。

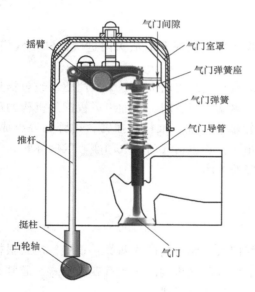

图3-1　顶置气门式配气机构

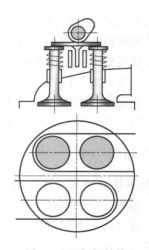

图3-2　四气门结构

2．配气相位

柴油机在进排气行程中，若能够做到排气彻底、进气充分，则可以提高充气系数，增大柴油机输出的功率。四冲程柴油机的每一个工作行程曲轴要旋转180°。由于现代柴油机转速很高，一个行程经历的时间是很短的。例如四冲程柴油机转速达到3000r/min，一个行程的时间只有0.01s，再加上用凸轮驱动气门开启需要一个过程。气门全开的时间就更短了。在如此短的进气和排气行程中，很难达到进气充分，排气彻底。为改善换气过程，提高柴油机性能，实际柴油机的气门开启和关闭并不在上下止点，而是适当提前或滞后，即气门开启过程都大于180°曲轴转角，来延长进排气的时间。

用曲轴转角表示气门开启与关闭时刻和开启的持续时间，称为配气相位，如图3-3所示。

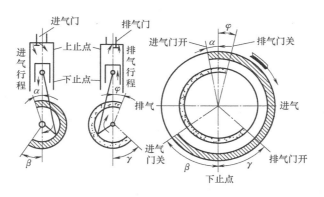

图 3-3 配气相位图

(1) 进气提前角

在排气行程接近完成时,活塞到达上止点之前,进气门便开始开启。从进气门开始开启到上止点所对应的曲轴转角称为进气提前角(或早开角),用 α 表示。一般 α 值在 10°~30° 之间。进气门早开,使得活塞到达上止点开始向下运动时,进气门已有一定开度,所以可较快地获得较大的进气通道截面,减少进气阻力。

(2) 进气迟后角

在进气行程到达下止点时,进气门并未关闭,而是在活塞上行一段距离后才关闭。从活塞位于下止点至进气门完全关闭时对应的曲轴转角称为进气迟后角(或晚关角),用 β 表示。一般 β 值在 40°~80° 之间。活塞在到达下止点时,气缸内的压力仍低于大气压力,且气流还有相当大的惯性,进气门晚关,可利用压力差和气流惯性继续进气。进气门开启持续时间内的曲轴转角,即进气持续角为 $\alpha+180°+\beta$,约为 230°~290°。

(3) 排气提前角

在做功行程的后期,活塞到达下止点前,排气门便开始开启。从排气门开始开启到活塞到达下止点时所对应的曲轴转角称为排气提前角(或早开角),用 γ 表示。一般 γ 值在 40°~80° 之间。做功行程接近结束时,气缸内的压力约为 300~500kPa,做功作用已经不大,此时提前打开排气门,高温废气迅速排出,减小活塞上行排气时的阻力,减少排气时的功率损失。高温废气提早迅速排出,还可防止柴油机过热。

(4) 排气迟后角

排气门是在活塞到达上止点后,又开始下行一段距离后才关闭的。从活塞位于上止点到排气门完全关闭时所对应的曲轴转角称为排气迟后角(或晚关角),用 φ 表示。一般 φ 数值在 10°~30° 之间。活塞到达上止点时,气缸内的压力仍高于大气压,由于气流有一定的惯性,排气门适当延迟关闭可使废气排得更干净。排气门开启持续时间内的曲轴转角,即排气持续角为 $\gamma+180°+\varphi$,约为 230°~290°。

(5) 气门叠开与气门叠开角

由于进气门早开和排气门晚关,在活塞位于排气上止点附近,出现一段进、排气门同时开启的现象,称为气门叠开。同时开启的角度,即进气提前角 α 与排气门迟后角 φ 之和称为气门重叠角。气门叠开时气门的开度很小,且新鲜气流和废气流有各自的惯性,在短时间内不会改变流向,适当的叠开角,不会出现废气倒流进气道和新鲜气体随废气排出的现象。相反，进入气缸内部的新鲜气体可增加气缸内的气体压力，有利于废气的排出。

柴油机的结构不同、转速不同、配气相位也就不同。有些增压柴油机的配气相位，其叠开角较一般柴油机要大得多。这是因为进气压力高，一方面不会发生废气流进进气管的现象，另一方面除可使充气量更大外，新鲜空气可将气缸内的废气扫除干净。虽有一部分新空气会从排气门排出，但无关紧要，并不消耗燃油。同一台柴油机转速不同也应有不同的配气相位，转速越高，提前角和迟后角也应越大，然而这在结构上很难满足。现在都是按柴油机的性能要求，通过试验来确定某一常用转速下较合适的配气相位，自然它也就只能对这一转速最为有利。由于进气门关闭时，活塞距上止点已较远，其速度已相当大，因而晚关角的变化对气缸内的容积及充气量的影响较大。所以，在配气相位的四个角中，进气迟后角的大小，对柴油机性能的影响最大。于是可知，一般柴油机当配气相位变迟后，影响柴油机性能最大的进气迟后角变大，而这正是高速时所要求的，所以对高速稍有利而低速性能变坏；反之，配气相位变早时，进气迟后角变小，对低速稍有利而高速性能变坏。

3. 气门间隙

柴油机工作时，气门将因温度升高而膨胀。如果气门及其传动件之间，在冷态时无间隙或间隙过小，则在热态时，气门及其传动件的受热膨胀势必引起气门关闭不严，造成柴油机在压缩和做功行程中漏气，从而使功率下降。严重时，甚至不易起动。为了消除这种现象，通常在柴油机冷态装配时，在气门与其传动机构中，留有适当的间隙，以补偿气门受热后的膨胀量，这一间隙通常称为气门间隙，如图 3-4 中所标注的顶置气门式配气机构气门间隙，即气门杆尾端与摇臂之间预留的间隙。

气门间隙的大小由柴油机制造厂根据试验确定。采用液压挺柱的配气机构不需要留气门间隙。一般在冷态时，进气门的间隙为 0.25～0.35mm；排气门间隙比进气门大，为 0.30～0.35mm。如果气门间隙过小，柴油机在热态下可能因气门关闭不严而发生漏气，导致功率下降，甚至气门烧坏。如果气门间隙过大，则使传动零件之间以及气门与气门座之间产生撞击响声，并加速机件的磨损，同时也会使气门开启的持续时间减少，气缸的充气以及排气情况变坏。

调整气门间隙必须在气门处于关闭状态下进行。其方法是：首先确定柴油机第一缸处于压缩行程上止点（各种柴油机对此都有特定记号标志），根据该柴油机的工作顺序，依次调整各气缸的气门间隙。

在检查和调整气门间隙之前，必须分析判断各气缸所处的工作行程，以确定可调气门。根据四冲程柴油机工作原理可知：处于压缩行程上止点的气缸，进气门和排气门均可调；处于排气行程上止点的气缸，进气门和排气门均不可调；处于进气行程和压缩行程的气缸，排气门可调；处于做功行程和排气行程的气缸，进气门可调。气门间隙的调整有二次调整法和逐缸调整法。

（1）二次调整法——双排不进法

双排不进法的"双"指该缸的两个气门间隙均可调，"排"指该缸仅排气门间隙可调，"不"指两个气门间隙均不可调，"进"指该缸的进气门间隙可调。双排不进法的操作程序如下：

1）先将柴油机的气缸按工作顺序等分为两组。

2）将一缸活塞转动到压缩行程上止点位置，按双、排、不、进如图 3-5 所示，采用塞尺调整其一半气门的间隙。

3）转动曲轴一周，使末缸的活塞达到压缩行程上止点位置，仍按双、排、不、进的方法调整其余一半气门的间隙。表3-1为几种不同工作顺序的柴油机可调气门的排列。

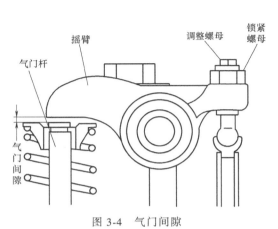

图3-4 气门间隙　　　　　　　　　　图3-5 气门间隙调整操作

表3-1 多缸柴油机可调气门

柴油机类型	活塞处于上止点的气缸	可调气门对应气缸				工作顺序	气缸由前至后排列序号
		双	排	不	进		
直列三缸	1缸压缩上止点	1	2		3	1—2—3	1—2—3
	1缸排气上止点		3	1	2		
直列四缸	1缸压缩上止点	1	3	4	2	1—3—4—2	1—2—3—4
	1缸排气上止点	4	2	1	3		
直列五缸	1缸压缩上止点	1	2	4、5	3	1—2—4—5—3	1—2—3—4—5
	1缸排气上止点	4、5	3	1	2		
直列六缸	1缸压缩上止点	1	5、3	6	2、4	1—5—3—6—2—4	1—2—3—4—5—6
	1缸排气上止点	6	2、4	1	5、3		
V型六缸	1缸压缩上止点	1	6、5	4	3、2	1—6—5—4—3—2	左：1—3—5 右：2—4—6
	1缸排气上止点	4	3、2	1	6、5		
V型八缸	1缸压缩上止点	1	5、4、2	6	3、7、8	1—5—4—2—6—3—7—8	左：1—2—3—4 右：5—6—7—8
	1缸排气上止点	6	3、7、8	1	5、4、2		

4）进气门与排气门的确定：

① 根据进、排气道确定进、排气门。

② 用转动曲轴的方法确定。当一缸活塞处于压缩行程上止点时，转动曲轴，观察一缸的两个气门，先动的为排气门，后动的为进气门，做好记号。然后依次检查各缸，做好记号。

5）一缸压缩上止点的确定：

① 观察柴油机的正时记号来确定一缸压缩上止点。

② 逆推法转动曲轴，观察与一缸曲柄连杆轴颈同在一个方位的六（四）缸的排气门打

开又逐渐关闭到进气门动作的瞬间，六（四）缸在排气上止点，即一缸在压缩上止点。

（2）逐缸调整法

打开气门室盖，转动曲轴，使该缸活塞处于压缩上止点位置（该缸进、排气凸轮的基圆对准气门杆），此时可调整该缸的进、排气门的间隙。转动曲轴，以同样的方法检查调整其余各缸的气门间隙。

任务二　气门组件结构与检修

2.1　任务引入

如图3-6所示，气门组件包括气门、气门座、气门导管、气门弹簧、弹簧座及锁片等零件，有的还设有气门旋转机构。

气门组件为保证气门对气缸的密封可靠应满足下列要求：气门头部与气门座贴合严密；气门导管对气门杆往复运动导向良好；气门弹簧两端面与气门杆的中心线互相垂直，以保证气门头落在气门座上不偏斜，气门弹簧力足以克服气门及其传动件的运动惯性力，使气门开闭及时，并保证气门关闭时压紧在气门座上，气门开启时对气流的阻力要小。

2.2　相关知识

1. 气门的结构

如图3-7所示，气门由头部和杆身组成，气门头部用来封闭进气道与排气道。气门头部与具有腐蚀性的高温燃气接触，并在关闭时承受很大的落座冲击力。气门头顶面的形状有平顶、凹顶和球面顶（图3-7）。平顶气门结构简单，制造方便，吸热面积小，质量小，应用最多；凹顶气门适合做进气门，不宜做排气门；凸顶气门适合于排气门。

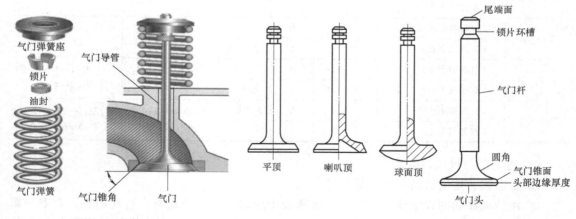

图3-6　气门组件　　　　　　　　　图3-7　气门结构与顶面形状

气门头有一密封锥面b，如图3-8所示，它与气门座密封锥面配合，起到密封气道的作用。气门密封锥面与顶平面之间的夹角α，称为气门锥角，其锥角一般为45°（有的为30°），为保证密合良好，装配前应将气门头部与气门座的密封锥面互相研磨，使其接触时不漏气。研配好的气门不能互换。杆身在气门开闭过程中起导向作用。气门的杆身润滑困难,处于半干摩擦状态下工作。气门杆与气门导管配合,气门杆为圆柱形,气门开、闭过程中,气门杆在气门导管中做上、下往复运动。因此,要求气门杆与气门导管有一定的配合精度,杆身应具有耐磨性,气门杆表面必须经过热处理和磨光。

气门杆与弹簧连接有两种形式,图 3-9a 所示的是锁夹固定式,在气门杆端部的沟槽上装有两个半圆形锥形锁夹 4,弹簧座 3 紧压锁夹,使其紧箍在气门杆端部,从而使弹簧座、锁夹与气门连接成一整体,与气门一起运动。另一种是图 3-9b 所示的锁销固定式,在气门杆端有一个用来安装锁销的径向孔,通过锁销 5 进行连接。

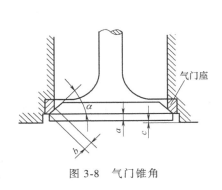

图 3-8 气门锥角

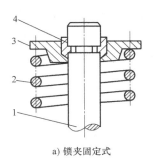

a) 锁夹固定式

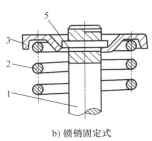

b) 锁销固定式

图 3-9 气门固定方式

1—气门杆 2—气门弹簧 3—弹簧座 4—锁夹 5—锁销

气门的材料必须有足够的强度、刚度、耐高温性、耐蚀性和耐磨性。进气门一般采用中碳合金钢,排气门多采用耐热合金钢,气门杆多采用镀钛耐热合金钢,渗氮处理。

2. 气门座的结构

气缸盖的进、排气道与气门锥面相贴合的部位称为气门座。它与气门头部锥面紧密贴合以密封气缸,同时接受气门头部传来的热量,起到对气门散热的作用。

气门座的锥角(图 3-10)由三部分组成,其中 45°(30°)的气门座锥面与气门密封锥面贴合。要求密封锥面的贴合宽度 b 为 1~2.5mm,以保证一定的贴合压力,使密封可靠,同时又有一定的导热面积。气门座可在气缸盖上直接镗出,但大多数柴油机的气门座是用耐热合金钢单独制成的座圈,称为气门座圈(图 3-11)。将气门座圈压入气缸盖(体)中,可以提高使用寿命且便于维修更换;缺点是导热性差,若与气缸盖上的座孔配合过盈量选择不当,工作时座圈可能脱落,造成重大事故。

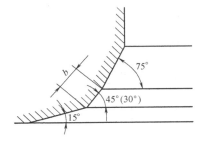

图 3-10 气门座锥角

图 3-11 气门座圈

3. 气门导管的结构

气门导管的作用是在气门做往复直线运动时进行导向，以保证气门与气门座之间的正确配合与开闭。另外，气门导管还在气门杆与气缸盖之间起导热作用。

气门导管的材料多采用合金铸铁、灰铸铁、球墨铸铁或冶金粉末制成。当凸轮直接作用于气门杆端时，承受侧向作用力。气门导管与气缸盖上的气门导管孔为过盈配合，气门导管内、外圆柱面经加工后压入气缸盖中，然后精铰内孔。为防止气门导管在工作中松落，也可采用卡环定位。

气门与气门导管间留有 0.05～0.12mm 的微量间隙，使气门能在导管中自由运动，适量的配气机构飞溅出来的机油由此间隙对气门杆和气门导管进行润滑。若间隙过小，会导致气门杆受热膨胀与气门导管卡死；若间隙过大，会使机油进入燃烧室燃烧，产生积炭，加剧活塞、气缸和气门磨损，增加机油消耗，同时造成排气时冒蓝烟。为了防止过多的机油进入燃烧室，很多柴油机在气门导管上安装有橡胶油封。

4. 气门弹簧的结构

气门弹簧作用是保证气门复位。在气门关闭时，保证气门及时关闭，气门和气门座紧密贴合，同时防止气门在柴油机振动时因跳动而破坏密封；在气门开启时，保证气门不因运动惯性而脱离凸轮。

气门弹簧多为圆柱螺旋弹簧，柴油机只装一根气门弹簧时，可采用变螺距弹簧，以防止共振。现在有些柴油机装两根弹簧，弹簧内、外直径不同，旋向不同，它们同轴安装在气门导管的外面，不仅可以提高弹簧的工作可靠性，防止共振的产生，还可以降低柴油机的高度，而且当一根弹簧折断时，另一根还能继续维持工作，使气门不至于落入气缸中。

2.3 气门组件的检修

1. 气门的检修

如图 3-12 所示，气门的主要损伤有磨损、变形、烧蚀、积炭等。气门检修具体内容综述如下。

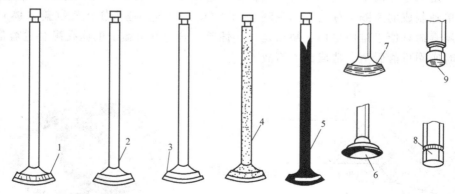

图 3-12 气门的损伤部位

1—划痕 2—气门杆外径损伤 3—气门工作面磨成沟槽 4—生锈成麻点 5—大量积炭和漆膜状沉积物
6—气门头下陷 7—气门工作面烧伤 8—锁片槽磨损 9—气门杆端磨损

1）如图3-13所示，采用专用工具拆装气门弹簧和气门。

2）清除气门头上的积炭，检视气门锥形工作面及气门杆的磨损、烧蚀及变形情况，视情况更换气门。

3）检查前面的图3-8所示气门头部外径处厚度a。例如康明斯KTTA型柴油机气门头外径处的厚度排气门最小为3.05mm；进气门最小为2.16mm。

4）检查气门尾部端面。该端面在工作时经常与气门摇臂碰擦，需检视此端面的磨损情况，有无凹陷现象。不严重时，可用磨石修磨。如果修磨量超过0.5mm，则需更换气门。

5）检查气门工作锥面的斜向圆跳动。使用百分表、V形架和平板，如图3-14所示。检查每个气门工作锥面的斜向圆跳动值。测量时，将V形架1置于平板上，使百分表3的测头垂直于气门杆2的工作锥面，轻轻转动气门一周，百分表读数的差值即为气门工作锥面的斜向圆跳动。为使检测准确，需测量若干个斜面，取其中的最大差值作为气门工作锥面的斜向圆跳动值。其极限值为0.08mm，如果测量值超过极限值，则需更换气门。

6）检查气门杆的弯曲变形。气门杆的弯曲变形常用气门杆圆柱面的素线直线度表示，如图3-15所示，将气门杆2支承在V形架1上并用百分表3将其两端校成等高，然后检测气门杆外圆素线的最高点。当素线是中凸、中凹时，各测量部位的读数中，最大与最小读数差值的一半即为该轴向截面的素线直线度误差。当素线不是中凸、中凹时，转动气门杆，按上述方法测量若干条素线，取其中的最大误差值的一半，作为气门素线的直线度误差。直线度误差值应不大于0.02mm，否则应用手动压力机校正或更换气门。

图3-13 气门拆装

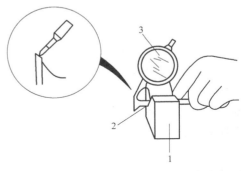

图3-14 检查气门工作锥面斜向圆跳动
1—V形架 2—气门杆 3—百分表

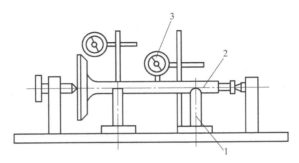

图3-15 检查气门杆弯曲变形
1—V形架 2—气门杆 3—百分表

2. 气门座的检修

气门座检修内容如下：

1) 外观检视气门座，气门座若松动、下沉则需更换。

2) 新座圈与座孔一般有 0.075～0.125mm 的过盈量，将气门座圈镶入座圈孔内，通常采用冷缩和加热法，冷缩法是将选好的气门座圈放入液氮中冷却片刻，使座圈冷缩；加热法是将气缸盖加热至 100℃ 左右，迅速将座圈压入座孔内。气门座表面若有斑痕、麻点，则需用专用铰刀或砂轮进行铰削或磨削。

3) 用软铅笔在气门密封锥面上顺轴向均匀地画上直线。然后将气门对号入座，插入导管中，用气门捻子（橡胶制）吸住气门顶面，将气门上下拍击数次后取出，观察铅笔线是否全部被切断，观察铅笔线，若发现有未被切断的线条，可将气门再插入原座，转动 1、2 圈后取出，若线条仍未被切断，说明气门有缺陷，若线条被切断，则说明气门座有缺陷。应找出缺陷加以修理。

4) 可用红丹着色检查，将红丹涂在气门密封锥面（薄薄一层），再将气门插入原座，用上述同样方法拍打、研转后取出，观察气门座密封锥面上红丹印痕是否全部被擦除，判断密封性是否合格。

5) 把气缸盖平面水平朝上放置，将汽油或煤油倒入装有气门的燃烧室，5min 内若密封环带处无渗漏，即为合格。

6) 要求进、排气门的密封锥面宽度 b 一般为 1～2.5mm，排气门大于进气门。气门与气门座不能产生均匀的接触环带，或接触环带宽度不在规定的范围内，若密封带宽度过小，将使气门磨损加剧；宽度过大，容易烧蚀。这时必须铰削或磨削气门座，并最后研磨。

3. 气门导管的检修

气门导管检修具体内容如下。

1) 清洗气门导管。

2) 检查气门杆与气门导管的间隙（在气门的弯曲检验合格后进行）。用外径千分尺 1 测量气门杆的直径，用内径百分表 2 测量气门导管的直径，测量导管间隙，如图 3-16 所示。为使测量准确，需在气门杆和气门导管长度方向测得多个测量值，并注意气门和气门导管的对应性，气门杆与气门导管直径及其配合间隙应符合原厂要求，不得装错。该间隙的大小亦可通过百分表测量气门杆尾部的偏摆量间接地判断，如图 3-17 所示。按原装工程机械说明书的要求装好气门，用百分表测头顶住气门杆尾部，按"1←→2"的方向推动气门 4 的尾部，观察百分表 3 指针的摆差。气门杆尾部偏摆使用极限是进气门为 0.12mm，排气门为 0.16mm 若气门杆与气门导管配合间隙或气门杆尾部偏摆超出规定范围，则应根据测量的气门杆直径和气门导管内径情况，更换气门或气门导管。

3) 气门导管的更换。若经上述检测需更换气门导管，应先选用与气门导管尺寸相适应的铳头，将旧导管在压床上压出或用气门导管拆卸器和锤子拆下，把导管拆下后，使用气门导管座铰刀铰大导管座孔，除去毛边。因新导管的外径与气缸盖上的导管孔有一定的过盈量，为便于导管压入和防止气缸盖产生变形，在新导管外壁上应涂以柴油机机油，并均匀地把气缸盖加热至 80～100℃，再在压床上将气门导管压入，或利用气门导管安装工具及锤子将气门导管轻轻敲入气门导管座孔内（图 3-18）所示。上述操作应迅速进行，以便所有气门导管能在较均衡的温度下被压进气缸盖内。此时气门导管的伸出量 H 为 15mm 左右。

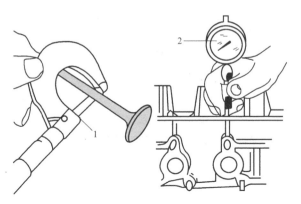

图3-16 测量导管间隙
1—外径千分尺 2—内径百分表

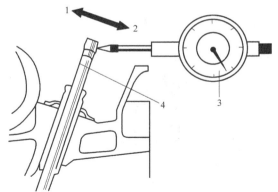

图3-17 用百分表测量气门杆尾部的偏摆量
1、2—气门尾部推动方向 3—百分表 4—气门

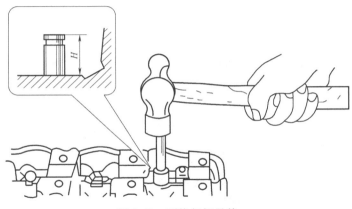

图3-18 更换气门导管

4．气门弹簧的检修

气门弹簧检修内容如下：

1）检查气门弹簧的自由长度。如图3-19所示，用游标卡尺1测量气门弹簧2的实际长度。弹簧检查亦可用新旧弹簧对比的经验方法进行。弹簧实际长度小于使用限度1.3~2mm时，应更换新件。

2）检查气门弹簧的弹力。如图3-20所示，气门弹簧的弹力可用弹簧弹力试验器进行检查，将弹簧压缩至规定长度，如果弹簧弹力的减小值大于原厂规定弹力值的10%，则应更换弹簧。

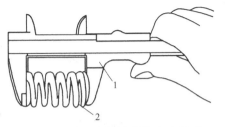

图3-19 检查气门弹簧的自由长度
1—游标卡尺 2—气门弹簧

3）检查气门弹簧端面与其中心轴线的垂直度。如图3-21所示，将气门弹簧2直立置于平板1上，用直角尺3检查每根弹簧的垂直度。气门弹簧上端和直角尺之间的间隙L即为垂直度的大小。若该间隙超限，则必须更换气门弹簧。

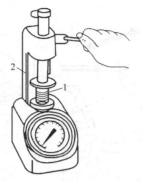

图 3-20　检查气门弹簧的弹力
1—气门弹簧　2—标尺

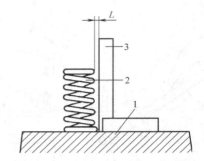

图 3-21　检查气门弹簧的垂直度
1—平板　2—气门弹簧　3—直角尺　L—间隙值

任务三　配气传动组件结构与检修

3.1　任务引入

如图 3-22 所示，康明斯 6BT 柴油机配气传动组件由正时齿轮、凸轮轴、挺柱、推杆、摇臂组等部件组成。

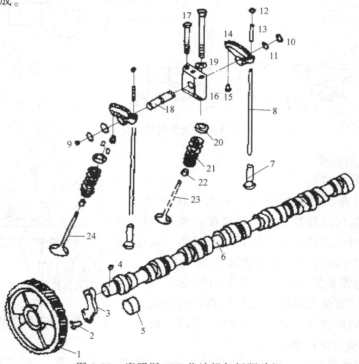

图 3-22　康明斯 6BT 柴油机气门驱动组
1—凸轮轴正时齿轮　2—止推片螺栓　3—止推片　4—键　5—凸轮轴衬套　6—凸轮轴　7—挺柱　8—推杆　9—碗形塞
10—挡圈　11—垫片　12—锁紧螺母　13—调整螺栓　14—摇臂　15—摇臂镶块　16—摇臂轴支座　17—螺栓
18—摇臂轴　19—锁块　20—气门弹簧座　21—气门弹簧　22—气门油封　23—进气门　24—排气门

3.2 相关知识

1. 凸轮轴及其驱动装置的结构

如图3-23a为凸轮轴及其驱动装置。

凸轮轴的作用是驱动和控制柴油机各缸气门的开启和关闭，使其符合柴油机的工作顺序、配气相位及气门开度的变化规律等要求。此外，有些柴油机还用它来驱动燃油泵、机油泵等。它是气门驱动组件中最主要的零件。

如图3-23b所示，凸轮轴主要由凸轮、凸轮轴轴颈组成。

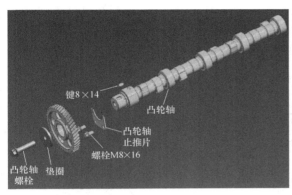

a）凸轮轴及其驱动装置　　　　　　　　　　b）凸轮轴

图3-23　凸轮轴外形

凸轮是凸轮轴的主要工作部分，它在工作时承受气门弹簧的张力和传动件的惯性力。由于它与挺柱接触近于线接触，接触面很小、单位压力很大，磨损较严重，因而应有较高的耐磨性，并要特别注意二者之间材料及其热处理的组合，否则很容易在这对摩擦副的工作面上发生拉毛和麻点剥落等损伤。为了保证气门开规律的正确性，凸轮轴还应有足够的刚度。

为了满足工作条件的要求，凸轮轴多用优质碳结钢锻制，并经表面高频淬火或渗碳淬火处理。近年来，合金铸铁和球墨铸铁也越来越广泛地用来制造凸轮轴。

（1）凸轮

气门开启和关闭的持续时间必须符合配气相位的要求。这是由凸轮的轮廓来保证的，而且凸轮的轮廓还在很大程度上决定了气门的最大升程和运动规律。

图3-24所示的凸轮轮廓中，O为凸轮轴的轴心，圆弧EA为凸轮的基圆，弧AB和DE为凸轮的缓冲段，缓冲段中凸轮的升程（升程即轮廓线上某点较基圆半径凸出的量）变化速度较慢，弧BCD为凸轮的工作段，此段升程变化较快，C点时升程最大（图3-24中值A），它决定了气门的最大开度。不同机型凸轮的升程变化规律不同。

以下置凸轮轴为例，凸轮的工作过程如下：当凸轮按图3-24中方向转过时，挺柱处于最低位置不动，气门处于关闭状态。凸轮转至A点时，挺柱开始移动。继续转动，在缓冲段AB内的某点M处消除气门间隙，气门开始开启，至C点时气门开度最大，而后逐渐关小，至缓冲段内某点时，气门完全关闭。此后，挺柱继续下落，出现气门间隙，至E点时挺柱又处于最低位置。

由于气门开始开启和最后关闭时均在凸轮升程变化较慢的缓冲段内，这就使气门杆尾端在消除气门间隙的瞬间和气门头落座的瞬间的冲击力均较小,有利于减小噪声和磨损。

弧 MCN 所夹的角为气门开启持续过程中凸轮轴的转角,它等于配气相位中气门开启持续角的一半。

由上可知。当气门间隙变小时,M 和 N 两点下移,配气相位增大,反之亦然。

同名凸轮的相对角位置:凸轮轴上各缸进气(或排气)凸轮,即同名凸轮的相对角位置与凸轮轴的转动方向、各缸的工作顺序和做功间隔角度有关。例如:如图 3-25 所示凸轮轴为顺时针方向(从前端看)转动、工作顺序为 1-3-4-2 的四缸柴油机其做功间隔为 180°,由于凸轮轴转速为曲轴转速的 1/2,所以表现在凸轮轴上同名凸轮间的夹角则为 90°;又如图 3-26 所示,凸轮轴为逆时针方向转动、工作顺序为 1-5-3-6-2-4 的六缸柴油机其做功间隔角为 120°,则同名凸轮的夹角为 60°。

根据上述道理,只要知道了凸轮轴的转向和同名凸轮的相对角位置,就可以判断柴油机的工作顺序。

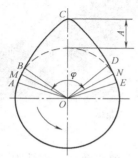
图 3-24 凸轮轮廓

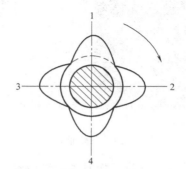
图 3-25 四缸柴油机进排气凸轮排列

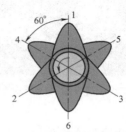
图 3-26 六缸柴油机进排气凸轮排列

(2)凸轮轴轴颈

凸轮轴各道轴颈的直径一般是相等的,但也有的从前往后逐渐减小,以便于安装。有些凸轮轴轴颈上有些特殊形状的油槽或油孔。如有的下置式凸轮轴的最后一道轴颈上钻一与轴平行的通孔,如图 3-27a 所示。有的在轴承座孔处开泄油孔,以使经轴承间隙流到轴颈后端空腔中的机油泄回油底壳,防止空腔中产生油压压开油堵头而漏油。有些柴油机其摇臂轴的润滑是靠凸轮轴轴承处通过缸体上的油道输送机油。为此,在凸轮轴颈上有两个不通的圆弧形节流槽(图 3-27a、图 3-28),油经该槽间歇地输送到摇臂轴。该槽对油量有节流作用,防止供油过多而造成摇臂轴过量润滑和降低主轴道的油压。有些柴油机的第一道凸轮轴颈也有类似节流槽,并钻有一直角形油孔将油槽与轴颈前端面连通,以便润滑凸轮轴的轴向止推面,如图 3-27b 所示。

(3)凸轮轴轴承

凸轮轴轴承一般做成衬套压入整体式的座孔内,最后再经加工,与轴颈配合。其材料多与曲轴轴承类似,由低碳钢背内浇减摩合金制成,也有的用粉末冶金衬套成铜套。

(4)凸轮轴驱动装置

凸轮轴是由曲轴通过传动装置来驱动的。所用传动装置有齿轮式、链条式和正时带式,工程机械柴油机常采用齿轮式。

在柴油机上凸轮轴与曲轴中心距一般较大,且需要同时驱动喷油泵,需加入中间惰轮传动（图3-29）。为了使齿轮啮合平顺，减小噪声和磨损，正时齿轮一般都用斜齿轮，并用不同材料制成。通常小齿轮用中碳钢，大齿轮多用高碳钢。为了保证装配时的配气正时，齿轮上都有正时记号，装配时必须使记号对齐（如 B-B 为配气正时记号，C-C 为喷油正时记号，A-A 为二者共用正时记号，装配时三对记号必须都对正）。

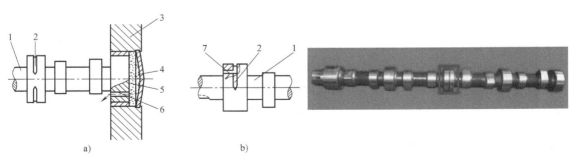

图3-27 凸轮轴颈上的油槽和油孔
1—凸轮轴 2—节流槽 3—缸体 4—油堵头
5—空腔 6—油孔 7—油孔

图3-28 凸轮轴颈上圆弧油槽

（5）凸轮轴轴向定位

配气机构的正时齿轮传动多采用斜齿轮，斜齿轮的轴向分力，机械的上、下坡或加速度，会使凸轮轴产生轴向窜动，为防止由此而引起的对配气相位带来的不良影响，凸轮轴需要轴向定位。

工程机械柴油机凸轮轴轴向定位多采用止推片轴向定位，如图3-30所示。止推片用螺钉固定在气缸体上，定位于凸轮轴与正时齿轮之间。止推片与正时齿轮之间留有一定的间隙，其间隙大小可通过调整环来调整。

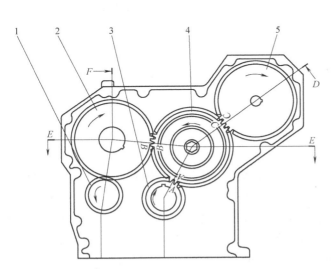

图3-29 康明斯6BT系列柴油机正时齿轮系
1—机油泵驱动齿轮（21齿） 2—凸轮轴齿轮（48齿）
3—曲轴齿轮（24齿） 4—惰轮（48齿） 5—喷油泵驱动齿轮（48齿）

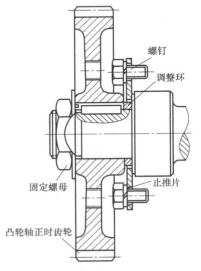

图3-30 止推片轴向定位

2. 气门挺柱与推杆的结构

（1）挺柱的结构

挺柱的功用是将凸轮的推力传给推杆或气门。挺柱常用材料有碳钢、合金钢、合金铸铁和冷激铸铁等。它和凸轮轴的材料必须有合理的组合配对，也有的挺柱采用两种材料。

常见机械挺柱主要有筒形和菌形两种（图3-31）。筒形和菌形挺柱用于顶置气门式配气机构，筒形的下部圆周钻有通孔，便于筒内收集的机油流出对筒形底面和凸轮加强润滑。菌形挺柱做成中空式，以减轻重量。

挺柱与推杆接触处呈磨光的球面，以便提高耐磨性和让推杆自动定心。挺柱工作时，在其底面与凸轮间产生横向摩擦力，并造成侧向力。假如挺柱不是转动的，由于受凸轮侧向推力的作用会引起挺柱与导管之间的单面磨损，又因挺柱底面与凸轮固定不变地在一处接触，也会造成磨损不均匀。为此在结构上采取了使挺柱旋转的措施。常见的旋转结构措施如图3-32所示：挺柱底部工作面制成球面，而且把凸轮制成锥形。这样，在工作时，由于凸轮与挺柱的接触点偏离挺柱轴线，当挺柱被凸轮顶起上升时，接触点的摩擦力使挺柱绕本身轴线转动，以达到磨损均匀的目的。

挺柱的旋转，不仅使其圆周及底面磨损均匀，且使底面与凸轮间由原来是纯滑动摩擦变为既有滑动又有滚动摩擦，从而使摩擦力和由此而产生的侧向力大为减小，一方面更进一步减小了磨损，另一方面也减轻了挺柱工作中的噪声。

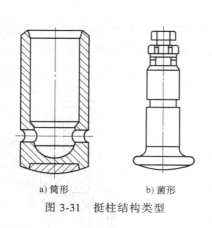

图3-31 挺柱结构类型
a）筒形　b）菌形

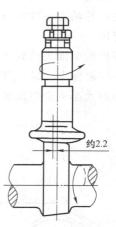

图3-32 挺柱结构改进

（2）推杆的结构

推杆的作用是将挺柱传来的推力传给摇臂，通常采用冷拔无缝钢管制成。如图3-33a所示，杆的两端焊接或压配有不同形状的端头。下端头通常是圆球形，以便与挺柱的凹球形支座相适应。上端头一般采用凹球形，主要是为了与摇臂上的气门间隙调整螺钉的球形头部相适应，另外还可以积存少量机油以减小磨损。推杆的上、下端头均经热处理并磨光，以提高其耐磨性。有些机型采用中碳钢制成的实心推杆，其上、下端头与杆身制成一体，如图3-33b所示。

（3）摇臂的结构

摇臂的功用是将推杆（顶置气门式配气机构）或凸轮（大多数上置凸轮轴式配气机构）

传来的力改变方向传给气门使其开启。

摇臂的一般结构如图3-34a所示。大多采用T字形断面,以便在较轻的重量下有较高的刚度和强度,它是一个中间以轴孔为支承,两臂不等长(其比值为1.2~1.8)的双臂杠杆。短臂一端装有气门间隙调整螺钉及锁紧螺母,长臂一端有用以推动气门的圆弧工作面。由于靠气门一端的臂长,所以在一定的气门升程下,可减小推杆、挺柱等运动件的运动距离和加速度,从而减小了工作中的惯性力。

摇臂的材料一般为中碳钢,也有的用球墨铸铁或合金铸铁。为提高耐磨性,长臂端的圆弧工作面经淬火后磨光。摇臂的轴孔内镶有青铜衬套或装有滚子轴承与摇臂轴配合转动。

图3-34b、图3-35所示为一摇臂组。两端带堵头的中空摇臂轴通过支座2、3、4固定于气缸盖上。摇臂6、8、10以动配合装在摇臂轴上。在摇臂一侧装有弹簧7,以防止摇臂轴向窜动。最外端的摇臂外侧用锁簧11和垫圈1定位。摇臂与摇臂轴之间,摇臂与气门杆之间以及调整螺钉与推杆间,都需要润滑。通常机油从缸体上的主油道经缸体、缸盖和摇臂轴支座中的油道进入中空的摇臂轴,然后通过轴上的径向孔进入摇臂及轴之间进行润滑。摇臂两端的摩擦副则由摇臂衬套处提供机油。摇臂轴支座并非都有油道,不可装错。

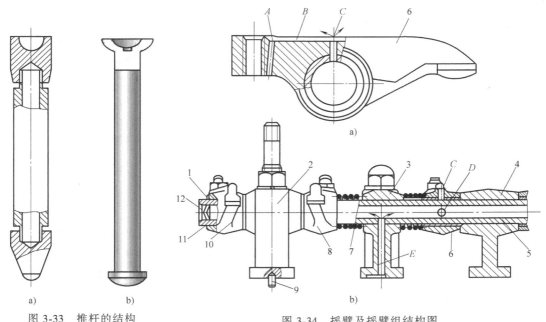

图3-33 推杆的结构

图3-34 摇臂及摇臂组结构图
1—垫圈 2、3、4—摇臂轴支座 5—摇臂轴 6、8、10—摇臂 7—弹簧
9—定位销 11—锁簧 12—堵头 A、C、D、E—油孔 B—油槽

(4)双气门驱动装置的结构

某些气缸直径较大,转速较高的柴油机,由于气门尺寸受到限制,每缸两个气门不能满足换气的需要,而采用三气门(两进一排)或四气门(两进两排),如图3-36所示,因此必须有使两同名气门同步开闭的驱动装置。

图3-36为两同名气门沿柴油机横向排列的摇臂,每缸用一个摇臂7通过一个气门桥5同时驱动两同名气门。当曲轴旋转时,曲轴正时齿轮带动凸轮轴正时齿轮,凸轮轴上的凸轮

推动随动臂上的滚轮向上运动，并借推杆顶起摇臂 7 的后端，摇臂前端则压下气门桥，并使气门（进气门或排气门）向下运动，气门开启，这时气门弹簧受到压缩。当凸轮的凸起部离开随动臂滚轮时，滚轮向下运动，进气门或排气门在气门弹簧的作用下关闭。摇臂和气门桥上各有一个调整螺钉 6，气门桥上的用以将两个气门的间隙调到一致，摇臂上的用来同时调整两气门间隙的大小。

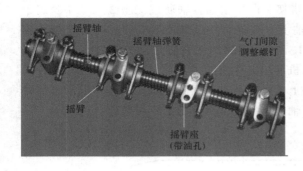

图 3-35　摇臂及摇臂组实物图

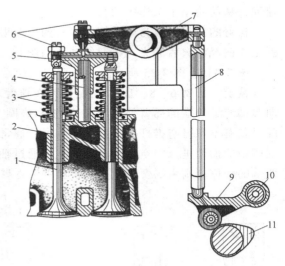

图 3-36　四气门柴油机配气机构示意图
1—气门　2—气门导管　3—气门弹簧　4—导柱
5—气门桥　6—调整螺钉　7—摇臂　8—推杆
9—随动臂　10—随动臂轴　11—凸轮轴

3.3　配气传动组件的检修

1. 凸轮轴的检修

凸轮轴常见的损伤包括凸轮轴的弯曲变形、凸轮轮廓磨损、支承轴颈表面的磨损，以及正时齿轮驱动件的磨损等。这些损伤会使气门的最大开度和柴油机的充气系数降低，配气相位失准，并改变气门上下运动的速度特性，从而影响柴油机的动力性、经济性等。

（1）凸轮表面的检修

现代柴油机的配气凸轮均为组合线型，需在专用磨床上用靠模加工，凸轮修磨十分困难。当凸轮表面仅有轻微烧蚀或凹槽时，可用砂条修磨，若凸轮表面磨损严重或最大升程小于规定值时，应予以更换。图 3-37 所示为康明斯 6BT 系列柴油机凸轮高度的检查，若磨损到进气小于 47.040mm、排气小于 46.770mm，应更换凸轮轴。

（2）凸轮轴弯曲变形的检查

凸轮轴的弯曲变形是以凸轮轴中间轴颈对两端轴颈的径向圆跳动误差来衡量的，检查方法如图 3-38 所示。将凸轮轴放置在 V 型架上，V 型架和百分表放置在平板上，使百分表触头与凸轮轴中间轴颈垂直接触。转动凸轮轴，观察百分表表针的摆差即为凸轮轴的弯曲度。

检查完毕后将检查结果与标准值比较，以确定是修理还是更换。康明斯 6BT 系列柴油机凸轮轴弯曲度值不超过 0.1mm。

（3）凸轮轴轴颈的检查

如图3-39所示，用千分尺测量凸轮轴轴颈。康明斯6BT系列柴油机凸轮轴轴颈外径极限值为53.962mm，若小于这个数值则应更换凸轮轴。

（4）凸轮轴轴向间隙的检查与调整

采用止推片进行轴向定位的柴油机在检查轴向间隙时，如图3-40所示，应用塞尺插入凸轮轴第一道轴颈前端面与止推片之间，塞尺的厚度值即为凸轮轴轴向间隙。例如，康明斯6BT系列柴油机凸轮轴轴向间隙为0.1~0.36mm，若间隙不符合要求，可用增减止推片厚度的方法来调整。

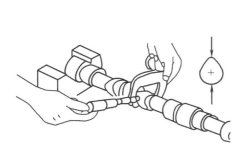

图3-37 凸轮高度的检查

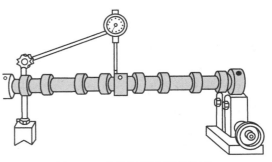

图3-38 凸轮轴弯曲度的检查

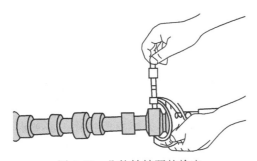

图3-39 凸轮轴轴颈的检查

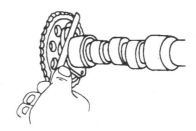

图3-40 凸轮轴轴向间隙的检查

2. 挺柱的检修

因挺柱运动的特殊性，加之润滑条件较差或其他原因使挺柱运动阻滞，造成底部的不均匀磨损，导致挺柱底部对凸轮的磨损效应加剧，在不长的工作时间内使凸轮早期磨损而报废。检修挺柱时，如图3-41所示，如果出现以下情况应更换：

1）挺柱底部出现疲劳剥落时。
2）底部出现环形光环。
3）底部出现擦伤划痕时。
4）挺柱的圆柱面部分与安装导孔的配合间隙如果超出规定范围，例如，康明斯6BT系列柴油机配合间隙为0.02~0.065mm，如果间隙>0.065mm，应视情更换挺柱或装有衬套的缸体结构可更换衬套。

3. 推杆的检修

推杆的检查项目如下：

a) 环形光环　　　　b) 裂纹　　　　c) 疲劳剥落　　　　d) 擦伤划痕

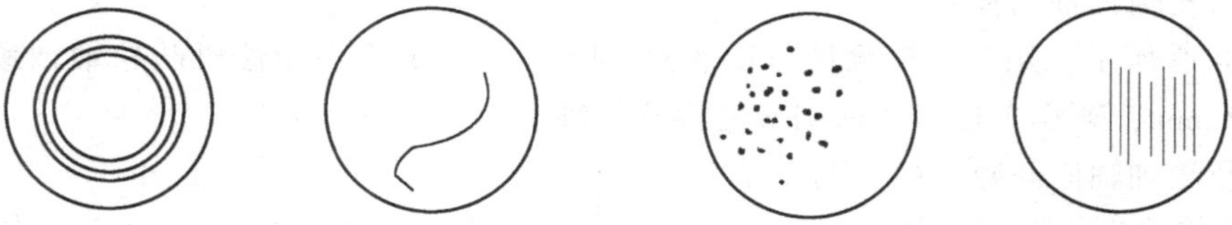

图 3-41　挺柱底部损伤

1) 用圆弧样板检查推杆球头端，例如康明斯 6BT 系列柴油机球头半径应为 15.72～15.88mm，若球头损坏或半径小于 15.72mm，推杆应更换。

2) 用新的摇臂调节螺钉的球头检查推杆球座，也可以用检查钢球来检查球座。在检查钢球或调节螺钉球头时，其上边应涂一层蓝油后放入推杆球座中，转动 180°，如果球座损坏或与球头接触面小于 80%，则应更换推杆。

3) 检查推杆是否圆度误差超标。例如康明斯 6BT 系列柴油机如果推杆圆度误差大于 0.89mm，则应更换。

4) 检查推杆有无弯曲（偏摆），当推杆安装在球座和球头中心线上时，检查推杆的偏摆量，例如康明斯 6BT 系列柴油机，不应大于 0.635mm。调整螺钉拧得太紧往往是推杆产生弯曲的原因。

4. 摇臂的检修

摇臂的清洗检查和修理方法如下：

1) 用清洗液清洗所有零件。

2) 用压缩空气检查所有油道（包括摇臂轴上的油孔和摇臂体内的油孔）。

3) 摇臂上气门间隙调节螺钉头部必须是正确球形，用球形规检查时，若螺钉底部磨平、有明显的伤痕或粗糙时，应予更换。

4) 检查进排气门摇臂与气门杆尾端面或气门桥的接触面有无磨损或损伤。必要时可更换摇臂。

5) 检查所有螺钉和摇臂组螺钉孔的螺纹状态。检查螺钉锁紧螺母处的螺纹有无扭曲，螺钉在摇臂组螺钉孔中必须转动自如。

6) 检查摇臂衬套有无损伤或凹坑，用内径千分表检查衬套内径，若摇臂衬套磨损超过磨损极限，例如康明斯 6BT 系列柴油机大于 28.664mm 时，则应当压出衬套，清洗衬套座孔并用压缩空气吹干，然后压入新衬套。

7) 检查摇臂轴的磨损及伤痕。超出磨损极限时，应更换摇臂轴，例如康明斯 6BT 型柴油机摇臂轴外径为 28.52～28.55mm，磨损极限为 28.50mm。

任务四　柴油机进、排气系统结构与检修

4.1　任务引入

进、排气系统的作用是按照柴油机工况需要，定时定量向气缸供给清洁的空气，将燃烧后的废气排入大气。柴油机吸气形式有以下三种：自然吸气型（NA）、增压型（T）和增压

中冷型（TA）。依靠增压技术，柴油机在缸径、行程和转速不变的情况下，可逐级提高它的功率和转矩，因而扩大同一系列内的柴油机的功率范围和应用范围。

增压中冷柴油机进、排气系统如图3-42所示，该系统包括空气滤清器、废气涡轮增压器（简称增压器）、中冷器、进排气歧管、消声器等装置，其工作过程如下。

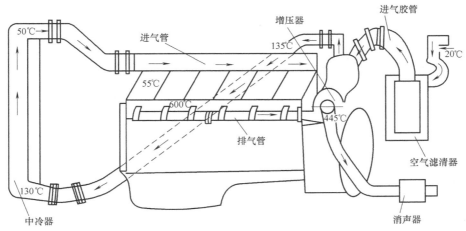

图3-42 增压中冷柴油机进、排气系统图

1）当新鲜空气（假设环境温度为20℃）经过空气滤清器滤清后，进入增压器压气机进气口，经增压后，从压气机出气口进入进气管道，空气密度增加、温度升高；压气机出气口处的空气温度为135℃，经过长的进气管，增压后的新鲜空气流至中冷器进气口端时空温度为130℃。

2）经过中冷器冷却后，空气从中冷器出气口出来，温度降为50℃，然后进入柴油机进气管；当到达各缸缸盖进气道内时，空气温度稍有升高为55℃，新鲜空气经过气门吸入气缸，经过压缩，空气温度、密度骤增，活塞达到上止点前，喷入的柴油达到所需的自燃温度和压力，空气与燃油混合燃烧后膨胀做功。

3）进入排气行程时，排气门打开，废气经过缸盖气道时的温度高达600℃，经过排气歧管（每三缸一根），进入增压器涡轮，高温废气推动涡轮高速旋转后从涡轮出气口排出，温度降为445℃，经过排气制动阀体通道和活动球节管进入消声器，经过消声、颗粒吸附后排入大气。

4.2 相关知识

1. 进、排气管的结构

柴油机的进气总管通过进气歧管与气缸盖上进气道入口相连，将滤清过的空气导入燃烧室。排气总管通过排气歧管与气缸盖上的排气出口相连，将燃烧过的废气排入大气。进、排气管可以用铸铁或铝合金铸造成型，也可以冲压后焊接制成。

进、排气歧管随进气形式不同而异。自然吸气和增压机型进气歧管进口朝后，增压中冷型则朝前。图3-43所示为一款增压中冷柴油机进气歧管，采用铸铝合金压铸制造，呈扁口形，进气歧管上有冒烟限制器空气管接头螺孔、油门拉线固定板螺孔和预热塞螺孔。

排气歧管分两种：自然吸气采用简单直通式排气歧管；增压机型排气歧管一般分成前、

图 3-43　某增压中冷柴油机进气歧管

后两组。如图 3-44 所示为一款增压中冷六缸柴油机排气歧管，采用球墨铸铁材料，分为两段。前三缸为前排气歧管，后三缸为后排气歧管，两歧管间互相套接，并装有钢片密封环，能够有效地密封。后排气歧管采用带夹层的双出口孔排气歧管。

图 3-44　某增压中冷六缸柴油机排气歧管

2. 消声器的结构

消声器的作用是降低从排气管所排出的废气的温度和压力，以减小噪声并消除废气中的火焰和火星。其工作原理是消耗废气流的能量，平衡气流的压力波动。

一般多采用多次改变废气流动的方向，通过节流、膨胀、增加流动阻力、吸声和冷却等来实现。对消声器结构不仅要求满足消声作用，还要求尽量使背压小，以免影响排气而降低柴油机功率。

消声器根据结构形式可分为平置式、竖置式、催化式（图 3-45）。催化式消声器主要作用是催化氮氧化合物的还原反应和降低柴油机的排气噪声，是 SCR（选择性催化还原技术）催化器和柴油机排气消声器的集成体。

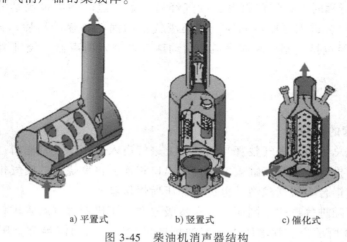

a) 平置式　　b) 竖置式　　c) 催化式

图 3-45　柴油机消声器结构

根据工作原理，消声器可分为阻性、抗性和阻抗复合式。阻性消声器主要利用声波在传播过程当中透过多孔性吸声材料和吸声结构时，因摩擦将声能转化为热能而发生能量损失，使噪声在沿管道传播的过程中随距离的增长而逐渐衰减，从而达到消声目的。抗性消声器主要是通过管道截面的突变处或旁接共振腔等，在声波的传播过程中引起阻抗的改变而产生声能的反射、干涉，从而降低由消声器向外辐射的声能，以达到消声目的。阻抗复合式消声器，即把阻性结构和抗性结构按照一定的方式组合起来，但其结构并不是简单的叠加关系，而是利用阻性和抗性结构复合在一起对声音的耦合作用，互相影响达到消声的目的。

3. 空气滤清器的结构

空气滤清器类型：按工作原理分有惯性式（离心式）、过滤式；按滤芯材料有纸滤芯（干式、湿式）、铁丝网滤芯等。

惯性式是利用气流高速旋转的离心力作用，将空气中的尘埃和杂质分离；过滤式则是利用滤芯材料滤除空气的尘埃和杂质。纸质滤芯有干式和湿式两种。湿式纸质滤芯经油浸处理，使用寿命更长，滤清效果更好，但不能反复使用，需定期更换。干式纸质滤芯可以反复使用。

图 3-46 为工程机械柴油机常用的双层干式空气滤清器。

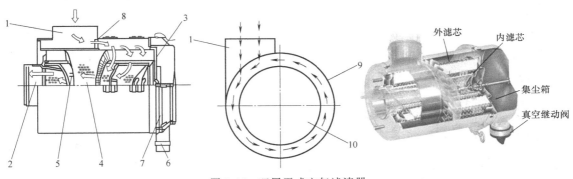

图 3-46 双层干式空气滤清器

1—进口 2—出口 3、8—旋流片 4—外滤芯 5—内滤芯 6—真空继动阀 7—集尘箱 9—滤清器壳体 10—主滤芯

空气通过旋流片后产生旋转，在额定空气流量时，80%以上的灰尘在离心力作用下分离，把尘土沉积在集尘箱内，使达到滤纸上的较细尘土约为吸入量的20%左右。集尘箱就是收集被旋流片甩出来的较粗尘土的装置。当柴油机停机，负压消失后，真空集动阀自动打开，将集尘箱中积存的灰尘颗粒自动排出。通过滤纸将送入柴油机的空气过滤净化，滤纸被叠成皱褶状以扩大空气的流通面积，工程机械柴油机多用双层滤芯，即外滤芯和内滤芯组成的主滤芯。为了防止主滤芯发生意外，例如出现破损或漏灰，有些空气滤清器增加了一道安全滤芯，以保护柴油机不受损坏。在进口处增加防雨帽可防止尘土、外来物、雨或雪直接进入进气管。在出口处安装堵塞指示器，当空气滤清器需要保养，进气阻力达到（6.0±0.5）kPa 时，驾驶舱内的指示灯发亮，发出保养信号，提示驾驶人应立即对空气滤清器进行保养或更换。

4. 增压与中冷系统的结构

提高柴油机功率最有效的措施是增加供油量，使燃烧时产生更多的热能。但增加供油量时必须同时增加空气供给量，以便柴油得以充分燃烧。增加空气供给量的方法之一是进气增压。所谓进气增压，就是提高进入柴油机气缸的空气压强或密度，从而达到提高动力性和经济性的目的。

四冲程柴油机的增压多采用废气涡轮增压，以尽可能地利用废气的能量。在非增压柴油机中，废气带走的能量约占柴油机能量的30%~40%，废气涡轮增压利用这部分能量，使高温高速的废气在涡轮中进一步膨胀，驱动压气机叶轮高速旋转，压缩进入气缸的空气（图3-42）。柴油机采用废气涡轮增压可使功率提高30%~40%。

进入气缸的空气，通过废气涡轮增压器后，由于受压缩功的影响，进气温度大幅度提高，全负荷时气温一般达到135℃左右，因而空气密度明显下降，限制了功率的进一步提高，因此出现了"增压中冷"技术。"增压中冷"是将柴油机冷却液或前端的进风，穿过"中冷器"（即热交换器），将已增压过的柴油机进气的温度进行"中间冷却"。水冷型（水对空中冷）可将进气温度冷却至90℃左右，空气冷却型（空对空中冷）可将进气温度冷却至50℃左右。采用增压中冷技术的柴油机叫增压中冷型，其功率比增压型可进一步提高，燃油消耗率也相应进一步改善。

图3-47所示为增压中冷型柴油机增压与中冷系统，该系统中冷器采用空气冷却型（空对空中冷）。废气涡轮增压器57的排气进口与柴油机排气管连接，高温高速的废气在涡轮中进一步膨胀，驱动增压器的涡轮叶轮和压气机叶轮高速旋转；高温废气推动涡轮高速旋转后从排气出口、消声器排入大气；增压器空气入口通过扩压管49与空气滤清器连接，洁净的空气通过增压器的压气机压缩，从增压器空气出口通过管路进入中冷器38，冷却后通过管路进入柴油机进气管1，向气缸供给具有一定密度的、清洁的空气。

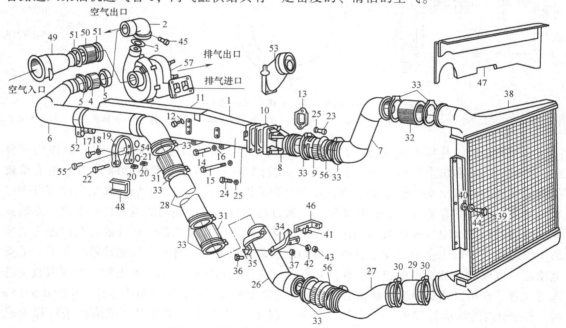

图3-47 增压中冷型柴油机增压与中冷系统

1—进气管 2—连接弯管 3—密封圈 4、31、32、50、56—软管 5、30、33、35—软管卡箍
6、7、26、27、28—管子 8—进气管 9—锁环 10、13—垫片 11—螺塞 12、16、18、25—垫圈
14、15、17、23、36、39、55—螺栓 19—卡箍带 20—锁紧销 21、37、43、54—螺母
22、45、52—螺钉 29—连接管 34—托架 38—中冷器 40、42、44—垫圈 41—支架
46—角架 47—接板总成 48—搭板 49—扩压管 51—软管卡箍 53—排气歧管接头 57—增压器

（1）废气涡轮增压器的结构

如图3-48所示，废气涡轮增压器由涡轮和压气机两个基本部分组成。涡轮的进气口与柴油机的排气管相连接，压气机的出气口与柴油机的进气管或中冷器相连接。由于柴油机排出的废气仍有一定能量，便驱动废气涡轮旋转，同时涡轮又带动同轴上的压气机叶轮旋转，空气压缩机对吸进的新鲜空气进行压缩，使其密度提高，从而提高了进气压力，增加了充气量，以提高柴油机功率。由上述可以看出，废气涡轮增压器是利用柴油机排出的废气来驱动的，涡轮增压器与柴油机之间无任何机械传动关系。

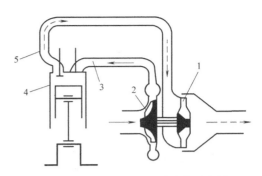

图3-48　废气涡轮增压器系统示意图
1—涡轮　2—压气机　3—进气管　4—柴油机　5—排气管

实际的废气涡轮增压器除了涡轮的空气压缩机外，还设有支撑装置、密封装置、润滑系统和冷却系统。不同厂家柴油机所用废气涡轮增压器虽然型号不同，但基本结构相似。涡轮一端安装在排气歧管的凸缘上，压气机一端安装在进气歧管上或与中冷器通过管路连接。

增压器的构造如图3-49所示。

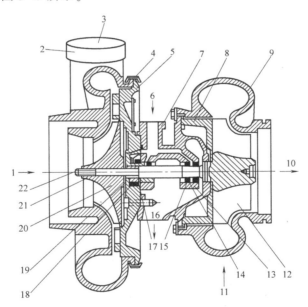

图3-49　废气涡轮增压器构造
1—空气入口　2—压气机壳　3—空气出口　4—V形卡环　5—后板　6—机油进口
7—中间壳　8—护板　9—涡轮壳　10—排气出口　11—排气进口　12—涡轮叶轮及轴
13—增压器浮动轴承　14—轴承壳　15—卡环　16—机油出口　17—止推盘　18—止推环
19—油封总成　20—压气机叶轮　21—防松螺母　22—废气涡轮轴

涡轮部分：由涡轮叶轮及轴、涡轮壳等零件组成。
压气机部分：由压气机叶轮、压气机壳等零件组成。

压气机叶轮是用防松螺母固定在废气涡轮轴上，构成废气涡轮增压器的转动部分，称为转子。

支撑装置：由装在中间壳中的分别靠近压气机端和涡轮端的轴承、护板、止推盘等所组成。支撑装置使转子可靠地定位于中间壳上，可以限定转子工作时在轴向和径向的活动范围。密封装置：由油封总成、气封环等所组成。压气机端的密封装置主要是密封压气机内高压空气和防止油腔的机油进入压气机。涡轮端密封装置是防止高温废气进入油腔，以确保机油不发生变质。

（2）空气中间冷却器的结构

空气中间冷却器，是将增压后的空气在进入气缸前进行中间冷却的装置，简称中冷器。增压柴油机采用中冷后，使其进入气缸的空气温度降低，密度增加，从而增加进气量，可以进一步提高柴油机的功率并改善其经济性和热负荷。

中冷器的冷却介质有水、机油和空气。与此相应的有水对空中冷系统、油对空中冷系统、空对空中冷系统三种类型。

康明斯6BTA型柴油机中冷器采用的是水对空中冷类型，如图3-50所示，它由中冷器壳及中冷器芯等组成。中冷器壳由铝板模压而成。中冷器壳分为中冷器盖和中冷器体两部分。中冷器盖通过进气歧管与空气压缩机相连，中冷器还将进气歧管与气缸盖进气口相连。中冷器芯由铜合金管子组成。柴油机冷却液从中冷器后端的进水接头进入中冷器芯中，然后由前端出水口流向节温器。空气由增压器压送到中冷器，流过中冷器受到冷却液的冷却，降温后而进入气缸。

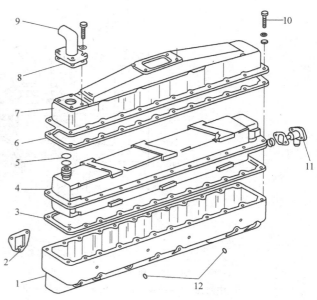

图3-50　水对空中冷器实物及分解图

1—中冷器体　2—进气歧管垫片　3—垫片　4—中冷器芯　5—O形圈　6—中冷器盖垫片　7—中冷器盖
8—垫片　9—出水接头　10—螺钉　11—进水接头　12—螺塞

康明斯 6CTAA 型柴油机中冷器采用的是空对空中冷类型。图 3-51 为该类型的中冷器及实物布置图，该中冷器安装在柴油机冷却液散热器前面，增压空气从中冷器右气室进入中冷器内部，沿着冷却管横向流动，到达左气室，与此同时，由于冷却风扇的抽吸作用，外部环境空气发生强制对流，从车辆前端流经中冷器芯部、散热器芯部、护风罩，再流经柴油机机舱，最后流向柴油机后部，排入大气中。在环境空气被强制通过中冷器芯部过程中，高温增压空气和低温环境空气通过中冷器芯部的冷却管壁和散热带产生热交换，使高温增压空气在流经中冷器时得到冷却。被冷却后的增压空气流出中冷器左气室后，流经中冷器出气胶管以及柴油机进气胶管，进入柴油机进气管，到达柴油机进气歧管。

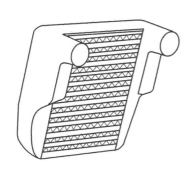 

图 3-51　空对空中冷器及实物布置图

4.3　柴油机进、排气系统的检修

1. 空气滤清器的检修

空气滤清器在使用过程中必须严格按使用手册进行保养，注意事项包括：

1）每隔 250 工作小时必须对空气滤清器的滤芯进行一次清洁，并进行检查。清洁空气滤清器滤芯时，先在平板上轻轻拍打滤芯端面，并用压缩空气从滤芯里面向外吹。

2）如果车上装有滤芯堵塞警报器，当指示灯亮时，必须及时清洁滤芯。

3）每隔 1000 工作小时应更换空气滤清器的滤芯。

4）经常清理排尘袋，不要使集尘箱内积尘太多。

5）如果在灰尘大的地区，根据情况应将清洁滤芯和更换滤芯的周期缩短。

保养或更换滤芯时注意以下程序：

1）拧松蝶形螺母取下后盖，清除集尘箱中的积灰，再取出主滤芯，用压缩空气由滤芯内部向外反吹进行保养。严禁用油、水清洗。

2）主滤芯保养后应仔细检查，若发现滤纸破漏、滤芯端盖脱胶等缺陷，或在正常使用时保养 5~6 次后，必须更换新滤芯。

3）安全滤芯不需保养，若主滤芯破漏，安全滤芯上黏附很多灰尘，或正常使用 500 工作小时后，应更换安全滤芯。

4）主滤芯保养后，应注意正确安装，切勿遗漏零件，不得将空气滤清器外壳敲扁，否则无法取出滤芯进行保养更换。后盖及各滤芯上的蝶形螺母应拧紧，以保证密封。并应使排尘袋垂直向下。

5）装配时检查所有密封圈保证完好，否则应进行更换。

2. 废气涡轮增压器的检修

（1）涡轮增压系统的维护管理主要特点

由于涡轮增压系统转子转速高，气流流速高，工作温度高，因此涡轮增压器在运转中，应保持转子良好的静平衡和动平衡，轴承要有良好的润滑，流道要清洁并保持可靠的冷却。涡轮增压系统的污阻会使气体流动阻力增大，涡轮增压系统效率下降，增压空气流量减小。空气冷却器污阻同时还会导致扫气的温度升高、密度降低，使进入柴油机气缸的空气量减少、温度升高从而导致柴油机燃烧恶化，热负荷增加，可靠性下降，燃油消耗率上升。严重污阻还会发生熄火。增压度越高，涡轮增压系统各部件污阻对柴油机的影响越大，因此必须定期对涡轮增压器的主要部件进行清洗。

（2）增压器的日常管理

1）在运转中应测量和记录各主要运行参数：各气缸排气温度、涡轮前后温度、增压器转速、轴承机油的温度和压力等。

2）增压器运行时，应经常用专用工具倾听增压器中有无异常响声。

3）增压器是高速回转机械，应特别致注意轴承的润滑。

4）如果柴油机停车时间较长（超过一个月），应人工将增压器转子转动一个位置，以防止转子轴弯曲变形。

5）拆装增压器时，应事先阅读说明书以了解其内部结构、拆装顺序和所需的专用工具。

（3）废气涡轮增压器的清洗

1）涡轮端应定期清洗。

2）水洗法：在低负荷时进行，使用专设的水洗装置进行清洗，通常水洗时间约10min，清洗后应在低负荷下运转5~10min。

3）干洗法：有的废气涡轮增压器的涡轮用喷入果壳颗粒方法进行干洗。清洗应在全负荷下进行，负荷低于50%时不可清洗。

4）压气机侧的清洗：水洗应在柴油机高负荷时进行，以增强水滴的撞击作用。在清洗前后30min内，应将气缸油注油量加大50%~100%，以保证气缸套免受腐蚀。清洗后应保持柴油机在全负荷下运行10min左右，以保证增压器完全干燥。

（4）增压器损坏后的应急处理

1）在行驶中发现增压器损坏时，应使损坏的增压器停止运转。

2）如果允许柴油机停车时间很短，这时只需拆下压气端和涡轮端的轴承盖，用专用工具把转子轴锁住，并在压气机排出管路装上密封盖板，防止增压空气流失。

3）如果允许停车时间较长，可将转子拆除，并用专用工具封住涡轮增压器，以防燃气和增压空气外泄。

4）执行完停止增压器运行的应急处理后，应降低柴油机的负荷，防止排温过高和冒黑烟。对涡轮的进、排气箱继续保持冷却，对外部供油润滑者应切断机油供应。同时应降低柴油机的转速。

3. 中冷器的检修

水对空中冷器的污染会对柴油机性能带来不利影响。在空气流动侧的污染，会降低进气压力和密度；不管空气侧还是冷却液侧的污染，都会降低冷却器的冷却能力，使充气温度上升，密度减小。上述不利影响，将使柴油机动力性下降，冒黑烟，这时应对中冷器予以清洗。水对空中冷器拆卸、清洗和安装按如下步骤进行。

（1）水对空中冷器的拆卸

1）拆下进、出水接头，拆除垫片。

2）从中冷器体上拆下中冷器芯和盖，拆除垫片。

3）从中冷器芯中拆除 O 形圈。

（2）清洗

1）用水蒸气清洗中冷器盖和壳体。

2）用不会损坏黄铜的溶剂清洗冷却器芯，并用压缩空气吹干。

（3）装配

1）将中冷器体放到工作台上，安放位置应与在柴油机上的安装位置相同。

2）将垫片放到中冷器体上，将新的 O 形圈涂清洁机油后装到中冷器芯的进水和出水接头上，将中冷器芯装入体中。

3）将进水接头和新垫片装到中冷器芯的进水口，不可损坏 O 形圈。用手拧紧螺钉，将接头紧固到中冷器体上。

4）将垫片装入中冷器芯的安装法兰上，务必将垫片、中冷器芯和体上的螺钉孔对准，装上盖，但此时不要将螺钉拧紧到规定力矩。

5）将出水接头和新垫片装到盖上，装上螺钉和铜垫片，用手拧紧螺钉。

注意：务必将 O 形圈装到准确位置并且完好无损。

6）拧上中冷器盖、中冷器芯和中冷器体的连接螺钉，此时不要拧紧至规定力矩。

7）拧上进水接头与中冷器体的连接螺钉，拧紧到 37~43N·m。

8）拧紧中冷器盖与中冷器体的连接螺钉到 34N·m，先拧紧中间的螺钉，然后从中间到两端每边拧 1 个，依次交替进行。

9）拧紧出水接头的螺钉到 21~27N·m。

任务五　潍柴柴油机配气机构特点

潍柴 WD615 柴油机配气机构由气门传动组和气门组组成。气门传动组包括凸轮轴及其驱动的装置（气门挺柱、气门推杆、气门摇臂及摇臂轴等）；气门组包括气门、气门弹簧、气门导管、气门座和垫片等，如图 3-52 所示。

1. 凸轮轴

凸轮轴采取整体、全支承形式，有七道轴颈，其直径均为 60mm，七道轴颈的润滑用油来自主油道的斜油孔；凸轮轴进、排气凸轮的型线按多项动力修正计算设计，进气凸轮基圆直径 42mm，升程 8.493mm；排气凸轮基圆直径 40mm，升程 9.492mm；凸轮轴在轴头与第一轴径间开有圆槽，用 6mm 厚的定位钢板定位，固定在机身前端面上，凸轮轴正时齿轮用四个螺栓和一个定位销固定于轴头端面上，凸轮轴如图 3-53 所示。

2. 挺柱与推杆

挺柱为平底筒形，采用合金钢制成，其中心相对凸轮对称中心偏移 2.5mm，以便使挺

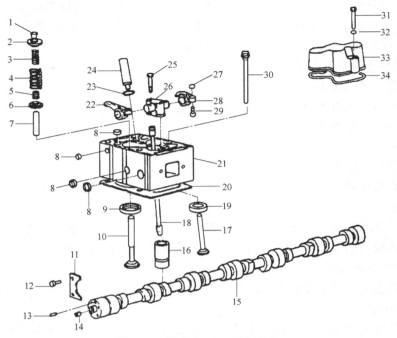

图 3-52 潍柴 WD615 配气机构

1—气缸锁片 2—气门弹簧上座 3—气门内弹簧 4—气门外弹簧 5—气门密封套 6—气门弹簧下座 7—气门导管 8—碗形塞 9—排气门座圈 10—进气门 11—凸轮轴止推片 12、25、31—固定螺栓 13—圆柱销 14—驱动销 15—凸轮轴 16—气门挺柱 17—排气门 18—气门推杆 19—排气门座圈 20—缸盖垫 21—气缸盖 22—进气门摇臂 23—密封垫圈 24—喷油器衬套 26—气门摇臂座 27—气门固定螺母 28—排气门摇臂 29—气门调整螺钉 30—缸盖螺栓 32—弹性垫圈 33—气缸盖罩 34—气缸盖罩衬垫

柱上、下运动的同时,产生旋转运动,使挺柱磨损均匀,减少滑动速度并提高可靠性。

推杆为无缝钢管制造,两头采用摩擦焊接。推杆中心有孔,由于凸轮轴位置较低,因此推杆较长,且细而空心,这就要求推杆要有足够的刚度。

3. 摇臂、摇臂轴及摇臂轴座

摇臂用锻钢制造,由于进、排气门中心连线与机身中线成 35°夹角,进、排气门摇臂长短不同,进气门摇臂比为 1.64∶1,排气门摇臂比为 1.36∶1。

摇臂轴与摇臂轴座是一体加工的,整体式结构具有很好的刚度。摇臂轴和摇臂座合为一体,省去了摇臂的轴向定位装置。由铝合金压铸而成的摇臂罩,其两侧内侧平面有较精确的尺寸,与摇臂轴座两个端面保持一定的间隙。摇臂、摇臂轴及摇臂轴座如图 3-54 所示。

4. 气门弹簧

气门弹簧采用等螺距圆柱弹簧,内、外双簧结构。由于柴油机功率大,气门弹簧承受较大的交变应力作用,所以外簧工作应力高达 566~904MPa;内弹簧工作应力为 530~848MPa。

5. 进、排气门

WD615 柴油机属典型强化柴油机,热负荷高,进、排气门均采用了较特殊的材料与制造工艺。

进气门的头部阀盘最大直径为 51mm,杆部直径有 11mm 和 12mm 两种。除 WD615·68/78 机型使用 11mm 阀杆外,其余机型均使用 12mm 阀杆的进气门,同一机型的进、排气门阀杆直径均必须相同。排气门的头部采用摩擦焊焊接在杆部上，阀杆头部表面淬火，阀头部最大直径为49mm。

图 3-53　潍柴 WD615 的凸轮轴　　　　图 3-54　潍柴 WD615 的摇臂、摇臂轴及摇臂轴座

6. 凸轮轴驱动装置

凸轮轴驱动装置采用齿轮传动机构，通过正时齿轮驱动凸轮轴、高压油泵、空气压缩机、动力转向泵、机油泵等零部件，通过传动带驱动水泵、发电机等。齿轮传动机构包括正时齿轮系统及相关的传动装置等。

7. 正时齿轮系统

正时齿轮系统设在机体前端的齿轮室内，由八个斜齿轮及相关零件组成。在安装时，仅凸轮轴齿轮上有一处记号必须与正时齿轮室上刻痕记号对准（第1缸活塞处于上止点位置）即可。喷油泵齿轮不必对正记号，可通过松开传动轴端连接法兰的内六角螺栓来调整供油时间。空气压缩机齿轮、液压泵齿轮和机油泵齿轮是各自装在总成上，再一起装入柴油机。

全部齿轮的位置没有调整的余地，其间隙全都由机身上的齿轮中心坐标来确定。即传动齿轮中的两个惰轮轴孔（正时齿轮惰轮轴孔、机油泵惰轮轴孔）作为齿轮室与机身的定位孔定位。齿轮加工精度要求高，而且轮缘都要经过修正，用 15CrMn 钢制造，齿面经渗碳淬火。潍柴 WD615 正时齿轮系统的结构如图 3-55 所示，正时齿轮传动关系如图 3-56 所示。

正时齿轮室如图 3-57 所示。

正时齿轮室与缸体没有定位销，主要靠正时中间齿轮轴 A 和机油泵中间齿轮轴 B 来定位。因此，在装配正时齿轮室时要注意：首先紧固正时中间齿轮轴（力矩 200N·m）和机油泵中间齿轮轴（力矩 65N·m）；再紧固周边的正时齿轮室固定螺栓。空气压缩机、转向助力泵、水泵均安装在正时齿轮室上。其特点如下：

1）用高强度灰铸铁制造，整体结构具有较高的强度与刚度，齿轮室壁厚仅 8mm。

2）水泵蜗壳与齿轮室铸成一体，这样就充分利用了齿轮室的上部空间，使结构更加紧凑，减轻了整机的重量。

3）齿轮室与机体结合面上无专用定位销，其几何公差精度是靠两个中间齿轮轴定位的。保证了各轴、齿轮间的中心距和啮合精度，减少了因调整齿轮啮合间隙不当造成啮合间隙过大或过小而引起的齿轮噪声和打齿事故。

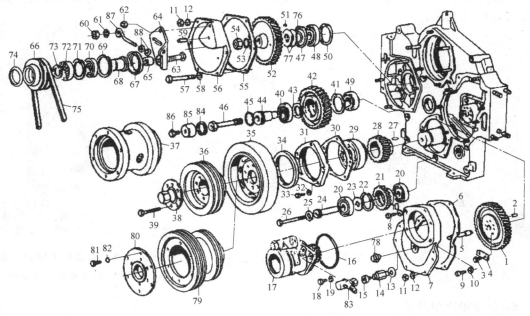

图 3-55 正时齿轮系统结构

1—凸轮轴正时齿轮 2—圆柱销 3、11、26—六角螺栓 4、51、61、65—垫圈 5—转速表传动轴 6—凸轮轴齿轮盖垫片 7—凸轮轴齿轮盖 8、33、57—内六角螺栓 9、39、46、63、81、86、87—螺栓 10、12、19、41、58、82—弹性垫圈 13—垫片 14—连接螺管 15、16、32—密封垫片 17—动力转向泵 18、59—双头螺栓 20、70、72—深沟球轴承 21—机油泵惰轮 22—孔用挡圈 23—中间隔圈 24—中间齿轮油 25、84—密封圈 27—平键 28—曲轴齿轮 29—法兰 30—前油封垫片 31—前油封座 34—前油封 35—减振器 36、37—带轮 38—调整法兰 40、48、49—球轴承 42—中间齿轮 43—轴用隔圈 44、68—轴 45—O 形圈 47、50、69、71、73—挡圈 52—喷油泵齿轮 53—支承环 54、60—锁紧片 55—空气压缩机齿轮盖垫片 56—空气压缩机齿轮盖 62、78、88—螺母 64—张紧轮支撑板 66—张紧轮 67—防护圈 74—碗形塞 75—传动带 76—挡板 77—弹簧 79—带轮 80—连接法兰 83—转速表接头 85—弹簧卡套

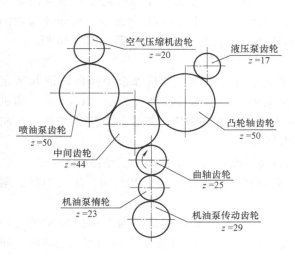

图 3-56 潍柴 WD615 正时齿轮传动关系

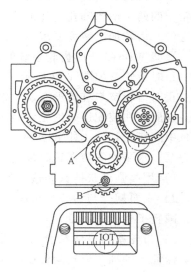

图 3-57 潍柴 WD615 正时齿轮室

4）齿轮室两侧加工的平面起支承柴油机的作用，柴油机支架与之相连，中间有两个定位销定位。

5）加工平面、孔较多，便于安装各种部件和附件，如装有动力转向泵、空气压缩机、水泵、机油泵、张紧轮、发电机等。充分利用了齿轮室的内、外空间。

6）齿轮室与机体、空气压缩机的结合面处均涂乐泰 510 密封胶，水泵、传动轴盖板、正时齿轮铝盖板均用石棉垫片。

实训五　柴油机配气机构的拆装

1. 实训目的
（1）掌握柴油机配气机构拆装方法。
（2）加深对柴油机配气机构的认识。

2. 实训设备
康明斯 6BT 柴油机；常规工具；气门拆装专用工具；百分表；机油、润滑脂等。

3. 实训原理与方法
（1）配气机构拆卸步骤

1）拆卸摇臂组件、推杆
缸盖螺栓按照实训二所述拆卸方法进行，然后取出摇臂组件、推杆，按气缸顺序排列放在工作台上。

2）拆卸进排气门
用气门专用拆装工具拆卸锁块、弹簧座和气阀弹簧、气门杆油封、气门等。

3）拆卸凸轮轴及凸轮轴正时齿轮
① 转动凸轮轴，检查凸轮轴与正时齿轮是否灵活无阻滞。
② 用百分表检查凸轮轴与之前相比是否有轴向窜动。
③ 检查凸轮轴正时齿轮齿侧间隙。
④ 在柴油机拆解与装配工作台上，转动曲轴使凸轮轴正时齿轮位于第一缸上止点，拆卸凸轮轴正时齿轮。
⑤ 拆卸凸轮轴止推片螺栓，拆卸止推片，轻轻取出凸轮轴，防止磕碰凸轮轴衬套。
⑥ 翻转柴油机缸体，取出挺柱。

（2）配气机构装配步骤

1）装配凸轮轴及凸轮轴正时齿轮
① 放置挺柱。挺柱与孔的配合间隙为 0.02～0.065mm，在装配挺柱前要用 15W-40 机油润滑缸体挺柱孔，并用 105 润滑脂润滑挺柱底面和内窝座。挺柱应全部落座在缸体挺柱孔内，并能自由转动。如果挺柱不能落座和自由转动应检查缸体挺柱孔和挺柱，找出原因进行排除或更换零件。
② 安装凸轮轴齿轮。
③ 安装凸轮轴。凸轮轴装入柴油机前，旋转曲轴，使第一缸处于上止点位置，并使曲轴齿轮上的正时记号"0"进入凸轮轴齿轮正时记号的两上"0"之间。推入凸轮轴时，应要小心把前部抬起，以免碰伤第一凸轮轴孔内的衬套。装前，凸轮轴轴颈和凸轮桃子要均匀

④ 将凸轮轴止推片插到凸轮轴齿轮后面,止推片的紧固螺栓拧紧力矩应为(24±3)N·m。拧紧前先用手拧紧2~3扣。

⑤ 当止推片装好后应检查凸轮轴的轴向间隙和凸轮轴齿轮齿侧间隙。轴向间隙应为0.1~0.36mm,齿侧间隙应为0.08~0.33mm。如果检查发现轴向间隙和齿隙超过规定值,应更换止推片和齿轮。

⑥ 拧紧凸轮轴止推片螺栓到24N·m后,检查齿隙应为0.08~0.33mm。

2) 装配进排气门

装配前,气门杆头部和杆部用105润滑脂润滑,缸盖导管孔用15W-40机油润滑。在安装气门杆油封前,先在气门头套上塑料保护罩,把油封通过保护罩压入气门导管座口上,装完后拆除保护罩。用专门工具装配气阀弹簧、弹簧座和锁块。锁块应完全落座在弹簧座上。

3) 装配推杆及摇臂组件

推杆两端要加105润滑脂,装配后应检查推杆球头是否完全落在挺柱的窝座内。检查摇臂组件的清洁度及是否有缺陷。退出调整螺栓,直到球头端只露出两个螺扣。退出调整螺母,直到调整螺栓上部只露出3~4螺扣。摇臂支座螺栓先用手拧紧2~3螺扣,拧紧力矩为(24±3)N·m,最长的缸盖螺栓将是穿过摇臂支座与缸盖一起固定的。缸盖螺栓按照实训二所述拧紧方法紧固。

实训六　柴油机气门组件检修

1. 实训目的

(1) 掌握气门组件正确的检测方法。

(2) 掌握气门组件正确的修理方法。

2. 实训设备

康明斯6BT柴油机气门组件、常规工具、气门拆装专用工具、游标卡尺、外径千分尺、气门捻子、研磨膏、清洗盆、柴油等。

3. 实训原理与方法

(1) 气门的检测

气门的检测项目有:

1) 专用工具拆装气门和气门弹簧

使用气门弹簧压缩器、磁力棒等专用工具正确拆装气门及气门弹簧。

2) 气门头部外径处厚度检查

使用游标卡尺正确测量气门头部外径处厚度。康明斯6BT柴油机气门头外径处的厚度极限值为2.67mm。

3) 气门杆外径的检查

使用千分尺正确测量气门杆外径。若杆部损伤或杆径磨损达到极限值则应更换,例如康明斯6BT柴油机气门杆外径极限值为7.94mm。

(2) 气门与气门座的研磨

气门和气门座圈仅有轻微磨损和烧蚀,可研磨气门与气门座来恢复其密封性,气门与气门座经铰削加工后，也应研磨。研磨方法有机器研磨和手工研磨两种，以下为手工研磨方法。

手工研磨时，利用气门捻子对气门头的吸力，使气门相对于气门座进行上下运动拍击，同时旋转，如图3-58所示，研磨要点如下：

1）将气缸盖倒置，用柴油洗净气门、气门座、气门导管，清除积炭，并在气门头端标示出顺序记号。

2）在气门工作锥面上均匀涂抹一层粗研磨膏，气门杆上涂少许机油，将气门杆插入导指管内，用气门捻子吸住气门。

3）研磨时，一边用手指搓动气门捻子的木柄，使气门单向旋转一定角度，一边将气门捻起一定高度后落下进行拍击。注意始终保持单向旋转，不断改变气门与气门座在圆周方向的相对位置。

图3-58 气门的研磨

4）当气门磨出整齐、无斑痕和麻点的接触环带时，将粗研磨膏洗去，换用细研磨膏继续研磨，直到气门工作面出现一条整齐的灰色无光的环带时，洗去细研磨膏，涂上机油再研磨几分钟。

5）最后洗净气门、气门座、气门导管。研磨气门时应注意：研磨时，研磨膏不宜过多，以免进入气门导管，造成气门杆与气门导管的早期磨损；在保证密封的前提下，研磨时间不宜过长，拍击力不宜过猛，以防环带过宽，出现凹陷。

(3) 气门弹簧的检测

气门弹簧的检测项目有以下两项。

1）气门弹簧的自由长度检查

如图3-19所示，用游标卡尺测量气门弹簧的实际长度。其检查亦可用新旧弹簧对比的经验方法进行。实际长度小于使用限度1.3~2mm时，应更换新件。

2）气门弹簧端面与其中心轴线的垂直度检查

如图3-21所示，用直角尺检查每根弹簧的垂直度。气门弹簧上端和直角尺之间的间隙L即为垂直度的大小。康明斯6BT柴油机该极限值为1.0mm，如该间隙超限，则必须更换气门弹簧。

实训七　柴油机气门间隙的检查与调整

1. 实训目的

(1) 掌握柴油机气门间隙检测与调整的方法。

(2) 加深对柴油机配气机构的认识。

2. 实训设备

康明斯6BT柴油机；塞尺；扳手；螺钉旋具等。

3. 实训原理与方法

(1) 气门间隙调整方法

气门间隙的大小应该合适，在调节气门间隙分两种状态：冷态、热态。一般在调节时冷态下气门间隙要比热态下间隙大一些，康明斯6BT柴油机冷态气门间隙：进气门0.25mm、排气门0.5mm。

气门间隙的调整有二次调整法和逐缸调整法。

一般采用二次调整法即按照"双排不进"的口诀,分两次将柴油机的气门调整完毕。调整某一气门间隙时该气门必须处于完全关闭状态。双排不进法的"双"指该缸的两个气门间隙均可调,"排"指该缸仅排气门间隙可调,"不"指两个气门间隙均不可调,"进"指该缸的进气门间隙可调。

康明斯6BT柴油机工作顺序是:1—5—3—6—2—4,因此第一缸处于压缩上止点时,双排不进口诀即指:一双五三排、六不二四进,第六缸处于压缩上止点时,剩余的气门间隙可调。康明斯6BT柴油机气门间隙的调整顺序见表3-2。

表3-2 康明斯6BT柴油机气门间隙的调整顺序

缸号	1	2	3	4	5	6
第一缸处于压缩上止点时可调气门	进、排	进	排	进	排	
第六缸处于压缩上止点时可调气门		排	进	排	进	进、排

(2)气门间隙调整步骤

1)确定柴油机的气门调整是要求热调还是冷调。

2)必须确定可调气门完全处于关闭状态。

3)区分进、排气门。可根据对应的气道确定,与进气道相对的是进气门,与排气道相对的是排气门。或用转动曲轴观察法确定,在进排气门都关闭的情况下顺时针转动曲轴,先开启的气门为排气门,后开者为进气门。

4)确定可调整的气门,并对其进行调节。

采用撬杠或盘车专用接头转动曲轴,如图3-59所示,直到正时指针与曲轴飞轮上的标记对正,且正时销可插入,或者此时将曲轴稍微正反转动,观察第一缸的进、排气门如果不动可进一步确定第一缸为压缩状态。

此时,柴油机第一、六缸活塞同时处于上止点位置,第一缸活塞则处于压缩行程的上止点,可调整的气门见表3-2。

图3-59 正时指针对准飞轮标记

调整时,先用塞尺伸入气门间隙中,检查气门间隙是否正确。若不符合要求,则应调整气门间隙。在调整时,先松动锁紧螺母和调整螺钉,将与标准间隙相同厚度的塞尺插入气门间隙之中,调整螺钉,使塞尺被轻轻压住,再将锁紧螺母拧紧(图3-5)。再重复移动塞尺检查,若不合适则应重新调整。

5)上述各气门间隙调整完毕后,将曲轴顺时针转动360°,使第六缸处于压缩上止点,然后按步骤4中的相同方法调整表3-2中剩余的各气门。

复习思考题

一、单项选择题

1.进、排气门在压缩行程上止点时( )。

A. 进气门开，排气门关 B. 排气门开，进气门关
C. 进、排气门全关 D. 进、排气门全开

2. 进、排气门在进气行程下止点时（ ）。
A. 进气门开、排气门关 B. 进气门关、排气门开
C. 进气门开、排气门开 D. 进气门关、排气门关

3. 进、排气门在排气行程上止点时（ ）。
A. 进气门开、排气门关 B. 进气门关、排气门开
C. 进气门开、排气门开 D. 进气门关、排气门关

4. 气门座与（ ）一起对气缸起密封作用。
A. 气门头部 B. 气门杆身 C. 气门弹簧 D. 气门导管

5. 在气门传动组中，（ ）将凸轮的推力传给推杆。
A. 挺柱 B. 气门杆 C. 气门弹簧 D. 气门座圈

6. 曲轴正时齿轮与配气凸轮轴正时齿轮的齿数比是（ ）。
A. 1∶1 B. 1∶2 C. 2∶1 D. 4∶1

7. 下面哪种配气机构布置形式最适合于高速柴油机（ ）。
A. 顶置气门式 B. 上置凸轮轴式
C. 中置凸轮轴式 D. 侧置气门式

8. 柴油机气门弹簧采用变螺距弹簧，其目的在于（ ）。
A. 使弹簧安装容易 B. 制造方便
C. 使弹簧的弹力更大 D. 使弹簧与气门不易发生共振

9. 四冲程四缸柴油机配气机构的凸轮轴上同名凸轮中线间的夹角是（ ）。
A. 180° B. 60° C. 90° D. 120°

10. 当采用双气门弹簧时，两气门弹簧的旋向（ ）。
A. 相同 B. 相反 C. 无所谓 D. 不一定

11. 气门的落座是（ ）完成的。
A. 摇臂 B. 推杆 C. 气门弹簧 D. 凸轮

12. 四冲程柴油机完成一个工作循环，其配气凸轮轴转数与曲轴转数之间的关系为（ ）。
A. 2∶1 B. 1∶1 C. 1∶2 D. 1∶4

13. 配气机构在冷态下留有气门间隙的目的是（ ）。
A. 给气门杆受热留有膨胀余地 B. 起到调节配气正时作用
C. 防止气门与摇臂发生撞击 D. 起到储油润滑作用

14. 当气门间隙过小时，将会造成（ ）。
A. 撞击严重，磨损加快 B. 发出强烈噪声
C. 气门关闭不严，易于烧蚀 D. 气门正时未有改变

15. 气门间隙的大小，一般进气门和排气门的区别是（ ）。
A. 一样大 B. 进气门大 C. 排气门大 D. 大、小随机型而定

16. 当柴油机某个气缸的进、排气门均处于微开状态时，说明该气缸的活塞处于（ ）。
A. 压缩行程上止点附近 B. 做功行程下止点附近
C. 排气行程上止点附近 D. 进气行程下止点附近

17. 中冷器的作用是对（　　）。
A. 涡轮增压器进行冷却　　　　B. 涡轮轴承进行冷却
C. 增压后的进气进行冷却　　　D. 排出的废气进行冷却

二、简答题

1. 柴油机配气机构布置形式有哪些类型？简述顶置气门式配气机构工作过程。

2. 画出柴油机配气相位图，并解释各角度的含义。

3. 简述气门间隙的作用，并列出二次调整法调节工作顺序为 1-5-3-6-2-4 的直列六缸柴油机气门间隙的步骤。

4. 试叙述废气涡轮增压器的结构与工作原理。

5. 中冷器有何作用？有哪些类型？

项目四

传统柴油机燃油供给系统结构与检修

任务一 传统柴油机燃油供给系统认识

1.1 任务引入

柴油机燃料供给系是柴油机的重要组成部分,对柴油机动力性、经济性、使用可靠性和排气污染等都有重要影响。因此,合理的设计、正确的使用,及时规范的维护,使供给系统经常保持良好的技术状况,是确保柴油机的使用性能,延长柴油机的使用寿命,减少故障发生率,提高工程机械使用效率的关键。

1.2 相关知识

1. 传统柴油机燃油供给系统的组成

柴油机燃油供给系统按驱动方式分:凸轮驱动型、液压或电液驱动型。

凸轮驱动型包括泵-管-嘴系统、泵-喷-嘴系统以及PT燃油系统,其中泵-管-嘴系统中主要有:直列泵(A型、P型)、分配泵(轴向柱塞、径向柱塞)及单体泵。传统燃油供给系统采用凸轮驱动型。

液压或电液驱动型柴油机燃油供给系统典型的为共轨式系统,喷油压力可根据需要灵活变化而不与柴油机转速和负荷相关联,该燃油供给系统将在项目五中介绍。

如图4-1所示为泵-管-嘴凸轮驱动型传统柴油机燃油供给系统,由油箱、输油泵、燃油滤清器、喷油泵、喷油器、高低压油管等组成。

柴油由输油泵从柴油箱吸出,经柴油粗滤器被吸入输油泵并泵出,经柴油细滤器,进入喷油泵,自喷油泵输出的高压油经高压油管和喷油器喷入燃烧室。由于输油泵的供油量比喷油泵供油量大得多,过量的柴油便经回油管回到输油泵低压回路。

从柴油箱到喷油泵入口的这段油路中的油压是由输油泵建立的,压力为0.15~0.30MPa,称为低压油路;从喷油泵到喷油器这段油路中的油压是由喷油泵建立的,压力一般在10MPa以上,称为高压油路。高压的柴油通过喷油器呈雾状喷入燃烧室,与空气混合形成可燃混合气。

2. 柴油机燃油供给系统的功用

1）向柴油机提供工作过程所需的燃料。

2）滤除燃油内的机械杂质、尘土和水分，以保持所有机件正常工作。

3）按照柴油机的工作顺序和规定的喷油提前角，将一定数量的柴油，以一定的压力喷入柴油机各个气缸内。

4）按一定的喷油规律和喷雾质量喷入燃烧室，以保证可燃混合气的形成。

3. 柴油机可燃混合气的形成和燃烧

柴油机可燃混合气的形成和燃烧都是直接在燃烧室内进行的。柴油黏度大且不易蒸发，因此柴油机的可燃混合气形成困难。在柴油机压缩行程接近结束时借助喷油装置将柴油喷入气缸，与进气行程中进入气缸并经压缩处于高温、高压状态的空气混合，形成可燃混合气。柴油经喷油器的高压喷射时，分散成数百万个细小油滴，这些细小的油滴在气缸中与高温、高压的空气混合，经过一系列物理化学准备，几乎是边喷油、边混合、边燃烧；为了保证柴油机的动力性和经济性，燃烧过程必须在活塞上止点附近迅速完成，要求喷油持续时间极为短促，只有15°～30°曲轴转角。

柴油机可燃混合气形成方法有空间雾化混合、油膜蒸发混合、复合式。空间雾化混合式的燃油大部分喷在燃烧室空间，与涡流空气混合；油膜蒸发混合式的燃油大部分喷在燃烧室壁面，逐渐蒸发与空气混合；复合式则为空间雾化与油膜蒸发兼用。

图4-2所示为柴油机压缩过程和做功过程中，气缸内压力 p 随曲轴转角 θ 变化的关系曲线。通常将混合气形成与燃烧过程按曲轴转角划分为四个阶段。

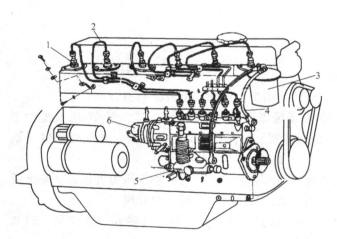

图4-1 传统柴油机燃油供给系统

1—喷油器 2—高压油管 3—燃油滤清器
4—低压油管 5—输油泵 6—喷油泵

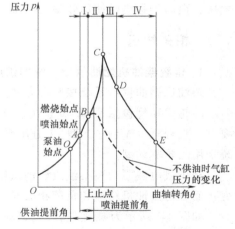

图4-2 柴油机气缸压力与曲轴转角关系曲线

(1) 滞燃期

第一阶段为滞燃期，是从喷油始点 A 到燃烧点 B。喷入气缸的雾化柴油在气缸内从高温空气中吸收热量，逐渐蒸发、扩散与空气混合，进行燃烧前的物理化学准备。

(2) 速燃期

第二阶段为速燃期,从 B 点起,火焰主火源迅速向各处传播,使燃烧速度迅速增加,急剧放热,导致燃烧室中温度和压力迅速上升,直到达到 C 点所表示的最高压力为止。在速燃期内,早已喷入但尚未来得及蒸发的柴油,以及在燃烧开始后陆续喷入的柴油便在已燃气体的高温作用下,迅速蒸发、混合和燃烧。速燃期的燃烧情况与滞燃期的长短有关,滞燃期越长,缸内积聚并完成燃烧准备的柴油越多,使燃烧开始后气缸压力急剧升高,造成柴油机工作粗暴。

(3) 缓燃期

第三阶段为缓燃期,是从最高压力点 C 到最高温度点 D。在这一阶段,喷油已结束。由于氧气量减少,废气增加,燃烧速度从快转慢,使热量积聚,燃气温度继续升高。

(4) 后燃期

第四阶段为后燃期,从 D 点起到 E 点止。由于处于膨胀行程,燃烧在极不利的条件下缓慢进行,在此期间,缸内压力、温度逐渐下降。

4. 对柴油机燃料供给系的要求

根据柴油机使用和运行的各种不同工况,柴油机燃料供给系必须按各种使用工况的要求对柴油进行有效的控制和有效供给。柴油机燃料供给系应满足以下要求:

1) 能够按照柴油机的工作状态需要,将一定量的柴油喷入气缸内。
2) 应保持正确的喷油定时,根据需要能够调节供油提前角。
3) 应具有良好的雾化质量,以保证混合气的形成和燃烧过程。
4) 断油应迅速,避免二次喷射或滴油现象发生。
5) 工作要可靠,使用保养及调节要方便。

5. 柴油机燃烧室

柴油机的可燃混合气是在燃烧室内部形成的,可燃混合气的形成品质和燃烧性能与燃烧室结构形式密切相关,直接影响到柴油机的动力性、经济性、排放指标、噪声指标、工作寿命等。

工程机械柴油机的燃烧室常见的有直喷式,预燃室式,涡流室式三种。其中直喷式燃烧室又称为统一式燃烧室,预燃室式和涡流室式燃烧室又称为分隔式燃烧室。

(1) 直喷式燃烧室

直喷式燃烧室如图 4-3a 所示。燃烧室呈浅盆形,喷油器的喷嘴直接伸入燃烧室。这种燃烧室结构紧凑,散热面积小,因将燃油直接喷入燃烧室,故柴油机起动性能好,做功效率高。

直喷式燃烧室一般采用孔式喷油器,可选配双孔或多孔喷油嘴。根据喷油器的安装形式可选用 ω 形活塞和锥形活塞。

ω 形活塞配合四孔喷油器,可使得喷注在燃烧室内形成 ω 形涡流,促使燃油与空气的混合。

锥形活塞配合直立放置的喷油器,可使喷注由中间向四周形成涡流。目前,新型的燃油共轨系统多采用此种形式的燃烧室和活塞。

分隔式燃烧室由两部分组成。一部分位于活塞顶与气缸盖底面之间,称为主燃烧室;另一部分在气缸盖中,称为副燃烧室。两部分之间有一个或几个孔道相连。分隔式燃烧室常见的形式有涡流室式燃烧室和预燃室式燃烧室两种。

（2）预燃室式燃烧室

预燃室式燃烧室如图4-3b所示。喷油器装在副燃烧室内，柴油在副燃烧室内燃烧后喷入主燃烧室，推动活塞向下运动。

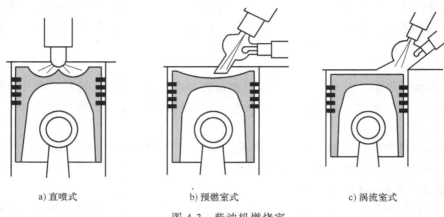

a) 直喷式　　　　b) 预燃室式　　　　c) 涡流室式

图4-3　柴油机燃烧室

由于自燃主要发生在副燃烧室内，而主燃烧室内主要是扩散燃烧，因此，这种燃烧室工作较柔和，噪声较小。但是，因为散热面积较大，放热效率较低，目前较少采用。

预燃室式燃烧室一般采用浅盆形或平顶活塞，以减少散热面积。

（3）涡流室式燃烧室

涡流室式燃烧室如图4-3c所示。主燃烧室与涡流室两腔室有通道相连。涡流室式燃烧室一般采用平顶活塞，在压缩行程期间，涡流室内形成旋涡气流，多数燃油在涡流室内被点燃。然后，其余燃油在主燃烧室内继续燃烧。

分隔式燃烧室一般采用轴针式喷油器，喷油压力要求不高。

6. 传统柴油机燃油供给系统主要部件认识

泵-管-嘴凸轮驱动型传统柴油机燃油供给系统部件主要有：喷油泵（含调速器）、喷油器、输油泵、燃油滤清器等。柱塞式喷油泵、调速器以及转子式分配泵在本项目的任务二、任务三、任务四中分别介绍。

（1）喷油器

喷油器安装在气缸盖上，其作用是将高压燃油雾化成容易着火和燃烧的喷雾，并使喷雾和燃烧室大小、形状相配合，分散到燃烧室各处，和空气充分混合。喷油器除了影响燃油的雾化质量、贯穿度及分布等喷雾特性外，还对喷油压力、喷油始点、喷油延续时间和喷油率等喷油特性有重大影响。所以，喷油器对柴油机的性能起着决定性的作用。

其实，燃油的喷射时间是非常短暂的。例如，柴油机的转速为2000r/min，则应在1/800~1/200s内将一个循环中的全部喷油量从喷油器的喷油孔中喷入气缸中。喷油器是燃油系统中最重要的元件。

1）喷油器的构造。喷油器的种类较多，工程机械柴油机喷油器常见的形式有两种：孔式喷油器和轴针式喷油器。孔式喷油器主要用于直接喷射式燃烧室，轴针式喷油器多用于分隔式燃烧室。

① 孔式喷油器。孔式喷油器喷油孔数目一般为1~8个，喷孔直径为0.2~0.8mm，喷油

压力较高（12~25MPa），喷孔的角度可使喷出的油束构成一定的锥角。喷孔数和喷孔角度的选择视燃烧室的形状、大小及空气涡流情况而定。

孔式喷油器的结构如图 4-4 所示，主要由针阀—针阀体偶件、喷油器体、顶杆、调压弹簧、调压垫片、进油管接头及滤芯、回油管接头等零件组成。其中最主要的部件是用优质合金钢制成的针阀和针阀体，二者合称针阀偶件，如图 4-5 所示。针阀上部的圆柱表面同针阀体的相应内圆柱面为高精度的滑动配合，配合间隙为 0.002~0.003mm。此间隙过大则可能发生漏油而使油压下降，影响喷雾质量；间隙过小时，针阀将不能自由滑动。针阀中部的锥面全部露出在针阀体的环形油腔（即高压油腔）中，用以承受油压，故称为承压锥面。针阀下端的锥面与针阀体上相应的内锥面配合，以使喷油器内腔密封，称为密封锥面。针阀偶件的配合面通常是经过精磨后再相互研磨而保证其配合精度的。所以选配和研磨好的一副针阀偶件是不能互换的，这点在维修过程中应特别注意。

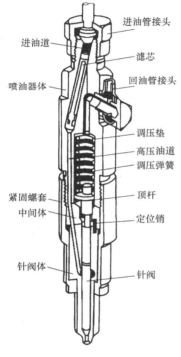

图 4-4 孔式喷油器

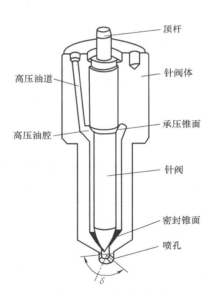

图 4-5 喷油器针阀偶件

装在喷油器体上的调压弹簧通过顶杆使针阀紧压在针阀体的密封锥面上将喷孔关闭。为防止细小杂物堵塞喷孔，在进油管接头中一般装有缝隙式滤芯。

② 轴针式喷油器。轴针式喷油器适用于对喷雾要求不高的分隔式燃烧室，它的构造与孔式喷油器的不同之处在于针阀下端的密封锥面以下还延伸出一个轴针，其形状可以是倒锥形或圆柱形。因此，喷射时油来将呈空心的柱形或锥形，如图 4-6 所示。由于轴针伸出喷孔外，所以使喷孔碎为圆环状狭缝（通常轴针与孔的径向间隙为 0.05mm）。轴针式喷油器喷孔形状与喷雾锥角取决于轴针的形状和升程，因此要求轴针的形状加工非常精确。

常见的轴针式喷油器只有一个喷孔，孔径约为 1~3mm。因为喷孔直径较大，孔内的轴针又上、下运动，喷孔不易积炭，而且还有自行清理积炭的功能。

为了使柴油机工作柔和，改善燃烧条件，喷油器最好在每一循环的供油过程中，初期喷油少，中期喷油多，后期喷油少。因此轴针喷油器的轴针制成可变的节流断面，通过密封锥面及轴针处的节流断面作用，可较好地满足喷油特性要求。

2) 喷油器的工作原理。孔式喷油器和轴针式喷油器的工作原理相同。喷油器在工作时，喷油泵输出的高压柴油从进油管接头，经过喷油器体与针阀体中的油孔道，进入针阀中部周围的环状空间——高压油腔。油压作用在针阀的承压锥面上，造成一个向上的轴向推力，当此推力克服了调压弹簧的预紧力以及针阀与针阀体间的摩擦力（此力很小）后，针阀即上移而打开喷孔，高压柴油便从针阀体下端的喷油孔喷出。当喷油泵停止供油时，由于油压迅速下降，针阀在调压弹簧作用下及时回位，将喷孔关闭，喷油器停止喷油。

可见，针阀的开启压力即喷射开始时的喷油压力取决于调压弹簧的预紧力，预紧力大，喷油压力高。调压弹簧预紧力可通过调压垫片或调压螺钉调节。

在喷油器工作期间，会有少量柴油从针阀与针阀体之间的间隙缓慢泄漏。这部分柴油对针阀起润滑作用，并沿顶杆周围空隙上升，通过调压垫片中间的油孔进入回油管，然后流回油箱。

3) 喷油器的检查与调试。二级维护时，应对喷油器的喷油压力和雾化情况进行检查和调试。喷油器的调试试验应在喷油器试验器上进行，如图 4-7 所示。喷油器试验器由手动油泵、压力表和储油罐等组成。油箱内的柴油经滤清后进入手动油泵，经过手动油泵加压后的高压柴油流入喷油器喷出。

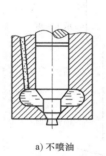

图 4-6 喷油器喷油情况
a) 不喷油　　b) 喷油

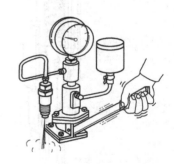

图 4-7 喷油器的检查

喷油器的检查有以下项目：

① 喷油压力的检查。检查时，将喷油器上的调压弹簧调整螺钉的锁紧螺母旋松，将喷油器装到试验器上，放气并将连接部位的锁紧螺母旋松，将喷油器装到试验台夹紧。快速按下试验台手柄若干次，待空气完全排出后，再缓慢地按动手柄（以 60~70 次/min）并观察压力表。当读数开始变化时，即为喷油压力技术条件。若喷油压力过高或不足，可采取调节调压弹簧的方法，调整螺钉旋入，则喷油压力升高，调整螺钉旋出，则喷油压力降低。有的喷油器无调整螺钉，可改变垫片的厚度来调整喷油压力。

② 喷雾质量的检查。以 30~60 次/min 的速度连续按下试验台手柄，检查喷油器的喷雾质量。对多孔式喷油器各喷孔应形成一个雾化良好的小锥状油束，各油束间隔角应符合原厂规定。对轴针式喷油器，要求喷雾为圆锥形，不得偏斜，油雾细小均匀。

③ 喷油干脆程度检查。每次喷油时，伴随针阀的开启应有明显、清脆的爆裂声，雾化锥均符合规定，不得有后期滴油的现象。若喷雾质量达不到要求或有后期滴油现象，应重新清洗喷油器或更换偶件。

④ 密封性检查。检查阀座密封性时，可操纵压油手柄，使喷油器试验器的油压保持在比开始喷油压力标准值小 2MPa 的位置 10s，这时喷油嘴端部不应有油滴流出（稍有湿润是允许的）；且油压从 19.6MPa 下降到 17.6MPa 的时间在 10s 以上。若时间过短，可能是油管接头处漏油、针阀体与喷油器体平面配合不严、密封锥面封闭不严、导向部分磨损造成间隙过大等原因。

喷油器的针阀偶件在长期工作中，受到高压燃油的冲刷和机械杂质的研磨、压力弹簧的落座冲击，使针阀的导向圆柱面和密封锥面及阀体上与针阀的配合表面出现磨损。导向圆柱面的磨损将导致循环油量的减少，而密封面的磨损则会使喷油器的密封不严，引起喷油提前泄漏和喷油停止后的滴油现象，造成雾化不良、不完全燃烧、炭烟剧烈增加，积炭严重。喷油器针阀偶件的维修方法如下。

1) 解体。喷油器的针阀偶件为精密配合零件，在使用中不许互换。解体前，应确认缸序标记，按缸序拆卸喷油器。并保证能正确装回原位，避免错乱。

2) 清洗。解体后在清洁的柴油中清洗针阀偶件。清洗时，可用木条清除针阀前端轴针上的积炭；对阀座外部的积炭用铜丝刷清除；不得用手接触针阀的配合表面，以免手上的汗渍遗留在精密配合表面，引起锈蚀。

3) 检验。针阀和座的配合表面不得有烧伤或腐蚀等现象；针阀的轴针不得有变形或其他损伤。针阀偶件的配合可按图 4-8 的方法检验。将针阀体倾斜 60°左右，针阀拉出 1/3 行程；当放开后，针阀应能靠其自重平稳地滑入针阀座之中；重复进行上述动作，每次转动针阀以在不同位置，若针阀在某位置不能平稳下滑，则应更换针阀偶件。

图 4-8 针阀偶件的检验

（2）输油泵

输油泵的作用是保证柴油在低压油路内循环，并供应足够数量及一定压力的柴油给喷油泵，其输油量应为全负荷最大喷油量的 3~4 倍。

1) 输油泵的构造。输油泵有活塞式、膜片式、齿轮式和叶片式等几种。活塞式输油泵由于工作可靠，目前应用广泛。活塞式输油泵主要有泵体、机械油泵总成、手油泵总成、止回阀组件和油管等所组成，其结构如图 4-9 所示。

机械油泵总成包括滚轮部件（包括滚轮、滚轮轴和滚轮架）、顶杆、活塞、活塞弹簧等，由喷油泵凸轮轴上的偏心轮通过滚轮部件推动顶杆和活塞向下运动，活塞弹簧推动活塞回位，这样实现活塞的反复运动。在进油和出油侧分别装有止回阀，以控制进出油口和活塞室的开闭。

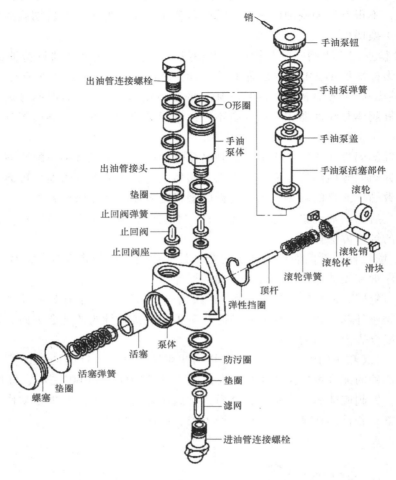

图 4-9 活塞式输油泵

2）输油泵的工作原理。输油泵工作原理如图 4-10 所示。

① 准备过程。当喷油泵凸轮轴上的偏心轮推动顶杆和活塞下移时，下泵腔中的油压升高，进油阀关闭，出油阀开启，同时上泵腔中容积增大，产生真空度，于是柴油自下泵腔经出油阀流入上泵腔。

② 进油和压油过程。喷油泵凸轮轴上偏心轮的凸起部分转到上方时，活塞被弹簧推动上移，活塞下方泵腔容积增大，油压降低，产生真空度，使进油阀开启，柴油便从进油管接头经油道吸入活塞下泵腔。与此同时，活塞上方泵腔容积减小，油压增高，出油阀关闭，上泵腔中的柴油从出油管接头上的孔道被压出，流往柴油滤清器。

如此反复，柴油便不断地被送入柴油滤清器，最后被送入喷油泵。

③ 供油量的自动调节。如果柴油机负荷减小，输送燃油过剩很多，会使输油泵出油口和上泵腔压力增加，造成在活塞背面的压力增大，当此压力与活塞弹簧弹力相平衡时，活塞便停留在某一位置，不能回到上止点，这样活塞的有效行程减小，输油泵的供油量自动减小，即实现了输油量和输油压力的自动调节。

④ 手油泵。手油泵由泵体、活塞、手柄和弹簧等组成，如图 4-11 所示。当柴油机长时间停止工作后，或低压油路中有空气时，可利用手油泵输油或放气。

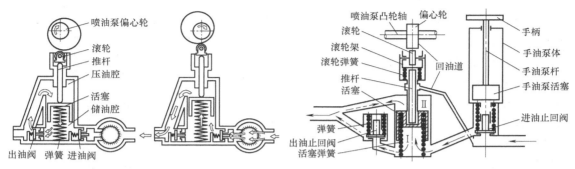

图 4-10　输油泵工作原理　　　　　　　图 4-11　手油泵的结构

使用手油泵手动输油时，应先将柴油滤清器或喷油泵的放气螺钉拧开，再将手油泵的手柄旋开，往复推拉手油泵的活塞。当活塞上行时，将柴油经进油阀吸入手油泵泵腔；活塞下行时，进油阀关闭，柴油从手油泵泵腔经出油阀流出，并充满柴油滤清器和喷油泵低压油路，并将其中的空气驱除干净，从出油口流出的柴油中应没有气泡。手油泵输油排气完成后，应拧紧放气螺钉，旋紧手油泵手柄。

3）输油泵的检修。当发现输油泵有故障后，就车不能解决时，应拆下检查并维修。

输油泵解体后，检查进、出油阀和阀座的磨损情况，若有破裂或严重磨损时，应予更换。若磨损轻微，可研磨修复。

输油泵活塞与壳体由于磨损出现配合松旷和运动不平稳时，应更换新泵。

输油泵装复后，要进行性能试验。

① 密封性试验。试验时，旋紧手油泵手柄，堵住出油口，将输油泵浸没在清洁的柴油中，从进油口通入 147~196kPa 的压缩空气，若输油泵密封性能良好，在推杆与泵体的间隙中，只会有微小的气泡冒出。若气泡的直径超过 1mm，表示漏气量将超过 30mL/min，说明输油泵的密封性能过差，应更换新泵。

② 吸油能力的试验。以内径 48mm、长 2m 的软管为吸油管，由水平高度低于输油泵 1mm 的油箱中，用输油泵供油，能在 30 个活塞行程内出油为合格。

③ 输油量的检验。将输油泵装回喷油泵，输油泵的出口接油管，油管出口插入容量为 500mL 的量杯中，量杯的位置必须高于输油泵 0.3m。当喷油泵转速为 1000r/min 时，测量 15s 内流入量杯内的燃油量，并与手册中技术条件规定的流量相比较，判断出油量是否合格。

④ 输油压力的检验。在输油泵出油口接上压力表，在规定的转速条件下，检验输油泵的输油压力是否符合原厂手册规定。

（3）柴油滤清器

柴油在储存、运输过程中，往往会混入一些尘土、水分或其他机械杂质。另外，由于温度变化以及和空气接触，会有少量的石蜡从柴油中析出。因此在柴油进入喷油泵之前，必须清除其中的杂质，否则会加剧精密偶件的磨损。

柴油滤清器的作用是清除柴油中的杂质。柴油滤清器有粗细之分，柴油粗滤器一般安装在输油泵之前，用来清除柴油中颗粒较大的杂质，粗滤器的滤芯以纸质滤芯应用最为广泛。柴油细滤器一般安装在输油泵之后，用来清除柴油中的微小杂质。

1）柴油滤清器的构造。常用的柴油滤清器如图4-12所示。其结构原理与纸质滤芯可拆式机油粗滤器基本相同，区别主要是在柴油滤清器盖上设有放气螺钉和限压阀，放气螺钉用于排除低压油路内的空气。柴油经过滤清器时，水分沉淀在壳体内，杂质被滤芯滤除。当滤清器内压力超过溢流阀开启压力（0.1~0.15MPa）时，溢流阀开启，使多余的柴油流回油箱。

许多进口柴油机采用带油水分离的柴油滤清器，并在油水分离器内安装水位警告传感器。浮子随着积水的增多而上浮，当水位达到一定高度时，水位警告传感器将电路接通，仪表板上的警告灯发亮，提示驾驶人及时放水。油水分离器

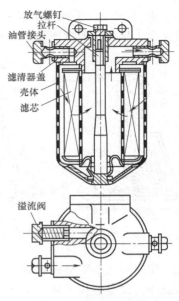

图4-12 柴油滤清器

的下方有放水螺钉。更换此种滤清器时要注意，滤清器中的水位警告传感器与壳体为螺纹连接，可以重复使用，但应更换密封圈，否则容易造成渗漏。更换滤清器后应进行放气，柴油机起动后仍需进一步检查和排除渗漏。

2）柴油滤清器的维护。为保证燃料的清洁，必须对柴油滤清器和油水分离器进行定期维护。一级维护时，除检查柴油滤清器的接头是否渗漏外，还要认真清洁二者壳体内外的油污，并清洁绸布或金属的滤芯。二级维护时，还要更换滤芯。

任务二　直列柱塞喷油泵结构与检修

2.1　任务引入

喷油泵又称为高压油泵，其作用是根据柴油机的不同工况，定压、定时、定量的向喷油器输送高压柴油。喷油泵一般固定在柴油机机体一侧的支架上，由柴油机曲轴通过齿轮驱动，齿轮轴和喷油泵的凸轮轴用联轴器连接，调速器安装在喷油泵的后端。

喷油泵的结构形式较多，工程机械传统柴油机的喷油泵按工作原理不同，可分为以下三类。

（1）柱塞式喷油泵

这种喷油泵应用的历史较长，性能良好，工作可靠，为多数工程机械装用的传统柴油机所采用。

（2）转子分配式喷油泵

这种喷油泵只有一对柱塞副，依靠转子的转动实现燃油的增压与分配。由于它的体积小、质量轻、成本低、使用方便等优点，东风康明斯B系列柴油机即可选用此类油泵。对柴油机和工程机械的整体布置十分有利，在电控柴油喷射系统机型中的也有应用。

(3) PT 燃油泵（PT 燃油供给系统）

PT 燃油供给系统中的 PT 燃油泵只完成燃油油量的调节，而高压的产生和定时喷射则由 PT 喷油器来完成。它取消了喷油泵和喷油器之间的高压管路、油门至各泵-喷油器之间的传动机构，从而使结构紧凑，喷油压力更高，并且各缸油量的分配均匀性易于集中调整，提高了柴油机的平稳性能。

本任务介绍直列柱塞喷油泵结构与检修。

2.2 相关知识

柱塞式喷油泵的系列化是根据柴油机单缸功率范围对喷油泵供油量的要求不同，以柱塞行程、分泵中心距和结构形式为基础，把喷油泵分为几个系列，再分别配以不同直径的柱塞，组成若干种在一个工作范围内供油量不等的喷油泵，以满足各种柴油机的需要。喷油泵的系列化有利于制造和维修。国产系列喷油泵分为Ⅰ、Ⅱ、Ⅲ和 A、B、P、Z 等系列，其中前三种的单缸循环供油量覆盖了 60mL/C（循环）~330mL/C（循环）的范围，后四种则覆盖了 60mL/C（循环）~600mL/C（循环）的范围。

柱塞式喷油泵每个气缸都有一套泵油机构，几个相同的泵油机构装置在同一泵体上就构成了多缸柴油机喷油泵，图 4-13 所示为国产系列 A 型喷油泵。如图 4-13、图 4-14 所示，柱塞式喷油泵由泵油机构（柱塞分泵）、供油量调节机构、驱动机构和喷油泵体、供油提前角调节装置等部分组成。

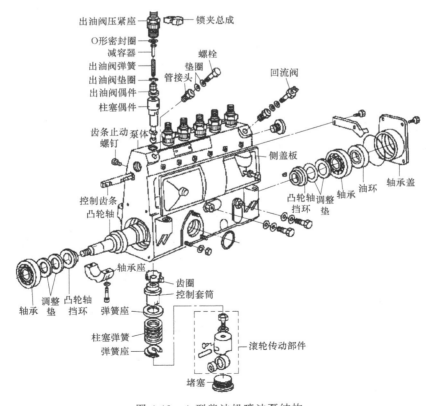

图 4-13 A 型柴油机喷油泵结构

1. 泵油机构

(1) 泵油机构的结构

泵油机构由柱塞偶件和出油阀偶件及弹簧组成。

柱塞和柱塞套、出油阀和出油阀座是分泵中两对重要的精密偶件，它是通过精密加工和选配而成，其配合间隙严格控制在 0.0015~0.0025mm 范围内，具有很好的强度和耐磨性。

柱塞偶件是产生高压油的压油元件，其结构如图 4-15 所示。柱塞套装在泵体座孔内固定不动，柱塞由凸轮驱动，在柱塞套内上下往复运动，此外还可绕自身轴线在一定角度内转动。柱塞头部的圆柱表面铣有螺旋槽或斜槽，并利用直槽或中心孔（径向孔和轴向孔）使槽与柱塞上方泵腔相通，下部固定有调节臂。柱塞套上部开有一个进油和回油用的径向小孔与泵体上的低压油腔相通，有的则开有两个径向小孔，两个孔的中心线可以在一个水平线上，也可不在同一水平线上，上面的为进油孔，下面的为回油孔。柱塞弹簧通过弹簧座将柱塞推向下方，使柱塞下端与滚轮式挺柱接触，并使挺柱中的滚轮与下凸轮接触。

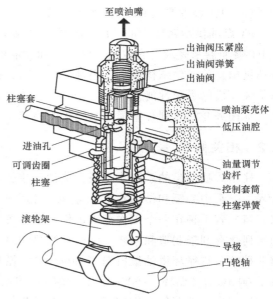

图 4-14 柱塞式喷油泵分泵结构

出油阀偶件是为在喷油结束后使高压油管卸载，以及在每个喷油循环内把高压及低压油路分开而设置的，其结构如图 4-16 所示。出油阀上部的圆锥面为阀的轴向密封锥面；中部的圆柱面为减压环带，与阀座内孔精密配合，是阀的径向滑动密封面；阀的尾部同阀座内孔作滑动配合，为出油阀的运动导向。为了留出油流通道，阀尾铣有四个直槽，断面呈"十"字形。出油阀偶件位于柱塞套上面，二者接触平面要求严密配合。压紧座以规定力矩拧入后，通过高压密封垫圈将阀座与柱塞套压紧，同时使出油阀弹簧将出油阀压在阀座上。

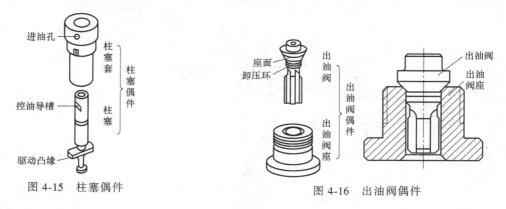

图 4-15 柱塞偶件　　　　图 4-16 出油阀偶件

(2) 泵油原理

分泵的工作原理如图 4-17 所示。当柱塞 1 向下移动时（图 4-17a）燃油自低压油腔经柱塞套 2 上的油孔 4 和 8 被吸入并充满泵腔，在柱塞自下止点上移的过程中，开始有一部分燃油被从泵腔挤回低压油腔,直到柱塞上部的圆柱面将两个油孔完全封闭为止,此后柱塞继续上升(图 4-17b),泵腔内的燃油压力迅速增高,当此压力增高到足以克服出油阀弹簧 7 的作用力时,出油阀 6 即开始上移。当出油阀的圆柱形环带离开出油阀座 5 时,高压燃油便自泵腔通过高压油管流向喷油器。当柱塞继续上移至图 4-17c 所示位置时,斜槽 3 同油孔 4 和 8 开始接通,于是泵腔内的油压迅速下降,出油阀在出油阀弹簧的作用下迅速回位,喷油泵停止供油。

由上述泵油过程可知,在柱塞上移的整个行程中,并非全部供油。柱塞由下止点到上止点所经历的行程为柱塞行程 h(图 4-17e),它的大小取决于驱动凸轮的轮廓。而喷油泵只是在柱塞完全封闭油孔 4 和 8 之后,到柱塞斜槽 3 和油孔 4 和 8 开始接通之前的这一部分柱塞行程 h_g 内才泵油。h_g 为柱塞的有效行程。显然,喷油泵每次的泵油量取决于柱塞的有效行程 h_g 的大小。因此,欲使喷油泵能随柴油机工况不同而改变供油量,只需改变柱塞有效行程即可,一般通过改变柱塞斜槽和柱塞套油孔的相对角位置来实现的。如将柱塞按图 4-17e 中箭头所示的方向转动一个角度,柱塞有效行程就增加,供油量也增加;反之供油量则减少。当柱塞转到图 4-17d 所示位置时,柱塞根本不可能封闭油孔 4 和 8,因而有效行程为零,即喷油泵处于不泵油状态。

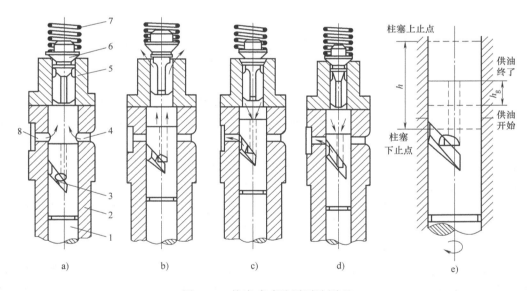

图 4-17 柱塞式喷油泵泵油原理
1—柱塞 2—柱塞套 3—斜槽 4、8—油孔 5—出油阀座 6—出油阀 7—出油阀弹簧

当柱塞上升到封闭柱塞套进油孔时,泵腔内油压升高,克服出油阀弹簧预紧力后,出油阀开始上升,出油阀的密封锥面离开出油阀座,但此时还不能立即供油,直到减压环带完全离开出油阀座的导向孔时,才有燃油进入高压管路,使管路油压升高;当柱塞下落时,出油阀在出油阀弹簧的作用下开始回位,当减压环带一经进入导向孔,泵腔与出油孔便被切断,于是燃油停止进入高压油管;出油阀再继续下降直到密封锥面贴合时,由于出油阀体本身所让出的容积,使高压油管内的压力迅速降低,喷油就可以立即停止,故可避免喷油器发生滴漏现象。

2. 供油量调节机构

供油量调节机构的作用是执行驾驶人或调速器的指令，改变分泵供油量以满足柴油机使用工况的要求。柱塞式喷油泵一般通过转动柱塞，即改变其柱塞的有效行程达到改变供油量的目的。在维修时，通过它可以调整各缸供油的均匀性。

供油量调节机构常用的有齿杆式和拨叉式两种。

（1）齿杆式供油量调节机构

A 型喷油泵采用齿杆式油量调节机构，如图 4-18 所示。控制套筒松套在柱塞套上，在其上部套有可调齿圈，用螺钉锁紧在控制套筒上。可调齿圈与调节齿杆啮合，柱塞下端的十字形驱动凸缘嵌入控制套筒的切槽中。调节齿杆的轴向位置由人工或调速器控制。

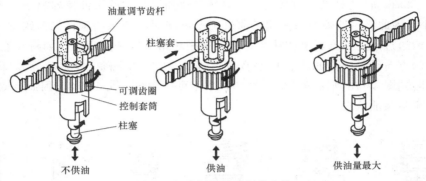

图 4-18 齿杆式油量调节机构

移动油量调节齿杆时，可调齿圈连同控制套筒带动柱塞相对于固定不动的柱塞套转动，这样就改变了柱塞圆柱表面上斜槽与进油孔的相对角位置，即改变了柱塞的有效行程 h_g，实现了供油量的调节。

各缸供油均匀性可通过改变可调齿圈与控制套筒的相对角位置来调整。即松开可调齿圈，按调整的需要使控制套筒与柱塞一起相对于可调齿圈转过一定角度，再将可调齿圈锁紧在控制套筒上。移动齿杆时，齿圈连同控制套筒带动柱塞相对于柱塞套转动，以调节供油量。

（2）拨叉式供油量调节机构

拨叉式油量调节机构如图 4-19 所示。柱塞的下端压入调节臂，臂的球头端插入拨叉的槽内，拨叉用紧固螺钉夹紧在调节拉杆上。调节拉杆装在油泵下体孔内的油量调节套筒中，其轴向位置由人工和调速器控制。

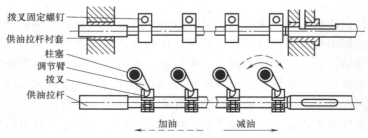

图 4-19 拨叉式油量调节机构

当推动供油拉杆轴向移动时，拨叉带动调节臂和分泵柱塞一起相对柱塞套筒转过一定角度，从而使喷油泵供油量改变。松开拨叉固定螺钉，改变某一分泵的拨叉在供油拉杆的位置，可实现对某一分泵供油量的调节，以便使各分泵供油均匀。

3. 驱动机构

驱动机构由喷油泵凸轮轴和滚轮传动部件组成。喷油泵凸轮轴的两端通过圆锥滚子轴承支承在喷油泵壳体上，前端装有联轴器和供油提前调节器，后部与调速器相连。喷油泵的凸轮轴是由柴油机的曲轴通过齿轮机构驱动的。

滚轮传动部件的功用是将凸轮的旋转运动转变为自身的往复直线运动，推动柱塞上行供油。此外，滚轮传动部件还可以用来调整各分泵的供油提前角，为了保证供油提前角的正确性，滚轮传动部件的高度一般都是可调的。

国产 A 型柱塞式喷油泵滚轮传动部件如图 4-20 所示。滚轮 1 带有滚轮衬套 2 并松套在滚轮轴 3 上，滚轮轴支承于滚轮架 6 的座孔中。滚轮传动部件在喷油泵壳体导孔中上下往复运动时，要求不能转动，否则就会和凸轮相互卡死而造成损坏。因此，对滚轮传动部件要有导向定位措施。其定位方法有两种：一是在滚轮架外圆柱面上开轴向长槽，用定位螺钉的端头插入此槽中；二是利用固定在滚轮架上的导向块插入壳体导向孔一侧的滑槽中。

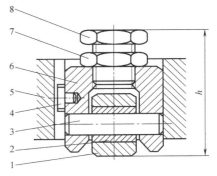

图 4-20　滚轮传动部件
1—滚轮　2—滚轮衬套　3—滚轮轴
4—导向块　5—泵体　6—滚轮架
7—锁紧螺母　8—调整螺钉

为保证在柴油机的一个工作循环内，各缸都能喷油一次，四冲程柴油机的凸轮轴的转速应为曲轴转速的一半，此外，凸轮轴上各个凸轮的相对角位置还必须符合所装配的柴油机的气缸工作顺序。

喷油泵泵油的迟早决定喷油器喷油的迟早，它对柴油机的工作性能影响很大。为保证形成良好的混合气和改善燃烧过程，必须有一定的喷油提前角，对于多缸柴油机，还应保证各缸喷油提前角一致。最佳喷油提前角是在柴油机额定转速与全负荷下由实验确定的，它的数值因柴油性能和柴油机工况而异。同时由于凸轮和滚轮等传动部件的磨损，喷油提前角也有所改变。为此，喷油提前角必须可以调整。实际上，喷油提前角的调整是通过对喷油泵的供油提前角的调整而实现的。

喷油泵供油提前角的调整方法有两种：一是通过调整联轴器或供油提前调节器，来改变喷油泵凸轮轴与柴油机曲轴的相对角位置，使各分泵的供油提前角实现相同数量的调整。二是通过改变滚轮传动部件的高度，实现单个分泵的供油提前角的调整，以此保证多缸柴油机的供油提前角一致。此法是通过转动调整螺钉 8 来实现的，如图 4-20 所示。当松开锁紧螺母 7 拧出调整螺钉 8 时，滚轮传动部件高度 h 增大，于是柱塞封闭柱塞套上进油孔的时刻提前，即供油提前角增大；反之，供油提前角减小。这种结构调整方便，调整时不必拆开壳体，但必须注意螺钉不能拧出太多，因为柱塞上止点距出油阀座只有 0.4~1.0mm 的空隙，以防碰撞损坏。另外，调整合适后应及时锁紧螺钉。

4. 泵体

泵体是支承和安装喷油泵所有零件的基础。泵体在工作中还承受很大的载荷，因此要求泵体应有足够的强度和刚度。泵体分组合式和整体式两种。整体式泵体刚性较好，A、B、P、Z型都采用这种结构；上下分体式泵体拆装较方便，Ⅰ、Ⅱ、Ⅲ型泵则采用该结构。

5. 供油提前角调节装置

喷油提前角是指喷油器开始喷油至活塞到达上止点之间的曲轴转角。它的大小对柴油机工作过程有很大影响。若喷油提前角过大，喷油时气缸内空气温度较低，混合气形成条件差，备燃期长，导致柴油机工作粗暴；若喷油提前角过小，大部分柴油是在上止点以后，活塞处于下行状态时燃烧的，使最高工作压力降低，热效率也显著下降，导致柴油机功率降低，排气冒白烟。因此为保证柴油机具有良好的使用性能，必须选择最佳的喷油提前角。

喷油提前角实际上是由喷油泵的供油提前角来保证的。而整个喷油泵的供油提前角可以通过改变柴油机曲轴和喷油泵凸轮轴之间的相位角来调整。

多数柴油机都根据常用工况确定一个喷油提前角，在这个常用工况范围内是最佳的，即能获得最大的功率和最小的燃油消耗率。这个常用工况下的喷油提前角是通过联轴器的结构来保证的。但是，当柴油机转速发生变化时，最佳喷油提前角也随之改变，所以，还需要装有供油提前调节器，它能够保证在转速变化时，喷油提前角自动地发生相应改变。

（1）联轴器

联轴器又称连接器，它是用来连接喷油泵凸轮轴与其驱动轴的。CA6110-2型柴油机联轴器的结构如图4-21所示。

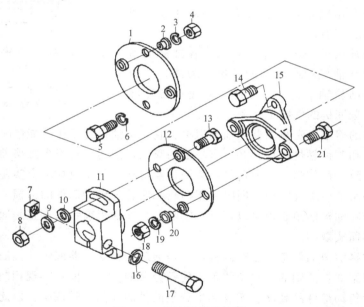

图 4-21 喷油泵的联轴器

1—从动传动圆盘　2、20—衬套　3、6、9、10、16、19—垫圈　4、7、8、18—螺母
5、13、14、17、21—螺栓　11—主动凸缘盘　12—主动传动圆盘　15—十字接盘

主动凸缘盘11用长螺栓17固定在驱动轴上，主动传动圆盘12通过螺栓13与主动凸缘盘相连，主动凸缘盘上的螺孔为弧形孔。主动传动圆盘又通过螺栓21与十字接盘15连接，十字接盘用螺栓14与从动传动圆盘1相连，螺栓5将从动传动圆盘与供油提前调节器（后接喷油泵凸轮轴）连接在一起。这样，驱动轴上的动力通过上述各零件即可传递到供油提

前调节器上。旋松螺栓 13 可使主动传动圆盘 12 相对于主动凸缘盘 11 沿弧形孔转过一个角度，这样就改变了喷油泵凸轮轴与柴油机曲轴之间的相位关系，即改变了各缸的喷油时刻（即初始供油提前角）。

CA6110-2 型柴油机喷油泵的初始供油提前角为 14°。安装时，将喷油泵固定在柴油机气缸体的托架上，使飞轮上的 1、6 缸上止点标记刻线对准飞轮壳上的正时指针，并确认第一缸活塞在压缩行程上止点位置。然后逆转飞轮，使飞轮上 14°刻线对准飞轮壳上的正时指针。此时，喷油泵供油提前调节器上的供油刻线应对准固定在泵体上的正时指针，然后将联轴器上的紧固螺栓拧紧。

（2）供油提前器

供油提前器的功用是在柴油机整个工作转速范围内，使喷油泵供油提前角随柴油机转速升高而自动相应提前，使柴油机始终在最佳或接近最佳喷油定时下工作。供油提前器位于联轴器和喷油泵之间，其结构如图 4-22 所示。

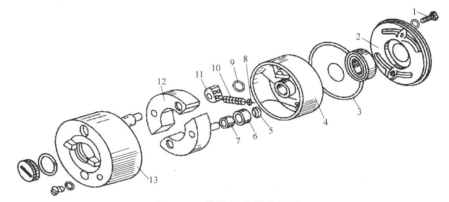

图 4-22 供油提前器分解图

1—螺钉 2—盖板油封部件 3—密封圈 4—从动盘 5—垫块 6—滚轮 7—滚轮内座圈 8—调整垫片
9—碗形垫片 10—弹簧 11—弹簧座 12—飞块 13—驱动盘

提前器驱动盘 13 用螺栓与联轴器相连，为主动元件。在驱动盘端面上有两个销钉，上面套装有两个飞块 12，外面还套装两个弹簧座 11，飞块的另一端各压装一个销钉，每个销钉上各松套着一个滚轮 6 和滚轮内座圈 7。从动盘 4 与喷油泵凸轮轴相连接。从动盘两臂的弧形侧面 E（图 4-23）与滚轮 6 接触，平侧面 F（图 4-23）则压在两个弹簧 10 上，弹簧的另一端支于弹簧座 11 上。整个调节器为一密封体，内腔充有机油以供润滑。

供油提前调节器的工作原理如图 4-23 所示。柴油机工作时，在曲轴的驱动下，驱动盘 5 及飞块 3 沿图 4-23 中箭头方向旋转，受离心力的作用，两个飞块的活动端向外甩开，滚轮 2 对从动盘 4 的两个弧形侧面产生推力，迫使从动盘 4 沿箭头所示方向相对于调节器壳体超前转过一个角度 $\Delta\phi$，直到弹簧 6 作用在另一侧面上的压缩弹力与飞块离心力相平衡为止，于是从动盘 4 与驱动盘 5 同步旋转（图 4-23b）。当转速升高时，飞块离心力增大，其活动端进一步向外甩出，滚轮 2 迫使从动盘 4 沿箭头所示方向相对于驱动盘 5 再超前转过一个角度，直到弹簧 6 的压缩弹力与飞块离心力达到一个新的平衡状态为止。这样，供油提前角便相应地增大。反之，当柴油机转速降低时，供油提前角相应减小。CA6110-2 型柴油机供油提前调节器的调节量为 0°~6°30′（500~1650r/min）。

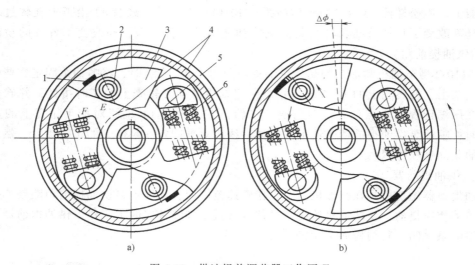

图 4-23 供油提前调节器工作原理
a) 静止状态　b) 提前状态
1—限位销　2—滚轮　3—飞块　4—从动盘　5—驱动盘　6—弹簧

2.3 直列柱塞喷油泵的检修

直列柱塞喷油泵因其磨损等损坏，技术状况会变差，供油量减少而且供油时间滞后，使大量的燃油在补燃期燃烧，燃烧不完全，会造成柴油机过热、功率不足等故障。

1. 直列柱塞喷油泵的解体

喷油泵解体之前，应用汽油、煤油或柴油认真清洗外部，但不得用碱水清洗。喷油泵解体时，应注意以下问题：

1）尽量使用专用工具。

2）零件拆下后，要按部位顺序放置。尤其是柱塞副和出油阀等零件，在解体和清洗时，更应该非常仔细，避免磕碰，并绝对不允许互相倒换。

3）对有装配位置要求的零件，如齿条、调整螺钉等零件，应做标记标明原来装配位置，防止装配时装错位置。

4）喷油泵总体包括分泵、输油泵、调速器、供油提前角自动调节装置等部件，在解体时应先分解成部件然后结合检验修理进行。

2. 柱塞副的检修

虽然喷油泵柱塞偶件具有很低的表面粗糙度、很高的表面硬度和配合精度，在长期的使用过程中也会出现磨损。除燃油压力和流速等因素之外，还有燃油中杂质的影响。当柱塞上行至顶面关闭套筒上的进油口后，燃油中直径相当于配合间隙的机械杂质就会被卡入间隙内成为磨料，当柱塞副磨损到一定程度时，便会造成泄漏，改变供油性能；另外，燃油泄漏量增加，使得供油开始时间延迟，供油停止时间提前，供油持续时间缩短，供油量下降；泄漏量增大，供油压力下降，喷油器雾化质量不良，柴油机不易起动，急速不稳；由于各缸分泵机构磨损的差异，使得各缸循环油量不均匀度增大，柴油机的工作将不平稳。

（1）柱塞副的外观检验

柱塞副的外观发现有以下情况时应更换。

1）柱塞表面有明显的磨损痕迹。

2）柱塞弯曲或头部变形。

3）柱塞或柱塞套有裂纹。

4）柱塞头部斜槽、直槽及环槽边缘有剥落或锈蚀等现象。

5）柱塞套的内圆柱表面有锈蚀或显著的刻痕。

（2）柱塞的滑动性试验

先用洁净的柴油仔细清洗柱塞副，并涂上干净的柴油后进行试验，如图4-24所示。将柱塞套倾斜60°左右，拉出柱塞全行程的1/3左右。放手后，柱塞应在自重作用下平滑地进入套筒内。然后转动柱塞，在其他位置重复上述试验，柱塞均应能平稳地滑入套筒内。

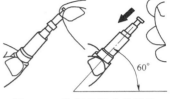

图4-24 柱塞的滑动性试验

（3）柱塞副的密封性试验

仅仅将各分泵机构中的出油阀拆除，放出泵内的空气，将喷油器试验器的高压油管接入出油阀接头上。移动供油量调节机构的齿条或拉杆，使喷油泵处在最大供油位置。转动喷油泵凸轮轴，使被测柱塞移动到行程的中间部位，柱塞顶面应完全盖住进油孔和回油孔。将喷油器试验器的压力调至20MPa后停止泵油，测定压力下降至10MPa的时间。同一喷油泵的所有柱塞副的密封性误差应在5%的范围内。

无试验设备时，也可用手指盖住柱塞套的顶部和进、出油口，使柱塞处于最大供油位置，另一只手将柱塞由最上方位置向下拉。此时，应感到有明显的吸力；放松柱塞后，柱塞应能迅速回到原位。否则，应更换新柱塞副。

3. 出油阀的检修

出油阀的主要耗损也是磨损，多出现在密封锥面、减压环带和导向部分。密封锥面的磨损是由于停止供油时，因弹簧力和高压油管内残余油压对阀座的冲击，以及燃油中机械杂质作用的结果。减压环带进入阀座时，被进入配合间隙内的机械杂质的切削作用而引起的磨粒磨损。与出油阀相配合的出油阀座在密封的锥面和座孔圆周表面也会出现相应的磨损。

柱塞式喷油泵通常采用的是减载式出油阀。由于出油阀减压环带、密封面的磨损，使出油阀的减压作用减弱或消失，不能迅速停止喷油，甚至出现二次喷油或滴油；另外，这也会使减载作用不能灵敏地随柴油机转速的增加而增强，当然，也就不能很好地校正进油孔节流作用所造成的转速越高，回油节流作用越强，供油越早，供油越多，与充气系数减小的不相协调的有害速度特性。这种现象破坏了减压作用，使供油速度曲线趋于平坦或稍向下倾斜的供油特性。所以，出油阀的磨损，影响喷油正时和燃油的喷射规律或出现后期滴油的现象，将会引起柴油机的不正常燃烧，甚至出现轻微的工作粗爆、冒黑烟、功率下降等故障。

（1）出油阀偶件的外观检验

出油阀减压环带有严重的磨损痕迹，锥形密封面阀座的锥面有金属脱落或严重磨损、锈蚀时，更换。

（2）出油阀的密封性试验

在有柴油湿润状态下，使出油阀偶件处于垂直状态，把出油阀抽出1/3左右，放手后，出油阀应能在自重下落座。

(3) 出油阀的密封性试验

在进行上述滑动性试验时，若用手指堵塞出油阀座的下方孔，出油阀下落到减压环带进入阀座时应能停住，如图4-25a所示。在此位置时，用手指轻轻压入出油阀，放松手指后，出油阀应能马上弹回原位置，如图4-25b所示。手指从下端面移开时，出油阀应在自重作用下完全落座。

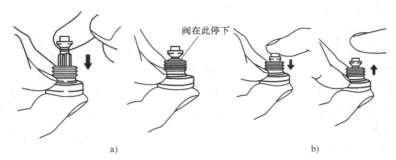

图 4-25　出油阀的密封性试验

4. 柱塞式喷油泵的调整

柱塞式喷油泵出厂前已经调好，若需调整时，一定要在专用试验台上进行。先把喷油泵按照要求固定在试验台上，连接好管路。泵上有燃油限压阀时，要安装回油管；无限压阀的，要堵塞其回油孔。喷油泵运转前，应检查补足喷油泵和调速器内的润滑用油，再进行一定时间的磨合运转。然后，向喷油泵供油，将低压油路的压力调整到100kPa左右，并对低压油腔放气。最后，拧松标准喷油器内的放气螺钉。起动喷油泵，使其转速逐渐增加到400r/min左右。转动操纵臂，使其达到最大供油位置并进行排气，排除高压油路的空气后，拧紧放气螺钉。使喷油泵转速增加至600~800r/min，在最高转速位置继续运转3~5min后停机。

在试运转时，应运转平稳、无异响、无渗漏、操纵臂操作平顺、各分泵供油正常，若发现异常情况，必须在排除异常情况后，才能进行喷油泵和调速器的调试。

(1) 供油预行程的检验与调整

将负荷操纵杆置于额定工况位置，拆下六缸的高压油管及出油阀座、弹簧和出油阀，装上专用测量百分表。转动凸轮轴到下止点使百分表指针位于零位置，调节喷油泵低压油腔油压为156kPa，按照规定方向转动凸轮轴，直到试验油不再从溢流管流出时，百分表的指针所指的数值即为第一缸供油预行程（标准值为3.3mm，允许误差一般为±0.05mm）。若不符合要求，可按图4-26所示用两扳手调整正时螺钉，若预行程过大，可逆时针转动调整螺钉，反之，则顺时针转动调整螺钉，调好后将锁紧螺母拧紧。

(2) 喷油定时的检验与调整

常用溢油校验法调试喷油泵供油定时，首先将油路转换阀控制杆移到接通高压油的位置，旋松喷油泵上的放气螺钉，打开调整装置电动机，使柴油自喷油器回油管连续流出。然后，将供油齿杆推到全负荷位置，并沿凸轮轴的工作旋转方向慢慢转动刻度盘，至第一缸开始供油的时刻。随即检查联轴器上的刻线与喷油泵前轴承盖上的刻线是否对正，若超过轴承盖上的刻线，说明供油过晚，应向外拧出挺柱调整螺钉。反之，则应将螺钉向里旋。第一缸喷油定时调好后，再以第一缸为基准，按照喷油泵的供油顺序和供油间隔角，使各缸供油间隔角误差不大于±0.5°。

(3) 供油提前角的检验与调整

柴油机供油提前角的大小与喷油方法、燃烧室形状、压缩比、曲轴转速、燃油质量等有关。因此，对于不同型号的柴油机，其供油提前角亦往往不同。这个提前角应按照该机型说明书的要求进行检验和调整。

任何柴油机通常都有两种提前角，喷油提前角和供油提前角，两者不同。一般喷油提前角与供油提前角之间间隔相差8°左右。在修理中，大都是检验供油提前角以确认供油时间是否正确。

检验供油提前角的程序：一般是先转动曲轴，使第一缸的活塞到达压缩行程的上止点前某一规定供油提前角度处停止，再使喷油泵的第一缸单泵处于供油始点位置，将喷油泵驱动轴与喷油泵凸轮轴的联轴器接好，如图4-27所示。此时，喷油泵轴承盖板上标记线应与定时刻线相重合。转动曲轴，再重复检验一次。若供油提前角与规定要求稍有出入，可旋松联轴器上两个调整螺钉，变动驱动盘与联轴器相互位置，进行适当调整。调整时，注意驱动盘上的每一调节分度线并不等于喷油泵凸轮轴的1°，通常相当于喷油泵凸轮轴的3°。

(4) 供油量及供油不均匀度的检查与调整

检验喷油泵的供油量，主要是检验各单泵向气缸内供油量的不均匀度是否在容许的范围内。

1) 供油量的检验。在一定转速下，检验不同油量控制杆行程位置时各柱塞每供油100次或200次的供油量。一般在200r/min和600r/min时检验油量控制杆在最大行程时，以及50%行程和怠速时三种情况下的油量。

在油量控制杆最大的行程下，检验各种不同转速时柱塞每供油100次或200次的油量，也有规定为400次油量的，一般检查时额定的转速常采用200r/min、600r/min和1000r/mm。

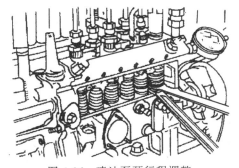

图4-26 喷油泵预行程调整

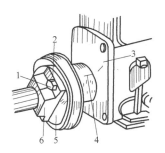

图4-27 喷油正时标记

1—调整螺钉 2—调节分度线 3—轴承盖上的标记线
4—定时刻线 5—驱动盘 6—联轴器

将喷油泵低压腔的压力调整到160kPa，将控制齿杆调整到额定供油量位置，并使喷油泵以规定转速运转，然后测量各缸供油量及其均匀度。若不符合要求，可松开齿圈调整螺钉，按需要方向转动控制套筒即可调整供油量，如图4-28所示。

2) 在柴油机上直接检验供油量。检验时，先把各个喷油器都从柴油机上拆下，把喷口转向柴油机外方，再紧好高压油管，将油量控制杆放在供油量最大位置，然后转动曲轴。当

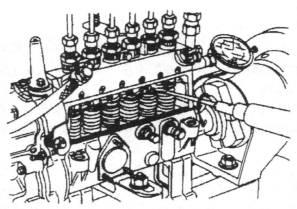

图 4-28 喷油泵供油量均匀性调整

各个喷油器喷出的油雾都不夹杂气泡时，再在每个喷油器喷口下面放一个有刻度的玻璃容器。以 150~200r/min 的速度转动曲轴，到一定转速后，查看各量杯内的油量及其供油的不均匀度。

任务三　调速器结构与检修

3.1　任务引入

喷油泵每一循环供油量主要取决于柱塞的有效行程，理论上说，当喷油泵调节拉杆的位置一定时，每一循环供油量应不变，但实际上，供油量还会受到柴油机转速的影响。当柴油机转速增加，从而喷油泵柱塞移动速度增加时，柱塞套上油孔的节流作用随之增大，于是在柱塞上移时，即使柱塞尚未完全封闭油孔，由于燃油一时来不及从油孔挤出，泵腔内油压增加而使供油时刻略有提前；同样道理，在柱塞上移到其斜槽已经与油孔接通时，泵腔内油压一时还来不及下降，使供油停止时刻略微延后。这样，随着柴油机转速增大，柱塞的有效行程将略有增加，而供油量也略微增大；反之，供油量便略微减少。供油量随转速变化的关系称为喷油泵的速度特性。

喷油泵的速度特性对工况多变的工程机械用柴油机是非常不利的。例如，工程机械在重载作业过渡为轻载作业，柴油机突然卸荷，柴油机转速迅速上升，这时喷油泵在上述速度特性的作用下，会自动将供油量增大，促使柴油机转速进一步升高，若得不到有效控制，可能会导致柴油机转速超过标定的最大转速，而出现"飞车"现象。此外，工程机械柴油机还经常在怠速工况下工作（如短暂停止作业等），即使柱塞保持在最小供油量位置不变，当负荷略有增大时，会使柴油机转速略有降低时，由于喷油泵速度特性的作用，其供油量会自动减少，使柴油机转速进一步降低。如此循环作用，最后将使柴油机熄火。

因此，调速器的作用是根据柴油机负荷的变化，自动地调节喷油泵的供油量，以保证柴油机在各种工况下稳定运转。

目前，柱塞式喷油泵上应用最广泛的是机械离心式调速器。按其调节作用的范围不同，可以分为两速调速器和全速调速器。两速调速器只能起到稳定低速（怠速）和限制高速的作用，而在中等转速时不起作用，适用于一般条件下使用的汽车柴油机；而全速调速器在各种转速下均起调速作用，适用于工程机械。

简单的离心式调速器由飞锤、滑套、调速弹簧和调速杠杆等组成，如图4-29所示。

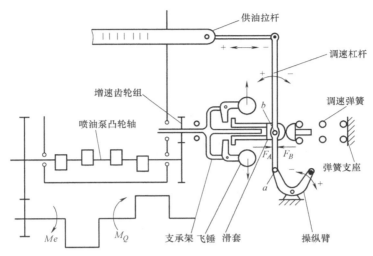

图 4-29 离心式调速器原理简图

a点—自动调节的支承点　b点—人工调节的支承点　F_A—离心推力　F_B—调速弹簧张力

柴油机在工作时，通过曲轴驱动装在喷油泵凸轮轴后端上的飞锤旋转，飞锤受离心力的作用而向外飞开。此离心力产生的推力F_A和调速弹簧的张力F_B在某一转速下相平衡，而使调速器和喷油泵保持在一定的位置下工作。

当柴油机的负荷（M_Q）变化时，便引起一系列的变化；柴油机转速变化——调速器转速变化——飞锤离心力及其产生的推力F_A变化——F_A与F_B失去平衡——调速杠杆摆动——供油拉杆移动——供油量变化——柴油机的转矩（Me）曲线上升或下降与变化了的负荷（M_Q）重新平衡，而稳定到接近原来的转速。于是起到了负荷变化时，柴油机保持稳定运转的作用，这就是机械离心式调速器的基本原理。

3.2 相关知识

1. 两速调速器

（1）两速调速器的构造

图4-30所示为RAD型两速调速器。两速调速器适用于一般条件下使用的汽车用柴油机，且只能自动稳定和限制柴油机最低和最高转速，而在所有中间转速范围内则由驾驶人控制，换言之，它能使柴油机具有平稳的怠速，防止游车或熄火，又能限制柴油机不超过某一最大转速，避免出现超速（飞车）。至于中间转速，则可利用人工调节供油量来调速。

图4-31所示为两速调速器的结构，调速器安装在直列式喷油泵的后端，两个飞块安装在喷油泵凸轮上，转速的变化将使飞块张开或收拢，并使滑套向右或向左移动。控制杠杆通过偏心轴与支撑杠杆相连接，从而可带动浮动杠杆下端传动。而浮动杠杆上端与供油量调节齿条连接。当供油量调节齿条右移时，油量减小，反之，油量增大。

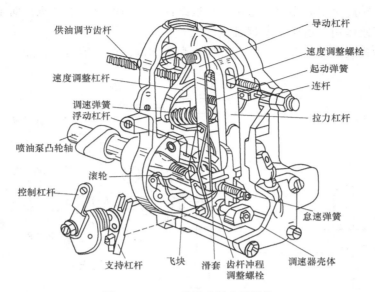

图 4-30　RAD 型两速调速器结构

（2）两速调速器的工作原理

1）起动加浓。起动前，将控制杠杆推至全负荷供油位置Ⅰ，如图 4-31 所示。受调速弹簧的拉动及齿杆行程调整螺钉的限制，拉力杠杆的位置保持不动。此时，支持杠杆绕 D 点向逆时针方向转动，带动浮动杠杆绕 B 点做逆时针方向转动，浮动杠杆的上端通过连杆推动供油调节齿杆向供油增加的方向移动。同时，起动弹簧也对浮动杠杆作用一个向左的拉力，使其绕 C 点做逆时针方向的偏转，带动 B 点和 A 点进一步向左移动，结果滑套通过滚轮使飞块收缩至处于向心极限位置为止。从而保证供油调节齿杆进入起动最大供油量位置，即起动加浓位置。此时的供油量约为全负荷额定供油量的 150% 左右。

2）稳定怠速。柴油机起动后，将控制杠杆拉到怠速位置Ⅱ，如图 4-32 所示，柴油机便进入怠速工况。此时，作用在滑套上有三个力：飞块的离心力、怠速弹簧的作用力及起动弹簧的作用力。当飞块离心力与怠速弹簧和起动弹簧的合力相平衡时，滑套便处于某一位置不动，亦即供油调节齿杆处于某一供油位置不动，柴油机就在某一相应的转速下稳定运转。若柴油机转速降低，飞块离心力减小，在怠速弹簧的合力相平衡时，滑套便处于某一位置不动，亦即供油调节齿杆处于某一供油位置不动，柴油机就在某一相应的转速下稳定运转。若柴油机转速降低，飞块离心力减小，在怠速弹簧及起动弹簧的作用下，滑套将向左移动，使导动杠杆绕上端支承点顺时针方向偏转，从而带动浮动杠杆绕 C 点逆时针方向转动，使供油调节齿杆向供油量增加的方向移动，使柴油机转速升高。柴油机转速升高时，飞块离心力随之增大，使滑套向右移动，进一步压缩怠速弹簧，同时带动导动杠杆绕其上端支点逆时针方向偏转，从而使浮动杠杆绕 C 点顺时针方向转动，结果使供油调节齿杆向供油减少的方向移动，柴油机转速随之降低。因而起到了稳定怠速的作用。

3）正常工作时的油量调节。柴油机转速在怠速和额定转速之间，此时调速器不起作用，供油量的调节由驾驶人人为控制。

当柴油机转速超过怠速转速时，怠速弹簧被完全压入到拉力杠杆内，滑套直接与拉力杠杆的端面接触，如图4-33所示。此时急速弹簧不起作用。由于拉力杠杆被很强的调速弹簧拉住，在柴油机转速低于额定转速时，作用在滑套上的飞块离心力不能推动拉力杠杆，因而导动杠杆的位置保持不动，即 B 点位置不会移动。若控制杠杆位置一定，则浮动杠杆的位置也固定不动，因而供油调节齿杆的位置保持不动，即供油量不会改变。若此时需要改变供油量，驾驶人需改变控制杠杆的位置才能实现。由此可见，在全部中间转速范围内，调速器不起作用，供油量的调节由人工控制。

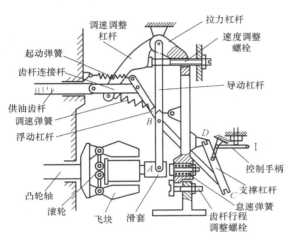

图4-31 调速器结构示意图

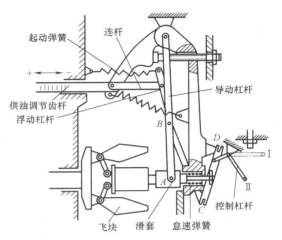

图4-32 RAD型两速调速器急速工作示意图

4）限制超速。如图4-34所示，当柴油机转速超过额定转速时，飞块离心力就能克服调速弹簧的拉力，滑套推动拉力杠杆并带动导动杠杆绕其上支点向右偏转，使 B 点移动到 B' 点、D 点移动到 D' 点，在拉力杠杆的带动下，支持杠杆绕其中间支点顺时针方向偏转，使 C 点移动到 C' 点。而由 B'、C' 点决定了浮动杠杆也发生了顺时针方向的偏转，带动供油调节齿杆向供油减少的方向移动，从而限制柴油机转速不超过额定的工作转速。利用速度调整螺栓改变调速弹簧的预紧力，就可以调节调速器所能限定的柴油机最高转速。

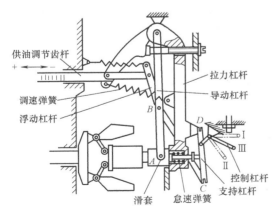

图4-33 RAD型两速调速器正常工况工作示意图

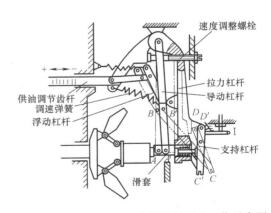

图4-34 RAD型两速调速器限制超速工作示意图

2. 全速调速器

全速式调速器不仅能保持柴油机的最低稳定转速和限制最高转速，而且能根据负荷的大小，保持和调节柴油机在任一选定的转速下稳定工作。

（1）全速调速器的构造

图 4-35 为国产 A 型喷油泵上采用的 RSV 调速器，与 RAD 型两速调速器基本相同。为了实现在柴油机工作转速内全速调节控制，增设了以下结构：

1）在拉力杠杆的下端设转矩校正加浓装置，该装置由校正弹簧和转矩校正器顶杆组成，以便在超负荷时使用。

2）用了弹力可调的调速弹簧，而没有专门的怠速弹簧。但在拉力杠杆的中部增设怠速稳定弹簧，使怠速运转平稳。

3）调速弹簧的弹簧摇臂上装有调整螺钉，它可以调整调速弹簧安装时预紧力的大小。以便保证调速弹簧长期使用过程中高速作用点的准确性。

4）在拉力杠杆的下端，增设可调的全负荷供油量限位螺钉，以限制拉力杠杆的全负荷位置。在拉力杠杆的上方后面壳体上，装有怠速调整螺钉，用来调整怠速的高低，并限制弹簧摇臂向低速摆动的位置。

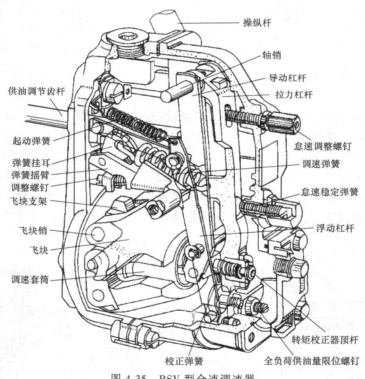

图 4-35　RSV 型全速调速器

（2）全速调速器的工作原理

1）起动加浓。如图 4-36 所示。起动前，起动弹簧的预拉力通过浮动杠杆、导动杠杆和调速套筒使飞块处于向心极限位置。

起动时，驾驶人将加速踏板踩到底，使操纵杆接触高速限位螺钉而置于起动加浓位置

A，浮动杠杆把供油调节齿杆向左推至起动供油位置，使柴油机顺利起动。

2）怠速工况。如图 4-37 所示。柴油机起动后，驾驶人松开加速踏板，操纵杆转至怠速位置。此时，调速弹簧处于放松状态。飞块的离心力通过调速套筒推动导动杠杆向右偏转，并带动浮动杠杆以下端为支点顺时针方向摆动，克服起动弹簧的弹力，将供油调节齿杆拉到怠速位置。同时，调速套筒通过校正弹簧使拉力杠杆向右摆动，其背部与怠速稳定弹簧相接触。怠速的稳定平衡作用，由调速弹簧、怠速稳定弹簧和起动弹簧共同来保持。

当怠速时转速升高，飞块的离心力加大，则怠速稳定弹簧受到更大的压缩，浮动杠杆带动供油调节齿杆向减少供油的方向移动，限制了柴油机转速上升。若怠速时转速降低，怠速稳定弹簧推动拉力杠杆向左摆动，通过调速套筒、导动杠杆和浮动杠杆，使供油调节齿杆向增加供油的方向移动，使柴油机转速稳定在设定怠速值。

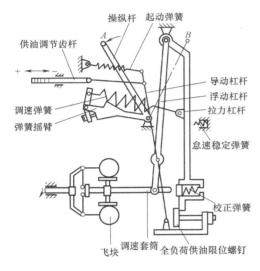

图 4-36 RSV 调速器起动工况工作示意图

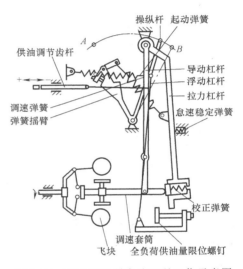

图 4-37 RSV 调速器怠速工况工作示意图

3）额定工况。如图 4-38 所示。将加速踏板踩到底，使操纵杆处于极限位置 A。此时，调速弹簧处于最大拉伸状态，拉力最大。张紧的调速弹簧将拉力杠杆拉靠在全负荷供油量限位螺钉上，并通过调速套筒、导动杠杆和浮动杠杆，将供油调节齿杆推至全负荷供油位置。柴油机在额定工况下工作，此时，飞块的离心力与调速弹簧的作用力平衡。

当负荷减小转速升高时，飞块离心力增大，调速套筒推动拉力杠杆向右摆动，同时通过导动杠杆、浮动杠杆使供油调节齿杆向供油减少的方向移动，使柴油机转速不再升高，从而限制了柴油机的最高空转转速。

4）一般工况。将操纵杆置于怠速与额定工况之间的任一位置时，调速弹簧的预拉力一定，柴油

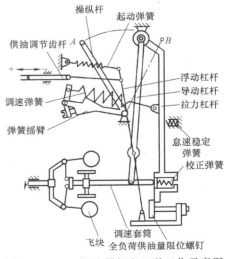

图 4-38 RSV 调速器额定工况工作示意图

机便在相应的某一转速下稳定运转。此时，拉力杠杆还没有触及全负荷供油量限位螺钉。当柴油机转速改变时，飞块离心力与调速弹簧作用力的平衡被破坏，调速套筒产生轴向位移，并通过导动杠杆、浮动杠杆带动供油调节齿杆轴向移动，自动减少或增加供油量，以维持柴油机在给定的某一转速下稳定运转。

5）转矩校正工况。柴油机在额定工况工作时，供油调节齿杆位于全负荷供油位置，如图 4-38 所示。当外界阻力增加，柴油机转速低于额定转速时，调速弹簧拉力大于飞块的离心力，所以，拉力杠杆接触全负荷供油量限位螺钉，调速器不起作用。此时，由于飞块离心力减小，被压缩的校正弹簧开始伸张，将调速套筒向左推移，带动导动杠杆和浮动杠杆向左偏摆，将供油调节齿杆向供油量增加的方向移动。柴油机的输出转矩增加，同时也限制了转速的进一步降低。反之，柴油机转速升高时，转矩校正弹簧被压缩，供油调节齿杆向供油减小的方向移动，柴油机输出转矩降低，并限制转矩的进一步升高。当转速升到额定转速时，校正弹簧被压缩到极限位置，校正作用结束。转速超过额定转速时，飞块的离心力大于调速弹簧的作用力，调速套筒直接接触拉力杠杆，使拉力杠杆向右摆动，调速器开始起作用，限制最高转速。由此可见，转速校正装置只是在转速低于额定转速时的一定范围内起作用。

6）停油工况。需要停车时，将调速器操纵杆转至最右边的停车位置 B（图4-38）。拨动供油调节齿杆右移至停油位置，使喷油泵停止供油，柴油机熄火停车。

3.3 调速器的检修

调速器中的零件大多是运动零件，这些零件的连接部分或接触部位在运动中会发生各种损伤。例如：在正常情况下，在调速器不起作用，加速踏板位置不动时喷油泵的供油拉杆或齿杆的自由行程约为 0.5mm 左右；但零件磨损严重时，它的松旷量可增加几倍，达到 3～4mm。由于供油拉杆自由移动量过大，造成供油量在很大的范围内波动，引起柴油机严重运转不稳。另外，在调速器起作用时，必须先消除各传动件之间的间隙，然后才能将运动传给供油拉杆或齿条，这就使得调速器的灵敏度降低，柴油机的动力性和经济性受到影响。

1. 调速器的检查

（1）调速弹簧的检验

调速弹簧出现扭曲、裂纹、弹力减弱及折断等，应换新件。

（2）飞块支架及铰链连接部位的检查

对采用飞块结构的双速调速器，应保证飞块、支架及销轴三者的配合间隙。如飞块支承孔和飞块推脚磨损严重，使飞块实际摆动中心向内偏移，飞块推脚半径缩短，在柴油机转速一定的情况下，调速套筒的位移量较未磨损前小，从而影响调速器的调速特性。若上述三者的配合达不到技术条件的要求，可通过镗削飞块销轴孔，更换加粗的销轴来解决。

（3）调速套筒的检查

在调速弹簧为拉力弹簧的调速器中，其调速套筒环槽与浮动杠杆横销的磨损，配合间限超过规定时，可将浮动杠杆上的横销和调速套筒一起拆下，拆下后转动 90° 以后再装复，可以减小配备间隙。

调速器套筒的内孔磨损后，应更换新衬套。修理后，调速套筒在轴上应运动自如无卡滞。调速套筒端面的推力轴承，视情更换。

调速器各操纵连接部位应连接可靠，运动灵活，配合间隙符合规定。在操纵臂位置不变动的情况下，供油拉杆或齿杆的轴向位置游动量应在 0.5~1mm 以内。

2. 调速器的调试

调速器的调试内容主要是高速和怠速起作用的转速，其次是全程调节、起动加浓、校正加浓，及各部位限止位置的检查与调整。

（1）高速起作用转速的调试

当柴油机在额定转速工作时，供油拉杆或齿杆位置固定在额定供油位置。当柴油机转速超过额定转速时，离心元件上产生的惯性力作用在调速套筒上，使供油拉杆或齿杆向减油方向移动，从而起到限制最高转速的作用。

试验时，使喷油泵转速逐渐增加到接近额定转速，将调速器的操纵臂推向最大供油位置。然后缓慢增加喷油泵的转速，同时注意供油拉杆和齿杆位置的变化，当开始向减少供油量方向移动时的转速，就是高速起作用的转速。如此转速达不到技术条件的要求，可通过调节调速弹簧的预紧度来实现。对于两速调速器，可直接调节调速弹簧的预紧度。图 4-39 所示的 B 型泵两速调速器，将高速弹簧座向内旋入，增加高速弹簧的预紧度，即可提高高速起作用的转速。

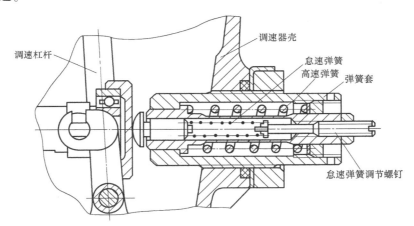

图 4-39　B 型泵调速弹簧结构

如图 4-40 所示的调速器，可通过弹簧座的旋入或退出来改变高速起作用的转速。

对于以五十铃 DH100 型柴油机使用的 RAD 调速器为代表的杠杆式调速器，可以通过高速调整螺钉来改变调速杠杆对高速弹簧的拉紧力，进而改变高速时起作用的转速，如图 4-41 所示。

（2）怠速起作用转速的调试

与限制柴油机额定转速的原理相似，当柴油机以怠速转速运转时，飞块零件产生的离心作用在调速套筒上的轴向力与怠速弹簧相平衡。当某种原因造成柴油机运转阻力增大使转速降低时，离心零件产生的离心惯性力不足以平衡怠速弹簧，使供油拉杆或齿杆向增加供油量的方向移动。

试验时，使喷油泵的转速低于正常怠速值，缓慢转动操纵臂，在喷油泵刚刚开始供油时，立即固定操纵臂的位置，然后再慢慢增加喷油泵转速。同时注意观察供油拉杆或齿杆位置的变化，它开始向减少供油量方向移动时的转速，便是调速器怠速起作用的时刻。如果此转速与技术条件的要求不符合，可用调节怠速弹簧弹力的方法使其达到要求。

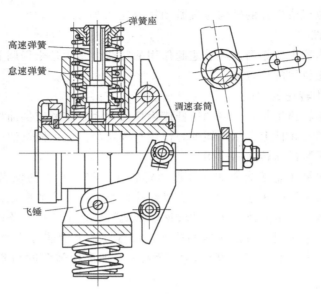

图 4-40 用弹簧座调整的两速调速器

对两速调速式调速器，可调节怠速弹簧调节螺钉（图 4-41），或调节弹簧座（图 4-40）。需要指出的是，要像前面图 4-40 的调速器结构，弹簧座位置的变动同时改变高速弹簧和怠速弹簧的预紧度。若只需变动一项，就必须结合增减高速弹簧或怠速弹簧下的调整垫片配合进行调整。若怠速转速符合要求，而高速过低，此时需将调节螺母向内旋进，并同时减薄怠速弹簧的调整垫片，以便高速和低速同时符合规定。此外，在调整时，要对两侧飞块要做到同时调整，以保证飞块能平衡运转。

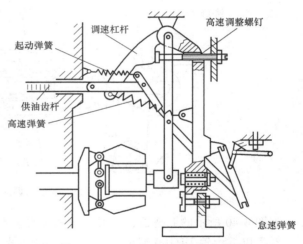

图 4-41 RAD 型两速调速器示意图

任务四　分配泵结构与检修

4.1　任务引入

转子分配式喷油泵简称分配泵，它与柱塞式喷油泵相比，具有以下特点：
1）分配泵结构简单，零件数目特别是精密零件数目少、体积小、重量轻、成本低。
2）分配泵零件的通用性高，有利于产品系列化。
3）能保证各缸供油均匀和供油时间一致，分配泵单缸供油量和供油提前角不需要调整。

4) 分配式喷油泵凸轮升程小,柱塞行程小,一般为 2.0~3.0mm,同时喷油压力高,缩短了喷油时间,有利于提高转速,对于四冲程柴油机,其转速可达到 6000r/min。

5) 分配式喷油泵内部零件依靠泵内部的燃油进行润滑和冷却。整个喷油泵制成一个密封的整体,外面的灰尘杂质和水分不易进入。

分配式喷油泵按其结构不同,分为径向压缩式和轴向压缩式两种。由于径向压缩式分配泵存在一些缺点,没有得到广泛应用。轴向压缩式分配泵具有零件数目少、结构紧凑、通用性高、防污性好等优点,同时由于其分配柱塞兼有泵油和配油作用,使这种泵结构简单、故障率少。另外,由于端面凸轮盘易于加工、精度易得到保证,同时泵体上装有增压补偿器,使其动力性和经济性都比较优异。工程机械柴油机分配泵多用轴向压缩式,也称单柱塞分配泵或 VE 泵,由德国博世公司研发。

4.2 相关知识

1. VE 分配泵的构造

德国博世公司生产的 VE 型分配泵是单柱塞,平面凸轮,断油计量和具有机械离心式调速器的分配泵,如图 4-42 所示。

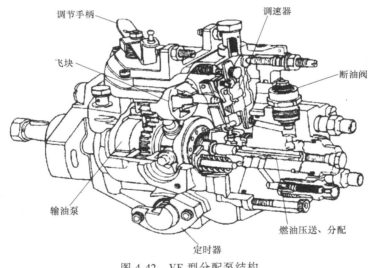

图 4-42 VE 型分配泵结构

VE 分配泵主要由滑片式输油泵、高压泵、驱动机构和断油电磁阀等组成。其结构示意图如图 4-43 所示。

分配泵左端为传动轴及滑片式输油泵(也称二级输油泵),中间有驱动齿轮、凸轮盘等,右端有柱塞套筒、电磁阀等,泵上部为调速器,下部为供油提前角调节器。

(1) 滑片式输油泵

滑片式输油泵的作用是把由膜片式输油泵(一级输油泵)从油箱吸出,并经柴油滤清器过滤后的柴油,适当增压后送入分配泵内,保证分配泵必要的进油量,并用调压阀控制输油泵出口压力,同时还使柴油在泵体内循环,达到润滑和冷却喷油泵的作用。

滑片式输油泵装在喷油泵前部,其转子与喷油泵轴通过半圆键连接。它的结构如图 4-44 所示,由转子、滑片、偏心环、调压阀等组成。

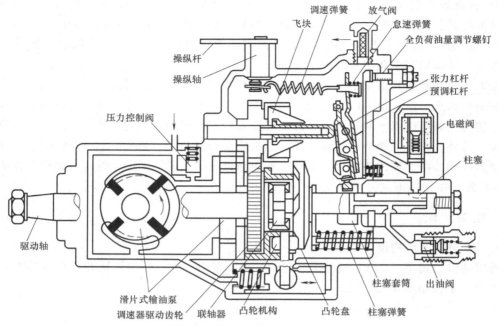

图 4-43 VE 分配泵结构示意图

转子在驱动轴作用下旋转，滑片装在转子上的滑片槽内，并且能够在槽内自由移动。转子中心与偏心环内孔中心偏移。转子旋转时，在离心力作用下，使滑片紧贴在偏心环内孔壁滑动，这样就使由转子外圆、滑片、偏心环内孔壁三者所形成的容积不断变化。当容积由小变大时为吸油腔，由大变小时为压油腔。吸油腔和进油口相通，压油腔和出油口相通。

滑片式输油泵每旋转一周吸入并压送一定量的燃油，使燃油压力进一步提高，燃油进入喷油泵。当油压超过调压阀的规定压力时，多余的燃油由调压阀流回油箱。

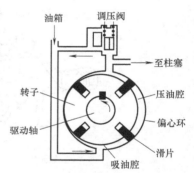

图 4-44 滑片式输油泵结构示意图

（2）高压泵

高压泵的作用是实现进油、压油、配油。VE 分配泵的高压泵采用单柱塞式，由滚轮体总成、平面凸轮盘、柱塞回位弹簧、柱塞、柱塞套、油量控制套筒（溢流环）、出油阀等组成，如图 4-45 所示。

柱塞上沿周向分布有若干个进油槽（进油槽数等于气缸数）、一个中心油道、一个配油槽和一个泄油孔。配油槽通过径向油孔与中心油道相通，中心油道末端与泄油孔相连，如图 4-46 所示。

柱塞套筒上有一个进油道及若干分配油道和出油阀（分配油道和出油阀数目，与气缸数目相等）。

柱塞旋转中只要配油槽和任意一个分配油道相对，则中心油道中的高压油通过分配油道送到喷油器，实现配油作用。

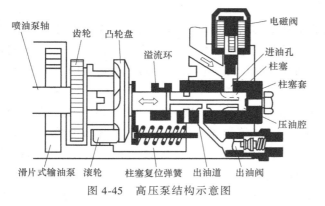

图 4-45 高压泵结构示意图

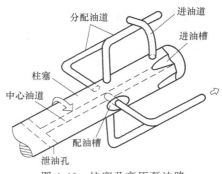

图 4-46 柱塞及高压泵油路

（3）驱动机构

如图 4-47 所示，VE 分配泵的动力由柴油机经驱动轴输入泵中，在泵内带动滑片式输油泵、调速器驱动齿轮、联轴器总成及平面凸轮盘转动。

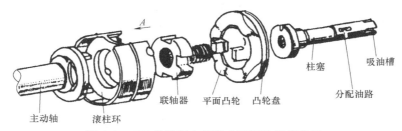

图 4-47 VE 分配泵内部的主要零件连接关系

平面凸轮（图 4-48）上有传动销带动柱塞一起旋转。柱塞回位弹簧通过压板将柱塞压在平面凸轮的驱动柱塞面上，并且使平面凸轮与滚轮体总成的滚轮紧密接触。在凸轮和柱塞弹簧作用下，柱塞既做旋转运动，又做直线往复运动。

滚轮体总成如图 4-49 所示，空套在泵体和联轴器总成之间，在供油提前角自动调节机构活塞的作用下，通过拨动销才能够转动。

当平面凸轮在滚轮上滚动时，凸起部分与滚轮接触推动柱塞向右运动；凹下部分与滚轮接触则推动柱塞向左运动，周而复始，完成柱塞的往复运动。平面凸轮上凸峰的数目，与柴油机气缸数相对应。

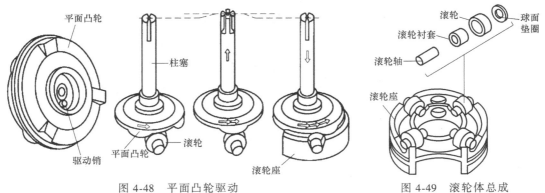

图 4-48 平面凸轮驱动　　　　　　　图 4-49 滚轮体总成

（4）增压补偿器

对于增压柴油机，为了避免柴油机在低速运转时，因增压压力低，空气量不足而造成的燃烧不充分、燃料经济性下降及产生有害排放物的弊端，同时使柴油机在高速运转时可获得较大功率并提高燃料经济性，在增压柴油机上装有增压补偿器。它的作用是根据增压压力的大小，自动加大或减少各缸的供油量。

增压补偿器的结构如图4-50所示。在补偿器下体6和补偿器盖4之间装有橡胶膜片5，膜片把补偿器分成上、下两腔。上腔由管路与进气管相通，进气管中由废气涡轮增压器所形成的空气压力作用在膜片上表面。下腔经通气孔8与大气相通，弹簧9向上的弹力作用在膜片下支承板7上。膜片与补偿器阀芯10相固连，阀芯10下部有一上小下大的锥形体。补偿杠杆2上端的悬臂体与锥形体相靠，补偿杠杆下端抵靠在张紧杠杆11上。补偿杠杆可绕销轴1转动。

当进气管中增压压力升高时，补偿器上腔压力大于弹簧9的弹力，使膜片5连同阀芯10向下运动。补偿器下腔的空气经通气孔8逸入大气中，与阀芯锥形体相接触的补偿杠杆2绕销轴1顺时针转动，张紧杠杆在调速弹簧13的作用下，绕其转轴逆时针方向摆动，从而拨动油量控制滑套12向右移，使供油量适当增加，柴油机功率加大。反之，柴油机功率相应减小。

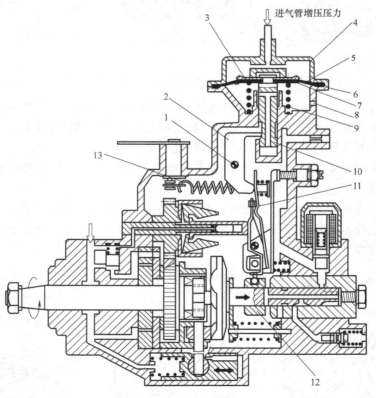

图4-50 增压补偿器

1—销轴 2—补偿杠杆 3—膜片上支承板 4—补偿器盖 5—膜片 6—补偿器下体 7—膜片下支承板
8—通气孔 9—弹簧 10—补偿器阀芯 11—张紧杠杆 12—油量控制滑套 13—调速弹簧

2. VE泵的工作原理

（1）进油过程

如图4-51所示，滚轮由凸轮盘的凸峰移到最低位置时，柱塞弹簧将柱塞由右向左推移，在柱塞接近终点位置时，柱塞头部的一个进油槽与柱塞套上的进油孔相通，柴油经电磁阀下部的油道流入柱塞右端的压油腔内并充满中心油道。

此时柱塞配油槽与分配油路隔绝，泄油孔被柱塞套封死。

（2）压油与配油过程

如图4-52所示，随滚轮由凸轮盘的最低处向凸峰部分移动，柱塞在旋转的同时，也自左向右运动。此时，进油槽与泵体进油道隔绝，柱塞泄油孔仍被封死，柱塞配油槽与分配油路相通，随着柱塞的右移，柱塞压油腔内的柴油压力不断升高，当油压升高到足以克服出油阀弹簧力而使出油阀右移开启时，则柴油经分配油路、出油阀及油管被送入喷油器。

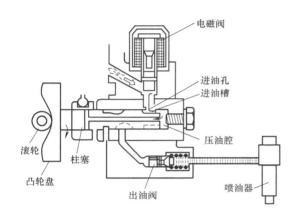

图4-51 进油过程

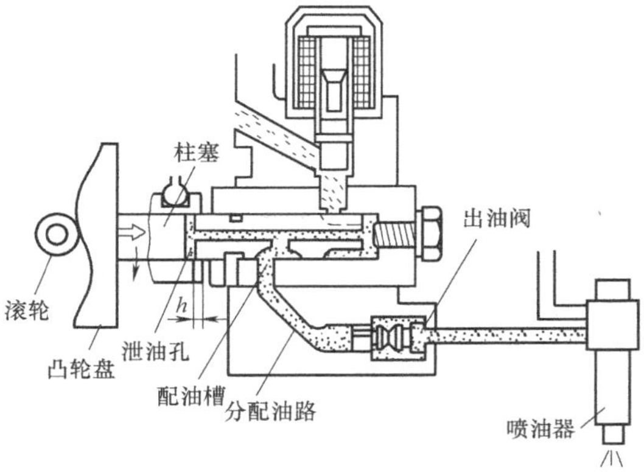

图4-52 压油与配油过程

由于凸轮盘上有四个凸峰（与气缸数相等），柱塞套上有四个分配油路，因此，凸轮盘转一圈360°，柱塞往复运动4次，配油槽与各缸分配油路各接通一次，轮流向各缸供油一次。

（3）供油结束

如图4-53所示，柱塞在凸轮盘推动下继续右移，柱塞左端的泄油孔露出油量控制滑套的右端面时，泄油孔与分配泵内腔相通，高压油立即经泄油孔流入泵内腔中，柱塞压油腔、中心油道及分配油路中油压骤然下降，出油阀在其弹簧作用下迅速左移关闭，停止向喷油器供油。

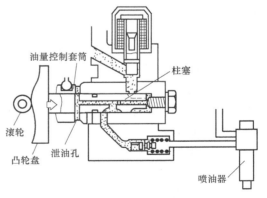

图4-53 供油结束

停止喷油过程持续到柱塞到达其向右行程的终点。

（4）供油量控制

柱塞上的配油槽与出油孔相通起，至泄油孔与分配泵内腔相通时，柱塞所走过的距离为有效供油行程 h（图4-52）。

柱塞上的泄油孔什么时候和泵室相通，靠控制套筒（油量控制滑套）的位置来控制，当移动控制套筒时，柱塞上的泄油孔与分配泵内腔相通的时刻改变，即结束供油的时刻改变，从而使供油有效行程 h 改变（图4-52）。控制套筒向左移动，供油行程缩短，结束供油时刻提早，供油量减少；控制套筒向右移动则相反。可见，在使用中这种分配泵油量的调节是靠驾驶人通过加速踏板控制调速器，使控制套筒轴向移动来实现的。

（5）柴油机停车

如图4-54所示，当需要柴油机停车时，可转动控制电磁阀的旋钮，使电路触点断开，线圈对进油阀的吸力消失，在进油阀弹簧的作用下。进油阀下移，使泵体进油道关闭，停止供油，柴油机熄火。

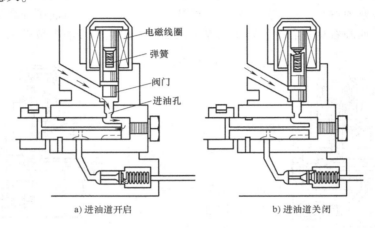

图 4-54 电磁阀停油装置

当起动柴油机时，先将电磁阀的触点接通，进油阀在线圈的吸力下克服弹簧力上移，泵体进油道打开，供油开始。

4.3　VE分配泵的检修

1. VE分配泵零部件检查与修理

（1）柱塞及弹簧

转动柱塞，在任何位置都不能发生卡滞现象。如有卡滞现象时应该更换。拨开油量控制滑套，拉出柱塞再松手，柱塞应能靠本身自重自如下沉。对于柱塞弹簧可用直角钢尺检查其垂直度，最大误差为2mm，若超差则应更换。

（2）出油阀组件及进油电磁阀

拉出出油阀，用拇指将阀座小孔堵死，再将出油阀放回阀座，此时观察出油阀应能自由下沉；当堵住阀座小孔，向下按出油阀，突然松开时，出油阀应能弹回原来位置。若不能满足上述任意条件时，则更换出油阀组件。

进油电磁阀的电阻为600~800Ω，听其工作接通和切断声音，测量其电阻值，若不正常则需更换进油电磁阀。

（3）滚轮及滚轮架组件

滚轮及滚轮架主要检查其磨损情况，测量其高度，其偏差应小于0.02mm，若超差需要更换整套组件。

(4) 膜片式输油泵

膜片式输油泵的出油口自动调节油压 0.25±0.05MPa，若压力不符，可以检查推杆行程是否为 2.5～2.6mm，若行程不当则调整输油泵的推杆行程，从而调整输油泵输油压力。

2. VE 分配泵在康明斯 6BT 柴油机上的安装

转动曲轴使一缸活塞处于压缩行程上止点，用正时销插入正时孔中进行正时定位；将油泵半圆键装入轴的键槽内；将油泵传动齿轮放入齿轮室中，使油泵传动齿轮的记号（字母 C）对准凸轮轴齿轮的记号"O"后，装入油泵座孔；拧上固定螺母（不拧紧），转动泵体对齐泵体上出厂时打印的刻线与齿轮室上的打印刻线，然后拧紧固定螺母（拧紧力矩为 24N·m）和齿轮锁紧螺母；松开泵轴的正时锁紧螺栓，拔下正时销，然后用 13N·m 的力矩拧紧锁紧螺栓；逆时针方向按供油次序 1—5—3—6—2—4 接上供油管。分配泵第一缸出油口在油泵端面上相当于 7 点钟位置，符号为 D。按逆时针方向 D、E、F、A、B、C 分别为第一、五、三、六、二、四缸出油口。

3. VE 分配泵的调试

将 VE 泵安装在试验台上，在进油管接头中注入压力为 0.035MPa 的柴油；在回油管接头和泵体之间安装一个量程为 0～1.0MPa 的压力表，接上回油管；连接高压油管及喷油器，高压油管的规格为 6×2mm，第 1、3 缸长度为 420mm，第 2、4 缸长度为 430mm。标准喷油器的喷油压力为 (17.2±0.3) MPa，节流孔直径 0.4mm 试验油温度 38～42℃。另外，电磁阀接通 10～12V 电压的电源。

(1) 预行程的检查与调试

VE4/11F1900R294 喷油泵的预行程（距下止点）规定是 (0±0.02) mm。检验时，在喷油泵上端螺塞的螺钉孔上装置一个透明放油管，慢慢转动喷油泵驱动轴，使油刚好流进放油管，但又不从放油管流出。然后，拆下放油管，换上百分表测出此时喷油泵柱塞的位置记录读数。转动喷油泵驱动轴，使柱塞处于下止点，即左侧极限位置。同样用百分表测出此时喷油泵柱塞的位置记录读数，两次读数之差即为预行程。如果预行程不符合规定值，则用柱塞的调整垫片进行调整。若更换柱塞垫片，也要按上述方法检验和调整预行程。

(2) 喷油泵内腔压力的调整

将 VE 泵转速调至 1500r/min，增压补偿器进气压力在 0.1MPa 时，内腔压力为 0.6～0.66MPa。若不符合规定数值，可调节 VE 泵内输油泵调压阀的调压弹簧座。同时检查在其他规定转速时 VE 泵内腔压力是否也满足相应要求。

(3) 回油量的调整

检查规定转速下回油量应达到的规定值。回油量与 VE 泵内输油泵调压阀的压力相互影响，两者要反复检查。

(4) 全负荷油量的调整

将 VE 泵转速调至 1900r/min，在增压补偿器进气压力为 0.1MPa 条件下，把操纵手柄靠紧高速限位螺钉，检查此时 VE 泵的供油量是否满足要求，否则用最大供油量调节螺钉调节，旋进供油量增加；旋出供油量减少。同时检查各缸供油量差值是否达到要求。另外，还需检查其他规定转速下的全负荷油量。需要说明，喷油泵的供油量与其内腔压力存在互相影响，调整了喷油泵的供油量后，必须重新检查其内腔压力是否超过规定值。

任务五　PT 燃油系统结构与检修

5.1　任务引入

如前所述，柴油机燃油供给系统的作用是定时、定量、以一定压力将雾化质量良好的燃油，按一定的喷油规律喷入气缸内，并使柴油与空气迅速良好地混合和燃烧，同时根据负荷需要对喷油量进行调节。如柴油机在怠速时，控制燃油喷油量使柴油机在不致熄火的转速下运转；当柴油机负荷增加时，可增加喷油量以增大转矩；负荷减少时，可减少喷油量以降低转矩；当柴油机超过最高转速时，应减少喷油量以降低转矩；要使柴油机停止转动时就要停止供油。

PT 燃油供给系统无论在结构上还是原理上都与一般常用的燃油供给系统有很大的不同，在世界范围内，只有美国康明斯柴油机公司（Cummins）一家采用这种独特的 PT 供油系统，它是该公司的专利。"PT" 是压力（Pressure）和时间（Time）的缩写。

在一般柴油机供给系统中，产生高压燃油、喷油正时和油量调节均由喷油泵完成，PT 燃油系统则有很大的区别，油量调节是由 PT 燃油泵完成的，而高压的产生和定时喷射则由 PT 喷油器来完成。该燃油供给系统优点如下：

1）由于高压油产生于喷油器，不需要高压油管，因而喷射过程中取消了因高速时压力波和燃油压缩问题所带来的不良影响，从而可以采用较高的喷油压力（可达 103.6MPa）。这不仅可以满足强化柴油机所需要求的高峰喷油率和喷射压力，而且喷油雾化良好，有利于燃烧。

2）由于油量的调节是在燃油泵中进行的，取消了油门至各泵-喷油器之间的连接传动机构，布置较紧凑，且各缸油量的分配均匀性易于集中调整，比较稳定。

3）在整个系统中，只有一对精密偶件。

4）维护简便。油泵磨损后，可由旁通油量调节实现自动补偿，减少维修次数。

5）系统中的输油量仅有 20% 左右供燃烧，其余油量供喷油器冷却用，保证喷油器在高温条件下正常工作。

5.2　相关知识

1. PT 燃油系统工作原理

PT 燃油系统如图 4-55 所示，它是由燃油箱、燃油滤清器、齿轮泵、稳压器、滤清器、调速器、节流阀、断流阀、供油管、喷油器、回油管和冒烟限制器等组成的，其中齿轮泵、稳压器、滤清器、PTG 型两速式调速器、旋转式节流阀、断流阀，以及加装的 VS 型全程式调速器等组成一体。增压柴油机还装有冒烟限制器。这个组合体称为压力—时间燃油泵，简称 PT 泵。

燃油从油箱流经滤清器被齿轮泵所吸入，从齿轮泵排出的燃油压力约为 980kPa 左右，然后经过 PT 泵内部的稳压器、调速器、节流阀（油门）、断流阀（停车阀）后，离开 PT 泵组合体，大部分经供油管分别进入左排或右排缸的燃油歧管中，每个气缸盖上都钻有燃油通道，使燃油从燃油歧管进入喷油器。喷油器由凸轮驱动机构所控制，按顺序定时地把燃油喷入气缸里，喷油器中其余的燃油通过钻在气缸盖上与进油通道相平行的另一条回流通道经燃油回油歧管，返回 PT 泵的进油一侧。

PT 型供油系统调节供油量所依据的基本原理是：液体通过某一通道的流量是与液体的压力、允许通过的时间和通道的阻力（通道的断面尺寸）成比例的。在通过时间和阻力不变情况下，流量与压力成正比；在压力与阻力不变时，流量与允许通过的时间也成正比；若压力与时间不变，则流量与阻力成反比。

作为单一喷油器来说，其入口处的量孔断面尺寸是经选定而不变的。那么，油量仅与压力和喷油时间成正比，所以可称为 PT 供油系。另外，喷油凸轮形状也是不变的。以角度计无论转速如何变化，所经历的角度是不变的，但以时间计则燃油进入时间是变化的，随转速升高而变短，使喷油量减少。在此情况下，如果还要保持供油量不变，则必须由燃油泵来提高喷油器的进油压力，以补偿由时间缩短对供油量的影响。所以燃油泵的输油压力是同时随柴油机负荷和转速而变化的。这就是利用压力、时间来控制循环供油量的基本道理。基于上述原理构成了整个 PT 型供油系。

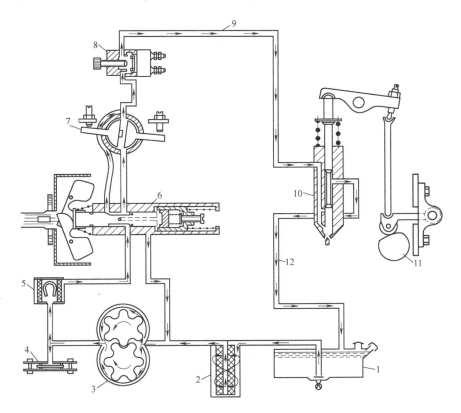

图 4-55 PT 燃油系统示意图

1—燃油箱 2—滤清器 3—齿轮泵 4—稳压器 5—滤清器 6—调速器 7—节流阀（油门）
8—断流器 9—供油管 10—喷油器 11—凸轮轴 12—回油管

2. PT 燃油泵结构与原理

燃油泵组合体装在空气压缩机的后部，通过空气压缩机驱动轴与柴油机齿轮系相连。和一般喷油泵不一样，PT 泵与柴油机之间无正时关系。因此，安装时无需对正时。

康明斯 PT 燃油泵有三种：PT（G）、PT（H）和 PT（R）型。本任务以 PT（G）燃油泵为例，介绍 PT 燃油泵结构原理。康明斯 KT-2300C 型柴油机装有 PT（G）型燃油泵，在 PT（G）型泵组合体中，除装有齿轮泵、滤清器、稳压器、油门、停车阀和冒烟限制器外，还装有两速离心式调速器。为适应其他方面的需要，还可在泵上加一个 VS 全速式调速器。VS 调速器可在两速式调速器不能进行调速的中间工况转速范围内起调速作用。这种燃油泵组合体的型号为 PT（G）VS，其构造如图 4-56 所示。

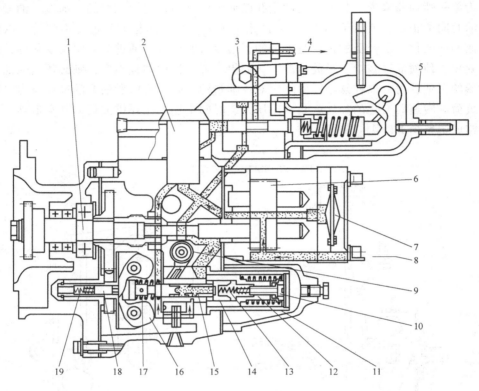

图 4-56　PT（G）VS 型燃油泵构造

1—主轴　2—燃油滤清器　3—停油器　4—通至喷油器的燃油出口　5—VS 式全速调速器　6—齿轮泵　7—膜片式稳压器　8—经过滤清的燃油进口　9—旋转式油门　10—怠速调整螺钉　11—高速弹簧　12—柱塞套　13—怠速弹簧　14—怠速柱塞　15—调速柱塞　16—飞块　17—高速校正弹簧　18—飞块柱塞　19—低速校正弹簧

现将其主要组成部分的构造与作用原理分述如下。

（1）齿轮输油泵和膜片式稳压器

柴油机运转后，齿轮泵由主轴驱动，它将经过滤清的燃油从进口吸入，并以一定压力输出燃油，经过细滤器把燃油输送到两速式调速器中。与此同时，有一油道使齿轮泵压油腔与膜片稳定器相通，供以消除输出燃油压力的波动。

（2）调速器

（G）VS 型燃油泵组合体中装有两种调速器：两速式（G）型调速器和全速式 VS 型调速器。这种泵有两个可以操纵的油门杠杆，正常油门杠杆和 VS 油门杠杆，欲使用燃油泵全程调速时，可把正常油门固定在最大开度位置，用 VS 油门进行操纵。欲使用两速调速时，可以把 VS 油门固定在最大开度位置，用正常油门操纵。

如图 4-57 所示，燃油进入调速器后，有三个出口：油门通道，急速油道，旁通油道。调速器柱塞 6 左右移动，可使进油口和上述三个出口中的一个或两个相通。柱塞的位置取决于柴油机工况，主要取决于柴油机转速。

如图 4-58 所示，当柴油机转速变化时，通过离心飞块 1 的离心力可控制调速柱塞 2 左右移动。当转速升高时，飞块离心力增大，推动调速柱塞向右移动，实现限制柴油机的最高转速即高速控制。反之，转速降低时，在急速弹簧的作用下，推动调速柱塞向左移，实现稳定柴油机的最低转速即急速控制。

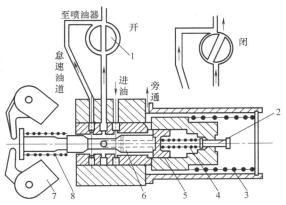

图 4-57 （G）型两速式调速器示意图
（柱塞位于起动时位置）
1—旋转式油门　2—急速调整螺钉　3—高速弹簧　4—急速弹簧
5—急速柱塞　6—调速器柱塞　7—飞块　8—高速校正弹簧

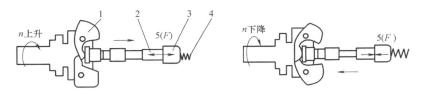

图 4-58 转速变化时调速柱塞的动作
1—飞块　2—调速柱塞　3—急速柱塞　4—调速器弹簧（包括急速弹簧和高速弹簧）　5—调速柱塞作用力 F

高速控制原理如图 4-59 所示，在接近最高转速时，通往节流阀即旋转式油门的主油道被柱塞逐渐减小。由于节流的作用，此时主油道燃油压力迅速下降，使喷油量减小，从而使柴油机转速不再增加。

急速控制如图 4-60 所示，急速时，节流阀关闭，调速柱塞在急速弹簧作用下左移，急速油道打开，燃油经急速油道流入 PT 喷油器，维持柴油机急速运转。当柴油机转速下降时，飞块的离心力减小，急速弹簧推柱塞左移，急速油道开度增大，喷油量随之增加，柴油机转速又回升。反之，柴油机转速则下降，从而实现急速的稳定。

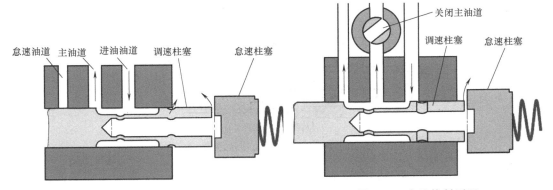

图 4-59 高速控制原理　　　　图 4-60 急速控制原理

随着柴油机转速的变化，调速器自动调节供油压力。如图 4-61 所示，调速柱塞的中部有油道与齿轮泵和旋转式油门连通，因而柱塞中部的油压与油道内油压基本相同。怠速柱塞挡在调速柱塞的端面上，调节压力使调速柱塞中部的压力与柱塞的作用力 F 成正比。在燃油压力的作用下调速柱塞与怠速柱塞两者不相接触。而在端部产生一定间隙，部分燃油就从此间隙处流回齿轮泵低压端。柱塞间保持一定间隙时，以下列关系保持平衡：当柴油机转速升高时，力 F 相应增大，由于部件的间隙大小受作用力的影响，使柱塞间的间隙减小，这种减小使节流作用增大，使油道油压亦将有所增高，所以，使得循环供油量不因转速升高而减小。反之，转速下降时，力 F 减小，柱塞间间隙变大，燃油压力下降，供油量减少。这说明燃油压力和 F 保持着正比关系，结果使喷油器每循环供油量与柴油机的转速相适应。柱塞上燃油压力作用面积，大约与怠速柱塞凹陷面积相等。因而在维修中，更换怠速柱塞时，若不保证其凹陷面积与原件相等，会使燃油泵性能产生变化。另外，在拆修中，一定不要损伤两个柱塞的端面。

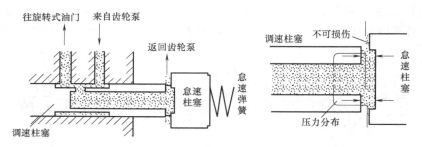

图 4-61　柱塞作用力与燃油压力的平衡及柱塞压力的分布

两速调速器对速度调整只有在怠速或高速才起作用，而对于稳定中间工况的速度它无能为力，而 VS 调速器就可以维持某一转速下平稳的运转。带有 VS 调速器的 PT 燃油泵上，两速调速器的油门轴处于最大油门开度并固定不动。从两速调速器来的燃油流经 VS 调速器后才到断流阀，再去喷油器。

图 4-62 所示为 MVS 型调速器，为机械、离心全速式调速器。这种调速器，如前所述，可使柴油机在不同恒定转速下运转。油门处于最大开度时，所有从（G）调速器来的燃油都流过 MVS 调速器。但随转速变化，在离心飞块作用下，MVS 柱塞产生左右移动，相当于改变油门开闭程度。

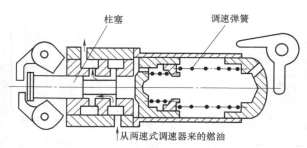

图 4-62　MVS 调速器示意图

操纵 MVS 油门，使调速弹簧压缩，此作用力与某一转速的飞块离心力相平衡，就可以使柱塞处于相应于这一转速的位置，从而也就确定了到喷油器通道孔口的开度，使柴油机在这一转速下稳定运转。

（3）旋转式油门

如图4-63所示，除急速工况外，来自调速器的燃油必须受旋转式油门的控制，然后再供给喷油器。油门轴与加速踏板用杆件相连。油门内部有柱塞和调整垫片，增减垫片可以改变柱塞的位置，从而决定油门全开时的节流作用，调节该处阻力，即可调整额定供油量，当油门全闭时，用限位螺钉8使油道微开，让少量燃油通过。

（4）停油阀（断流阀）

停油阀是一个电磁阀，其作用原理如图4-64所示，通电时，阀板被电磁阀所吸引，使进油通道与通往喷油器的油道连通。反之，断电时，阀板在回位弹簧的作用下而关闭，停止供油。因此，在柴油机起动时应先合上起动开关，使电路通电，将阀板吸开，停车时应断电，使阀板返回，停供燃油。

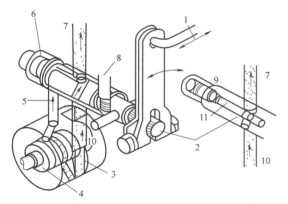

图4-63 油门的操纵及其调整

1—操纵臂拉杆 2—旋转式油门轴 3—主燃料进口
4—调速柱塞 5—急速时燃料进口 6—套管
7—往喷油器 8—限位螺钉 9—调整垫片
10—来自调速器 11—柱塞

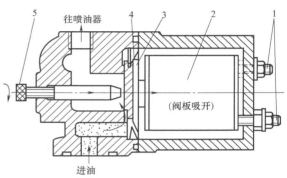

图4-64 停油阀的动作

1—接线柱 2—电磁铁 3—阀板 4—回位弹簧 5—螺钉

3. PT喷油器结构与原理

PT喷油器有三种形式：B型、C型和D型。最初是B型，然后是C型，D型是在C型基础上的改进型。现以D型为例进行讨论。

D型喷油器的结构示意图如图4-65所示，驱动原理如图4-66所示。喷油器是由凸轮控制的，它定时地将来自燃油泵的低压油，在极短的时间内，以高压（103MPa）把油喷射成雾状，喷射入气缸。对于康明斯KTA-2300C型柴油机，喷油嘴的喷孔数为10，喷孔直径为0.216mm。其喷射过程可分为以下几个阶段。

（1）旁通阶段

柱塞被如图4-66所示凸轮压至最低位置时，喷油器为已停止供油状态。如图4-67a所示，柱塞上部油槽把喷油器内的进油道和回油道连通，使来自燃油泵的油，又从回油道返回，喷油器的来油和回油利用图4-65所示的三道O形圈分隔开。当柴油机处于做功行程和排气行程时，喷油器都处于这种状态。燃油通过喷油器壳体上的一个可调整的进油孔进入喷油器，在进油量孔处装有精滤网，对燃油进行过滤。在进入喷油器的油压作用下，顶开止回阀,从而进入下部油道。

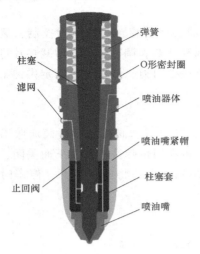

图 4-65 D 型喷油器示意图

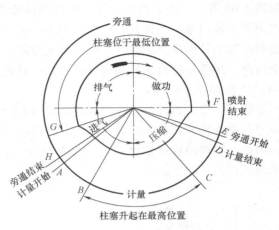

图 4-66 喷油器驱动原理图

当凸轮(图 4-66)继续旋转,在进入进气行程后不久,凸轮外廓曲线从 G 开始骤然改变。如图 4-67a 所示,柱塞在弹簧的作用下随着升起,先将油道封闭,使其与油道切断,凸轮到达 H 点时燃油旁通结束。

(2)计量阶段

至图 4-66 中 A 点量孔开始计量,如图 4-67b 所示,燃油通过油口流往下部盆腔。此时,由于油压低,喷孔直径小,燃油不会从喷孔漏入气缸。当柱塞上升到最高位置后,凸轮外廓曲线保持平稳,柱塞便保持在最高位置不动,直到柴油机进气行程终了,压缩行程进行到图 4-66 中凸轮曲线的 C 点,外廓曲线又有了改变,先是比较缓和,通过挺柱、推杆、摇臂和顶杆,柱塞在顶杆作用下,逐渐下降,直至柱塞接近封闭油道凸轮外廓曲线上的 D 点,计量才告结束。

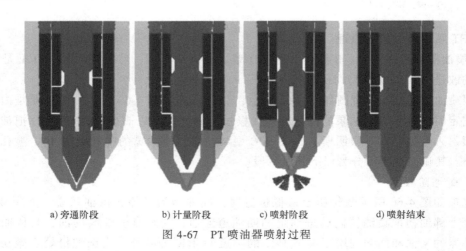

a) 旁通阶段　　b) 计量阶段　　c) 喷射阶段　　d) 喷射结束

图 4-67 PT 喷油器喷射过程

(3)喷射阶段

计量阶段即将结束,柱塞下行到一定位置,柱塞下部盆腔及油道中产生一定压力,使止回球阀落座,关闭了进油道。柱塞继续下行,就把油道与下部盆腔断开。由于柴油机转速很高,计量时间是很短的一瞬间,柱塞下部盆腔里未被油所充满,所以在此阶段只是在压缩或排除未充满燃油部分的气体,属于预喷射。在柴油机压缩行程接近终了时,凸轮外廓又突然改变,柱塞快速下行,把下部盆腔的燃油以103MPa的高压喷入气缸,在喷射的同时,柱塞上部油槽又使油道连通,燃油开始旁通。

(4) 喷射结束

凸轮外廓曲线到达图4-66中F点,喷射即将结束,柱塞的下锥体落座。

5.3 PT燃油系统的检修

PT(G)VS型燃油泵主要零部件检修如下:

1. 燃油泵滤网的检修

若滤网损坏或滤网沾满油污而不易清除,必须按规格进行更换。滤网的网眼为40m,滤网的清洗周期一般为500工作小时。

2. 燃油泵体的检修

油泵体是油泵的主要零件,其上装有操纵臂轴、传动轴衬套、节流阀衬套、调速器套筒和弹簧组件等。传动轴衬套和调速器衬套若损坏,则应更换。

3. (G)型调速器套筒、柱塞和弹簧组件体的检修与装配

检查调速器套筒和柱塞的磨损量。若已磨损,则需用在衬套表面上打有印记的同级尺寸的新柱塞换下旧柱塞;一般套筒比较硬,其磨损量很小。若柱塞产生过度磨损或柱塞出现划痕时,则应更换柱塞。

更换步骤是:将壳体加热至150℃,然后将套筒压出;检查泵体上套筒承孔直径,以决定换用标准尺寸套筒或采用加大0.25mm外径的套筒;最小过盈量应为0.05mm。

在装配时,仍将泵体加热至150℃,在新套筒涂以高压润滑脂薄层;将弹簧组件体放在规定的位置;将调速器套筒具有倒角的一端放入壳体孔内,并将销钉放在底侧,对准销孔,用圆棒将套筒压入泵体内,进到底部与弹簧组件相碰为止。然后,选取一个新的与其配合间隙合适的柱塞。这个柱塞必须借其本身质量能够滑入孔内,用螺钉旋具将弹簧销钉拧进套筒底部,以销子上有槽的一面对准泵体前方。

4. 齿轮泵的检修与装配

1) 检查齿轮泵轴磨损或其他损伤,若有其他损伤和裂纹,应予以报废;若轴颈的直径小于限定值,则应换新。

2) 若齿轮已擦伤或磨损,则应更换。

3) 检查泵体和盖,若有擦伤或磨损超出规定范围应更换。

4) 经检查和更换所需零件后,彻底清洗,并用压缩空气吹干;将轴和齿轮涂油后,安装到齿轮泵盖里;更换新密封垫,将泵体装到泵盖上,并对准泵体和泵盖上的缺口,因缺口位置和主传动轴决定齿轮的方向。

5. 停油阀的检修与装配

1) 从阀体上拆下线圈壳,拆下线圈、柴油隔板、弹簧垫和阀板。

2) 清洗后,仔细观察阀和阀座有无磨损和锈蚀,必要时,应更换;阀座应有一最小宽度为0.38mm的座面。

3）用万用表检查线圈组件，按规定的线圈电阻进行检查，若低于标准值则应更换。

4）装配时，更换密封 O 形圈；将轴插入阀体，直到它抵达其孔为止；将阀放入阀体内，把有橡胶的一侧朝向阀体，将阀体 O 形圈涂上机油，并把它放入槽内；将弹簧凹面放在阀上，使阀固定住；把柴油隔板放在阀体上，拧紧螺钉，紧固力矩为 34.3~39.2N·m，油泵燃油通过阀门的压力为 2226kPa，在此压力下，阀门不应泄漏。若有泄漏，则应检查阀体上有无缺口及阀与阀座间接触处有无凹陷，检查平板上的橡胶密封圈有无隆起或其他缺陷。

6. VS 调速器的检修与装配

（1）调速器油泵盖的拆卸

1）趁热拆下盖上的中间齿轮和衬套组件；若中间轴拆不下来，可用丙烷吹管加热表面（不用乙炔，否则盖将扭曲），然后冲出、拉出；从中间齿轮轴上拆下挡圈、推力垫和衬套，若衬套磨损后直径大于（已超）12.88mm，则应更换衬套；中间齿轮和上面调速器托架齿轮的正常啮合间隙为 0.13~0.23mm；

2）用顶拔器拆下飞块托架，拆下自锁螺母和球轴承。

（2）VS 调速器套筒的更换

VS 调速器套筒的更换方法和标准调速器套筒的更换方法相同；套筒定位销应高于泵体一侧的标准型操纵轴；套筒上打有"X"记号的是四孔套筒，而打有"W"记号的为五孔套筒。

任务六　潍柴柴油机传统燃油供给系统特点

潍柴 WD615 柴油机燃油供给系统主要由燃油箱、燃油滤清器、输油泵、喷油泵、喷油器、输油管路等组成，如图 4-68 所示。

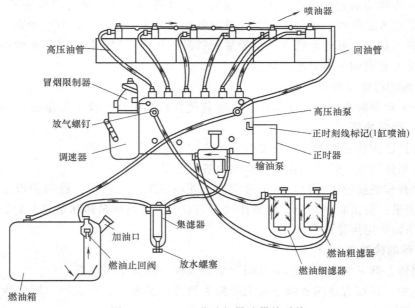

图 4-68　WD615 柴油机燃油供给系统

WD615 柴油机燃油供给系统布置在柴油机的左侧，采用 P 型柱塞泵，该泵泵体具有良好的刚度，满足了强化柴油机负荷大的要求。喷油泵上装有冒烟限制器和自动喷油正时（提前）器，冒烟限制器可改善柴油机低速、大转矩工况下的排气烟度。实物如图 4-69 所示。

喷油泵与传动轴采用刚性片式连接，具有很高的传递能力和适应性。

喷油器为闭式多孔喷射，开启压力（3000±50）kPa，喷油嘴头的隔热护套为薄壁耐热钢套式，可减少喷油嘴与燃气的直接接触，从而降低喷油嘴头部的温度，提高了喷油器的工作可靠性和使用寿命。

图 4-69　WD615 柴油机喷油泵实物图

燃油经三级过滤后，满足了燃油供给系统中精密偶件对燃油质量的要求。

燃油箱出油管处安装了燃油止回阀，避免了因停机后系统内燃油回流至燃油箱而造成的柴油机再次起动困难或无法起动。燃油箱上还安装有燃油油量传感器、通气阀和回油管等。

1. 喷油泵

WD615 柴油机上安装 P 型喷油泵，P 型泵是一种典型的强化泵，它的主要特点是泵体采用箱式全封闭结构，柱塞偶件、出油阀及阀座均安装在一个法兰套筒里，该套筒悬置安装在泵体内，泵体不开侧窗，增强了泵体的刚度以适应大功率柴油机的要求，并使结构十分紧凑。该泵的油量控制方式采用拉杆开槽与油量控制套筒上的滚子啮合机构，使油量控制可靠，调速灵敏。泵的油量调整采用转动悬置套筒的方法，喷油正时的调整采用悬置套筒加减垫片的方法，调整简便可靠。为适应高速、高喷油压力的需要，柱塞偶件和凸轮、挺柱采用强制润滑。

该泵带有机械式调速器、输油泵、喷油提前器和增压压力控制的膜片式冒烟限制器。P 型喷油泵的结构如图 4-70 所示。它的工作原理与 A 型喷油泵基本相同，在结构上有如下一些特点：

（1）悬挂式柱塞套

柱塞 5 和出油阀偶件 3 都装在带连接凸缘的柱塞套 4 内，当拧紧柱塞套顶部的出油阀压紧座 1 后，形成一个总成部件。然后用柱塞套紧固螺栓 14 将柱塞套凸缘紧固在泵体的上端面上，形成悬挂式结构。这种结构改善了柱塞套和喷油泵体的受力状态。供油时刻可通过增减柱塞套凸缘下面的调节垫片 15 来调整。悬挂式柱塞套结构简单、工作可靠。

（2）钢球式油量调节机构

在每个柱塞的控制套筒 8 上都装有一个小钢球，在调节拉杆 7 上有相应的凹槽。工作时，钢球与凹槽相啮合。移动调节齿杆，钢球便带动各柱塞控制套筒使柱塞转动，从而实现供油量的调节。P 型喷油泵各缸供油均匀性的调整与一般柱塞式喷油泵例如 A 型泵不同，它是通过转动柱塞套的方法来改变柱塞有效行程的。柱塞套凸缘上的螺栓孔是长圆孔，拧松紧固螺栓 14，柱塞套可绕其轴线转动 10°左右。当转动柱塞套时，改变了柱塞套油孔与柱塞的相对位置，从而改变了柱塞的有效行程，即改变了循环供油量。

（3）压力式润滑

凸轮轴、挺柱、调速器等均采用柴油机润滑系主油道中具有一定压力的机油进行润滑。这种润滑方式简单可靠。

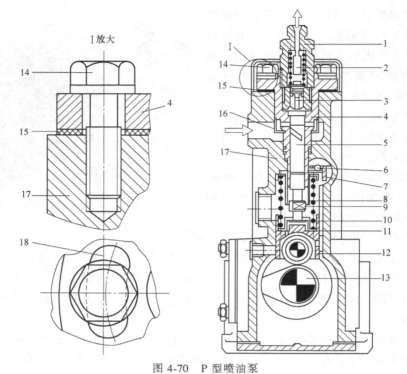

图 4-70 P 型喷油泵

1—出油阀压紧座　2—减容器　3—出油阀偶件　4—柱塞套　5—柱塞　6—钢球
7—调节拉杆　8—控制套筒　9—柱塞榫舌　10—柱塞弹簧　11—弹簧座　12—挺柱　13—凸轮轴
14—柱塞套紧固螺栓　15—调节垫片　16—导流罩　17—喷油泵体　18—柱塞套凸缘上的螺栓孔

（4）全封闭式泵体

P 型喷油泵采用了箱形全封闭式泵体，大大提高了喷油泵体的刚度，可以承受较高的喷油压力而不发生变形，以适应柴油机不断向大功率、高转速强化的需要。

2．调速器

国Ⅱ排放的 WD615 系列柴油机匹配的是 RQV 或 RQV-K 型全程式调速器。图 4-71 所示为 RQV-K 型全程式调速器结构与工作示意图。

喷油泵转动时，飞锤产生离心力，此离心力由飞锤上的调速弹簧平衡。当喷油泵转速升高时，飞锤离心力大于弹簧力，飞锤向外张开。转速降低时，飞锤离心力少于弹簧力，飞锤被压向合拢方向，直到两力平衡为止。飞锤的开合带动移动杆移动，通过一系列的杆件传递到供油齿杆上，齿杆控制喷油泵的供油量，从而起到调速的作用。

调速杠杆上开有活动块导槽，活动块活络地装在滑动支承杠杆上，杠杆与操纵臂铰接相连，操纵臂经杆系通过加速踏板操纵。操纵臂动作时，活动块在调速杠杆中上、下浮动。当调速器起作用时，调速杠杆绕活动块上的旋转中心左右摆动，通过活动块的位置变化，调速杠杆的传动比可以自动变化。因此，即使在离心力较小的怠速范围内，供油齿杆也能获得足够大的调整力。

该调速器总成为带正、负校正的全程调速器。当校正开始起作用的时候，随着转速的增加，飞锤的离心力克服了调速弹簧的恢复力，使移动杆及滑块发生位移，摆动臂绕轴顺时针转动，抬高滑块位置，亦即抬高了调速杠杆的位置。此时，安装于调速杠杆上的摆动片则靠

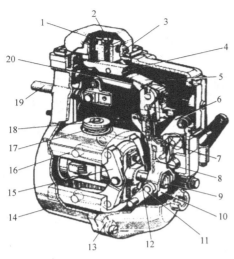
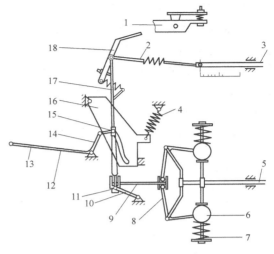

a) RQV-K调速器结构图 b) RQV-K调速器工作示意图

图 4-71　RQV-K 型全程式调速器结构与工作示意图

图 a)　1—导轨调整螺栓　2—固定螺栓　3—限位螺栓　4—限位器　5—摆动片　6—曲线导向板
7—活动块　8—调速杠杆　9—套筒　10—滑块　11—摆动臂　12—移动杆　13—调速器前盘
14—外壳　15—角形杠杆　16—飞锤　17—调速弹簧　18—调整螺母　19—齿杆　20—搭板

图 b)　1—曲线导轨限位器　2—搭板　3—齿杆　4—起动弹簧　5—凸轮轴　6—飞锤　7—调速弹簧
8—角形杠杆　9—移动杆　10—摆动臂　11—滑块　12—停车限制器　13—操纵臂　14—转动臂
15—活动块　16—曲线导向板　17—调速杠杆　18—摆动片

在曲线导轨限位器上滑动,使齿杆行程增加或减小,增大或减小供油量,实现负校正或正校正。校正曲线由限位器挡块工作轮廓形状确定。随着转速的继续升高,当超过标定转速时,由于飞锤离心力的作用,通过调速杠杆带动摆动片脱离曲线导轨限位器(此时转速称为调速器起作用转速),同时带动齿杆向减小油量的方向移动,使柴油机转速自动稳定在操作人员要控制的转速范围内。

3. 冒烟限制器

对于 WD615 系列增压型柴油机而言,为了配合废气涡轮增压器的充气特性,在喷油泵上还安装有一个冒烟限制器。

众所周知,涡轮增压器是提高柴油机充气量,从而提高柴油机功率的关键部件。由于增压器的充气特性,柴油机在中等转速以上,增压器的充气效果随转速增加而急骤增加。然而,在中等转速以下,则充气效果并不明显。因此,如果满足柴油机最大转矩与额定功率的需要所确定的供油量,在柴油机中低转速时,就会因进气量不足燃烧不完全而产生黑烟。为了既保证额定工况下的供油量,又不至于使中低转速冒黑烟,就在喷油泵上设置一个冒烟限制器(又称增压补偿器)。冒烟限制器有前置式和后置式两种。

目前欧Ⅱ、欧Ⅲ排放的 WD615 系列柴油机装用的 PS7100 和 PS8500 系列喷油泵用 RQV-K 型调速器上普遍匹配后置式冒烟限制器。如图 4-68、图 4-69 所示,所谓后置式冒烟限制器,就是冒烟限制器安装在喷油泵后部调速器壳上方位置。后置式冒烟限制器结构,如图 4-72 所示,由膜片 1、冒烟限制器弹簧 13 组成一对力的平衡关系,来控制限位块 5 的位移,从而实现供油量与进气量的匹配。

冒烟限制器在调速器壳上方安装，使限位块5刚好在RQV-K型调速器的曲线导轨限位器位置槽内，并与曲线导轨限位器处在并排平行的位置。也即安装在调速杠杆上端的摆动片面对两个限位装置：一个是决定摆动片位置的曲线导轨限位器（图4-71），另一个就是冒烟限制器的限位块5（图4-72）。当柴油机转速下降时，来自柴油机的气压也跟着下降。当气压下降到作用于膜片上的力小于气膜弹簧力时，气膜弹簧推动膜片部件移动。冒烟限制器总成膜片部件向左移动（即向齿杆减小油量的方向），通过活动轴带动限位块部件也向左移动，使调速杠杆上的摆动片靠在限位

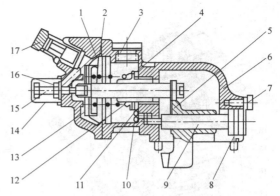

图 4-72 后置式冒烟限制器结构
1—膜片 2—推杆 3—调整口螺塞 4—调整槽齿 5—限位块
6—冒烟限制器体 7—锁止螺钉 8—密封圈 9—支承杆
10—锁止螺钉 11—锁片 12—调整套 13—弹簧 14—罩
15—限位调整螺钉 16—锁紧螺母 17—进气接头

块5上，从而使齿杆向减小油量的方向移动，达到控制油量的目的。因此冒烟限制器可以理解为一个供油校正装置，显然这是一个负校正装置，它随转速的增大而加大供油量。

4. 喷油器

WD615系列柴油机所用喷油器均为多孔直喷式喷油器，有FM喷油器和BOSCH喷油器，喷油器结构如图4-73所示。欧Ⅱ机型喷油器开启压力为（3000±50）kPa。

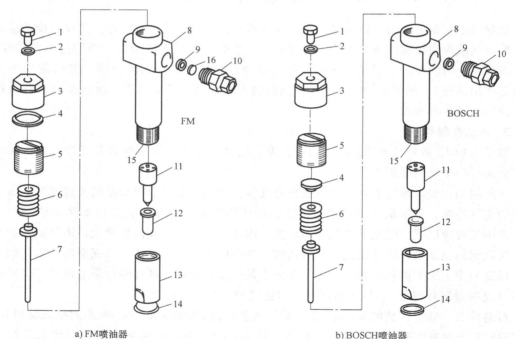

a) FM喷油器　　　　　　　　　　b) BOSCH喷油器

图 4-73 FM喷油器和BOSCH喷油器组成图
1—回油空心螺栓 2—纯铜垫片 3—调压弹簧紧固螺母 4—密封垫片 5—调压螺杆 6—调压弹簧
7—喷油器顶杆 8—喷油器本体 9—压环 10—进油管接头 11—喷油嘴 12—喷油嘴护套
13—喷油嘴紧固螺套 14—密封垫圈 15—定位销 16—滤芯

5. 燃油滤清器

WD615系列柴油机对燃油采取三级过滤，确保进入喷油泵的燃油清洁、无杂质。第一级集滤器，安装在工程机械车架上，采用金属网状滤芯，主要作用是滤去燃油中较大的杂质和燃油中的大部分水分，其底部有一个排污旋钮，用来排出沉淀到壳体底部的杂质。第二级和第三级为燃油粗、细滤清器，它们串联安装在柴油机上，两者合用一盖（图4-74）。粗滤清器为毛毡滤芯，可清洗后重复使用。细滤清器为纸质滤芯，不可清洗和重复使用。

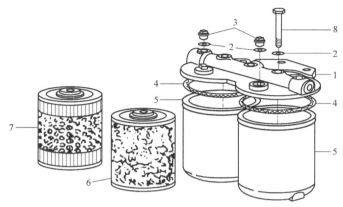

图4-74　燃油粗、细滤清器
1—滤清器盖　2—垫片　3—放气螺塞　4—橡胶密封圈　5—滤清器壳
6—毛毡粗滤芯　7—纸质细滤芯　8—螺栓

任务七　传统柴油机燃油供给系统常见故障及诊断排除

柴油机的故障，产生的原因很多，但大多集中在燃油供给系统。下面介绍传统柴油机燃油供给系统常见故障诊断与排除方法。

一、柴油机起动困难

柴油机起动困难，有以下几种情况：

1. 起动时排气管不冒烟

（1）故障现象

起动时听不到爆发声音，排气管没有烟排出，不能起动。

（2）故障原因

这种现象的实质是柴油没有进入气缸或喷油正时不正确，应从燃料的输送方面查找故障的原因。具体原因请见本教材"实训九"。

（3）故障诊断与排除

此故障主要是由于柴油机供给系统不正常，不能向燃烧室喷油或喷油正时所致。根据从易到难、从外到内的故障诊断与排除原则，在诊断故障时应首先判断故障是出在柴油供给系的低压油路还是高压油路，是附属元件故障或燃油牌号不对还是主元件故障。具体诊断排除流程请见本教材"实训九"。

2. 起动时排气管排出大量白烟

（1）故障现象

接通起动机后，柴油机不宜起动或起动后排气管排出大量白色烟雾，且慢慢熄火。

（2）故障原因

这种现象是因为排气中混有水蒸气所致。

1）柴油中有水分。

2）气缸垫冲坏或气缸盖螺栓松动使水进入燃烧室。

3）气缸体或气缸盖冷却液水套有破裂。

（3）故障诊断与排除

柴油机若在低温（特别是冬季）起动时，排气管排出白烟，而在机器温度升高后排烟正常，这是正常现象。

检查时，先拔出机油尺，观察机油油面是否升高，机油中是否有水（可通过机油颜色判断，机油颜色发白说明机油被水乳化），同时在起动柴油机时，观察散热器上部有无气泡冒出。如果有上述现象存在，应检查气缸垫是否烧毁、气缸盖螺栓有无松动、气缸盖和气缸体有无破裂漏水等。否则应检查柴油中是否有水，如果有，可将油箱及柴油滤清器放污塞打开，放出水分和沉淀物。

3. 起动时排气管排出灰白烟

（1）故障现象

接通起动机后，柴油机不易起动，起动时排出灰白色烟雾。

（2）故障原因

这种现象的实质是柴油已经进入气缸，但由于气缸内压力和温度低、供油时间过迟、燃油雾化不良等原因未能正常组织燃烧所致。

1）供油时间过迟：调整不当、联轴器上的调整螺栓松动。

2）外界温度低，预热装置失效。

3）气缸压力不足：气门间隙不当、气缸不密封。

4）喷雾质量差：喷油器的调整压力过低、针阀磨损严重。

5）供油量太小：低压油路溢流阀损坏使供油压力不足，引起喷油泵供油量减少；喷油泵出油阀密封不良、柱塞偶件磨损严重。

6）空气滤清器脏堵，造成供气不足。

（3）故障诊断与排除

检查低温起动预热装置是否完好，如果完好仍不能起动，应检查供油正时是否过迟及供应量是否过少。再检查喷油器雾化质量和喷油器针阀有无卡滞现象，还要检查气缸压力是否过低。

二、怠速不稳

（1）故障现象

柴油机怠速时，转速不稳定，柴油机抖动。怠速时易熄火或怠速过高。

（2）故障原因

1）各缸供油量不均匀：喷油泵柱塞磨损、出油阀不密封；喷油器针阀磨损，关闭不严、卡滞，喷孔堵；输油泵工作失常；燃油中有水、气。

2）各缸供油间隔角不准确。

3）各缸喷油压力不均匀，喷油雾化不良。

4）调速器失灵，怠速调整不当。

（3）故障诊断与排除

1）采用单缸断油法，检查有无故障缸。若有，检查故障缸的喷油器、喷油泵、气缸压力。

2）如果没有故障缸，进行怠速调整，检查调整调速器。

3）检查柴油中是否有水、有气。

三、柴油机动力不足

柴油机动力不足可分为以下几种情况。

1. 柴油机动力不足、排烟少，运转均匀

（1）故障现象

柴油机运转均匀，排烟较少，但无力。急加速时有少量黑烟排出，柴油机达不到最高转速。

（2）故障原因

这种现象说明气缸内混合气燃烧较完全，但最大供油量达不到要求，导致柴油机难以输出额定功率。具体原因如下：

1）加速踏板拉杆行程不能保证供给最大供油量。

2）调速器因调整不当或高速弹簧过软，引起额定转速下降。

3）喷油泵供油量调整不当，全负荷供油量不足。

4）喷油泵故障：柱塞偶件磨损，造成泄漏过多；出油阀密封不良、卡、弹簧折断；柱塞弹簧失效；滚轮、凸轮磨损。

5）低压油路供油阻力过大，造成供油压力过低。

6）喷油器喷孔积炭或调压弹簧的弹力调整不当。

7）输油泵滤网、油管、柴油滤清器堵塞或低压油路溢流阀失效，引起低压油路供油压力过低。

8）柴油牌号不对。

（3）故障诊断与排除

1）起动柴油机，中速运转，拆下一只喷油器观察喷油情况。若喷油无力且雾化不良，再拆下喷油泵进油管检查出油情况。出油量充足，故障在高压油路；出油量少，故障在低压油路。

2）将加速踏板踏到底，若喷油泵操纵臂不能使油量调节拉杆移动到最大供油量位置，则应检修加速踏板拉杆或加速踏板轴。

3）踏下离合器踏板，并将加速踏板踏到底，观察车上柴油机转速表，如果低于柴油机最高转速，则应检查调速器高速限制螺栓和最大供油量限制螺栓。

4）拆下喷油器检查喷油器针阀的密封性和喷油压力。

5）在低温季节，还应检查柴油牌号是否合乎要求。

2. 柴油机动力不足，排黑烟

（1）故障现象

柴油机运转无力且排黑烟。加大油门时，出现敲击声。

（2）故障原因

这种现象主要是由于燃料不完全燃烧造成的，具体原因有：

1）空气滤清器严重堵塞，造成进气量不足。

2）喷油泵供油过多或各缸供油不均匀度过大。

3）气门间隙过大或气缸磨损严重，造成气缸压力过低。

4）喷油器故障：针阀关闭不严或卡在开启位置；调压弹簧过软、折断或喷油压力调整螺栓松动。

5）供油正时过早或过迟。

6）柴油质量低劣。

（3）故障诊断与排除

1）拆下空气滤清器，观察排气颜色，若排黑烟情况有好转，则故障为空气滤清器堵塞严重所造成。

2）在柴油机运转时，可逐缸断油试验。当某缸断油时，若柴油机转速明显降低，黑烟减少，敲击声减弱或消失，则说明该缸供油量过多；若柴油机转速变化小而黑烟消失，则说明该缸喷油器喷雾质量差。找出故障缸后，再进一步查明故障原因。如该缸喷油泵柱塞副的磨损情况、扇形齿轮固定螺栓有无松动、柱塞弹簧有无折断等。若均正常，则可换装新喷油器进行对比试验。若用新喷油器时故障消失，则说明原喷油器有故障。拆下喷油器，检查其喷油压力、喷雾质量。必要时进行清洗和调试。

3）拆下喷油泵边盖，比较故障缸与其他各缸的挺柱上升到最高位置时，柱塞顶部的余隙（可用旋具撬动检查）。若余隙的差值较大，则可能是该缸挺柱调整螺栓调整不当或松动，引起个别缸供油时间过迟。旋松锁紧螺母，则可通过转动调整螺栓予以调整，直到黑烟和敲击声均减轻或消失为止。必要时，应拆下喷油泵，在试验台上进行试验。

4）若上述检查均正常，但该缸仍燃烧不良，则故障是因气缸压力低引起的。应检查气缸、活塞和活塞环是否磨损漏气或气门密封不良。

四、柴油机运转不稳并伴有敲击声

（1）故障现象

柴油机运转不稳，伴随着排气管排烟，而产生敲击声。加速时敲击声加剧。转速升高后敲击声减弱或消失，急速时又出现敲击声。

（2）故障原因

1）供油时间过早。

2）各缸供油量不均匀。

3）喷油器不密封，出现滴漏，喷油雾化不良。

4）气缸压力不足。

5）选用的柴油牌号不当。

6）进气不足。

(3) 故障诊断与排除

1) 如果敲击声比较均匀，则说明各缸的工作情况一致。

① 首先检查空气滤清器滤芯是否脏、堵。

② 检查供油正时是否正确。若供油过早，响声尖锐、清脆，排气管排黑烟，怠速不良；若供油过迟，响声沉闷，柴油机过热、无力，排气管排黑烟。调整供油提前角，故障现象无明显变化，应检查柴油牌号选择是否适当。

③ 检查调速器弹簧是否过软，调速器怠速弹簧过软，也会使柴油机运转不稳，其检查方法是：用手的压力使弹簧压缩到极限位置，若放开后不能自动回位，则说明弹簧过软或折断。

2) 如果敲击声不均匀，说明故障是由于各缸工作情况不一致引起的可用单缸断油法、感温法、观色法找出故障缸。检查故障缸的气缸压力、喷油器、喷油泵、供油正时。

五、柴油机"游车"

(1) 故障现象

1) 柴油机在运转时，加速踏板停留在一定位置不动，而柴油机的转速在较大的范围内周期性地忽快忽慢地变化。

2) 加、减油时柴油机转速变化不及时，柴油机无力。

(2) 故障原因

1) 喷油泵油量调节拉杆卡滞、移动不灵活。

2) 齿圈与齿条或调节叉与调节臂之间运动不灵活。

3) 喷油泵凸轮轴轴向间隙过大。

4) 油量调节机构机件配合松旷。

5) 柱塞套安装不良，使调节齿杆（或拨叉）不能游动自如。

6) 柱塞调节臂或扇形小齿轮变形或松动，使齿杆不能游动自如。

7) 调速器内机油太脏、过稠或过少。

8) 调速弹簧变形或折断。

9) 飞块组合件与保持架之间运动不灵活。

10) 调速器飞块收张距离不一致。

(3) 故障诊断

1) 检查调速器内机油是否太脏、过稠或过少。机油太脏或过稠都将增大阻力，降低调速器的灵敏度。其中对飞块式的调速器的影响最为明显。

2) 拆下喷油泵检视窗盖板，用手握住油量调节拉杆（或齿圈），使齿杆轻轻移动。若油量调节拉杆移动阻力较大，则说明故障是由机件移动阻力大引起的。应拆下调速器盖，使油量调节拉杆与调节器脱开。若这时油量调节拉杆能在倾斜45°时自行滑动，则说明阻力在调速器内部，可能是调速器各连接点过紧，如离心飞块收张不灵活、滑套阻力过大等。如果油量调节拉杆与调速器脱开后仍只能在小范围内推动，则说明阻力在调速器以外，即可能是某缸喷油泵柱塞套在泵体内安装不垂直，使调节叉（或齿杆）拉动不灵活；柱塞调节臂（或扇形齿轮）弯曲变形或松动，使油量调节拉杆不能灵活拉动；柱塞套的定位螺栓拧紧力过大，造成柱塞套与泵体不垂直，柱塞往复运动时不灵活。

工程机械柴油机结构与检修

3）如果油量调节拉杆运动自如，"游车"原因多系调速器各部位连接点松旷，如飞块销孔和座架磨损过大；供油齿杆齿隙过大；齿条（或调节叉）拉杆销子松动；凸轮轴轴向间隙过大；调速器外壳磨损松旷等。必要时检修调速器，以恢复各活动部位的正常配合间隙。

4）检查喷油泵凸轮轴轴向间隙。如果超过规定范围，应进行调整。

5）检查调速器飞块行程和调速弹簧的预紧度，使两飞块的行程和两组调速弹簧的预紧度基本相同。

六、柴油机"飞车"

（1）故障现象

柴油机转速失控，急剧上升并超过最高允许转速，同时伴有巨大异常响声的现象，即为"飞车"。柴油机"飞车"是非常危险的，如果不及时采取措施予以消除，短时间内就会造成柴油机事故性损坏，甚至发生人员伤亡。

（2）故障原因

1）喷油器和调速器故障

① 供油拉杆被卡死在某一供油位置。

② 某缸的柱塞与柱塞套卡死在供油位置，不能相对转动。

③ 供油拉杆与调速杠杆之间的连接中断。

④ 飞块式调速器的飞块组合件锈死。

⑤ 调速弹簧折断。

⑥ 调速器总成从凸轮轴上脱落，调速器失效。

⑦ 柱塞的油量调整齿圈固定螺栓松动，使柱塞失去控制。

⑧ 调速器内的机油数量太多、太稠或过脏，飞块难以甩开。

2）额外的柴油或机油进入气缸燃烧。

① 低温起动装置的电磁阀漏油，使低压油路的柴油经电磁阀进入进气歧管，再进入气缸燃烧。

② 空气滤清器的滤芯清洗后，滤芯上的柴油或机油没有吹干滴尽而被吸入气缸。

③ 机油窜入气缸燃烧。

（3）故障诊断与排除

1）若抬起加速踏板后，柴油机转速随之降低或熄火，则说明故障是因机油过稠或调速器总成从凸轮轴上脱落引起的。

2）抬起加速踏板后，柴油机转速继续升高，故障可能是油量调节拉杆卡住，柱塞与柱塞套卡死，调速器内部机件卡死或供油拉杆与调速器连接的某一部位卡住等原因造成的。

如果拉出熄火拉钮后，柴油机转速仍继续升高，说明故障是由于油量调节拉杆被卡在供油位置引起的。拆下喷油泵检视窗盖板，用手拨动齿圈或油量调节拉杆。若拨不动，则可证实油量调节拉杆与泵体座孔或柱塞卡死。

3）若拉出熄火拉钮后，柴油机能熄火，则说明油量调节拉杆和柱塞均未被卡死，应检查调速器与油量调节拉杆的连接是否可靠，调速器飞块销是否脱出，调速器总成与凸轮轴之间是否松脱（飞块或调速器）。

4）分解检查调速器内部零件。

5）若燃油供给系良好，应检查气缸有无额外进入的燃油或机油。例如，增压器机油是否漏入气缸，气缸密封性如何，是否上窜机油，低温起动预热电磁阀是否关闭可靠等。

（4）发生"飞车"应采取的措施

1）抬起加速踏板，有熄火拉钮的柴油机应拉出熄火拉钮，有减压杆的柴油机应提起减压杆，有排气制动阀的柴油机则踩下（或按下）排气制动阀开关，迫使柴油机熄火。

2）挂高速档，踩下制动踏板，慢抬离合器，或同时将工程机械驶向路旁砂石堆等障碍物，强制柴油机熄火。

3）堵塞进气口，切断进气。

4）松开全部高压油路，切断供油。

以上几种紧急熄火法应根据具体条件灵活运用，以使柴油机尽快熄火为原则。如果在工程机械上发生飞车，应采用前两种办法熄火。如果柴油机还没有装车时发生飞车，则应采用后两种方法熄火。

实训八　喷油泵供油提前角检查与调整

1. 实训目的

掌握喷油泵提前角检查和调整的方法和操作步骤。

2. 实训设备

康明斯6BT柴油机；喷油泵专用扳手；螺钉旋具等。

3. 实训原理与方法

（1）供油提前角检查与调整的意义与一般程序

柴油机供油提前角的大小与喷油方法、燃烧室形状、压缩比、曲轴转速、燃油质量等有关。因此，对于不同型号的柴油机，其供油提前角亦往往不同。这个提前角应按照该机型说明书的要求进行检查和调整。

任何柴油机通常都有两种提前角，喷油提前角和供油提前角，两者不同。一般喷油提前角与供油提前角之间间隔相差8°左右。在修理中，大都是检验供油提前角以察知供油时间是否正确。

检查与调整供油提前角的程序：一般是先转动曲轴，使第一缸的活塞到达压缩行程的上止点前某一规定供油提前角度处停止，再使喷油泵的第一缸单泵处于供油始点位置，将喷油泵驱动轴与喷油泵凸轮轴的联轴器接好，如前面的图4-27所示。此时，喷油泵轴承盖板上标记线应与定时刻线相重合。转动曲轴，再重复检查一次。若供油提前角与规定要求稍有出入，可旋松联轴器上两个调整螺钉，变动驱动盘与联轴器的相互位置，进行适当调整。

（2）供油提前角的检查方法

供油提前角的检查方法因机型而异，除了上述标记法外，通常还可采用冒油法、照光法等。我们以"冒油法"为例进行检查。

检查步骤：

1）检查飞轮壳上止点指针位置的准确性。

2）用手动油泵排除燃油系统的空气。

3）将柴油机盘车至喷油泵供油位置附近，检查时拆下喷油泵上的高压油管，并接上有助于清晰观察液面变化的玻璃管接头。

4）然后将燃油手柄置于标定供油位置，手动喷油泵柱塞使燃油在玻璃管中上升到一定可见高度。

5）缓慢盘车同时注视玻璃管中液面位置。液面刚上升的时刻，此时停止盘车。

6）曲轴飞轮上的指示刻度即为相应的供油提前角，看测量的供油提前角是否在规定值范围之内。对多缸柴油机可按气缸工作顺序依次检查。

（3）喷油泵供油正时的调整方法

1）转动凸轮法：各种类型柴油机喷油泵结构类型或传动方式不尽相同，但只要改变喷油泵凸轮轴与柴油机曲轴之间的相对角位置，即可改变喷油泵凸轮的相位，喷油泵的供油正时也发生改变。调节整机的供油正时可松脱喷油泵凸轮轴联轴器，调节好角度后再重新连接。调节规律是：凸轮轴相对曲轴超前时，供油提前；反之则滞后。通过转动凸轮法，使喷油泵各分泵的供油提前角做相同数量的调整。

2）喷油泵调节螺钉调整法：它是通过喷油泵传动装置中滚轮传动部件上的调节螺钉，改变柱塞与喷油凸轮的相对位置，实现喷油泵单个分泵的供油提前角的调整，以此保证多缸柴油机的供油提前角一致。调整时，松开锁紧螺母，将螺钉旋上，则柱塞向上移动，供油提前角加大；反之则供油提前角减少。

3）垫片调整法：对于单体式喷油泵，泵体与底座的安装处装有一定厚度的可供调节的垫片。增加垫片，则供油提前角减少，反之则增大。

（4）康明斯6BT柴油机供油提前角的调整步骤

首先转动柴油机飞轮，如图4-75所示，将曲轴处于第一缸压缩上止点位置，然后根据刻度线将飞轮反向转动一定角度（等于柴油机的供油提前角）；若喷油泵泵体上标记线应与定时刻线不重合，如图4-76所示将喷油泵联轴器上的紧固螺栓松开，转动自动供油提前器上的驱动盘，使其上的刻线和喷油泵体上的刻线对准，最后拧紧联轴器紧固螺栓即可。

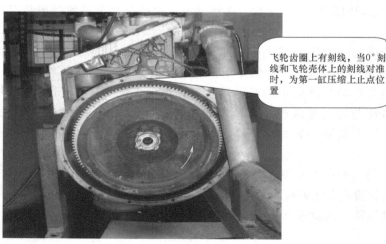

图 4-75　柴油机曲轴位置调整

项目四 传统柴油机燃油供给系统结构与检修

图 4-76 喷油泵凸轮轴调整

实训九 传统柴油机燃油供给系统典型故障诊断与排除

1. 实训目的

掌握柴油机燃油供给系统典型故障诊断和排除的一般流程。

2. 实训设备

康明斯 6BT 柴油机、通用工具、密封圈等易损件备件、柴油滤芯、规定牌号柴油等。

3. 实训原理与方法

（1）故障现象

起动时听不到爆发声音，排气管没有烟排出，不能起动。

（2）故障原因

这种现象的实质是柴油没有进入气缸，或喷油正时不正确，应从燃料的输送方面查找故障的原因，根据柴油机燃油供给系统原理，一般可从四个方面考虑：输油泵不供油、输油泵供油但喷油泵不喷油、喷油正时不准确、喷油器喷油质量不良。

具体故障点：

1) 输油泵故障。进油口滤网堵塞、止回阀损坏、活塞或推杆发卡、活塞弹簧折断、活塞磨损严重等。

2) 喷油泵损坏。泵内有空气、喷油泵供油拉杆被卡死在不供油的位置、油门操纵拉杆脱落、喷油泵驱动联轴器损坏、柴油机不能驱动喷油泵、出油阀磨损、柱塞磨损。

3) 喷油正时不准确。喷油泵正时与柴油机的供油提前角未配合好、挺柱体滚轮磨损过度、凸轮磨损过度、正时锁紧销损坏。

4) 喷油器故障。弹簧弹力不正常，喷孔堵塞，针阀卡滞等。

（3）故障诊断与排除

此故障主要是由于柴油机供给系统不正常，不能向燃烧室喷油或喷油正时所致。根据从易到难、从外到内的故障诊断与排除原则，在诊断故障时应首先判断故障是出在柴油供给系统的低压油路还是高压油路，是附属元件故障或燃油牌号不对，还是关键元件故障。具体诊断排除流程如下。

首先，进行柴油机低压油路排气。先将喷油泵上的放气螺塞旋松，用手油泵泵油。若放气螺孔不流油或流出含大量气泡的泡沫柴油，并且在反复手泵后，气泡仍不见消失，则表明低压油路故障。若放气螺孔处流油正常且无气泡出现,但各缸喷油器无油喷出,则说明故障在高压油路。

1) 低压油路故障排除

若低压油路故障,则首先进行如下部位检查:

① 检查柴油牌号是否正确,冬季使用夏季用油,冷凝后析出石蜡易堵塞油路。

② 检查油箱是否有油、油箱开关是否打开、油箱滤网是否脏、堵。

③ 检查熄火拉钮是否退回。

④ 检查柴油滤清器滤芯是否脏、堵。

⑤ 检查油路中管路是否破裂或管接头漏油、堵塞。

⑥ 若环境温度较低,是否为油路中含水结冰使油路堵塞。

以上故障点逐一排查后,进行输油泵的检查与排除。如图 4-77 所示,拆下输油泵手柄体,取出输油泵止回阀,检查止回阀是否存在表面不平整或磨损现象,若损坏必须更换。

 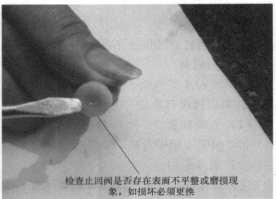

图 4-77 输油泵止回阀检查

如图 4-78 所示,用手推动输油泵挺柱是否卡滞,若出现卡滞必须更换总成。

2) 高压油路故障排除

若高压油路故障,则按下列顺序进行排查:

① 检查油门拉杆是否脱落。检查时,接通起动机,观察喷油泵输入轴是否转动。若喷油泵输入轴不转动或转动太慢,则应检查联轴器有无断裂、固定螺栓是否松动、半圆键是否损坏。若不正常,应予修理或更换新件。

② 检查各高压油管有无因破裂或接头松动、密封圈损坏而漏油。

③ 如图 4-79 所示,拆下喷油泵侧盖,检查供油调节齿杆是否移动灵活,若卡在停油位置,应确认原因并恢复正常。

④ 拆下喷油泵的高压油管,用手油泵泵油。在泵油时,若出油阀处有油溢出,则说明出油阀卡滞或磨损、出油阀弹簧折断或密封面有污物,应予清洗、修理或更换磨损件(图 4-80)。

⑤ 若出油阀无油溢出,则应检查高压油路中有无空气。可将调节拉杆放在最大供油量位置上,用螺钉旋具撬动喷油泵柱塞弹簧座,做泵油动作,使柴油从出油阀中喷出,直到不夹有气泡时为止。旋紧高压油管,再撬动喷油泵柱塞弹簧座几次,使喷油器喷出柴油,听到有清脆的泵油声音为止。

图 4-78 输油泵挺柱检查

图 4-79 喷油泵供油调节齿杆检查

⑥ 若故障仍未排除，检查喷油泵正时与柴油机的供油提前角是否配合好、挺柱体滚轮是否磨损过度、凸轮是否磨损过度、喷油泵正时锁紧销是否损坏。

⑦ 经过以上检查若均正常，仍不能起动，可将喷油器从缸盖上拆下，喷油器在缸外接到高压油管上，用螺钉旋具撬动喷油泵柱塞弹簧座，做泵油动作。若喷油质量不良，则应拆检喷油器，查看弹簧弹力是否正常，喷孔有无堵塞，针阀有无卡滞等。若有，视情调整、修理或更换零件。

图 4-80 喷油泵出油阀检查

复习思考题

一、单项选择题

1. 柱塞喷油泵每循环供油量的多少，取决于（　　）。
   A. 喷油泵凸轮轴升程的大小　　B. 柱塞有效行程的长短
   C. 喷油泵出油阀弹簧张力的大小　　D. 柱塞行程的长短

2. 柱塞喷油泵通过调整滚轮体的调整螺钉可以（　　）。
   A. 改变喷油泵各分泵的供油提前角　　B. 改变喷油泵的供油压力
   C. 改变喷油泵的循环供油量　　D. 改变各分泵的有效行程

3. 柴油机的供油提前角是指（　　）。
   A. 从泵油始点到喷油始点　　B. 从泵油始点到燃烧始点
   C. 从泵油始点到活塞上止点　　D. 从泵油始点到着火点

4. 柴油机安装调速器是为了（　　）。
   A. 维持柴油机转速稳定　　B. 维持供油量不变
   C. 自动改变工程机械速度　　D. 自动调整供油提前角

5. 松开喷油泵放气螺钉，上下提按手油泵，放气螺钉处无油流出，说明（　　）。
   A. 低压油路故障　　　　　　　　　　B. 高压油路故障
   C. 高、低压油路均有故障　　　　　　D. 不确定
6. 康明斯 PT 燃油系统中的"PT"是（　　）的缩写。
   A. 压力和时间　　　　　　　　　　　B. 压力和温度
   C. 流量和温度　　　　　　　　　　　D. 流量和时间

二、多项选择题
1. 通常将混合气形成与燃烧过程按曲轴转角划分为（　　）。
   A. 滞燃期　　　　B. 速燃期　　　　C. 缓燃期　　　　D. 后燃期
2. 柴油机燃烧室常见的有（　　）。
   A. 直喷式　　　　B. 预燃室式　　　C. 涡流室式　　　D. 湍流式
3. 柴油机两速调速器是为了控制柴油机的（　　）。
   A. 转速　　　　　B. 最高转速　　　C. 稳定怠速　　　D. 最大转矩
4. 采用直列柱塞喷油泵的柴油机燃油供给系统的偶件有（　　）。
   A. 针阀与针阀体　　　　　　　　　　B. 出油阀与出油阀座
   C. 喷油泵与喷油器　　　　　　　　　D. 柱塞与柱塞套
5. 柱塞喷油泵的组成为（　　）。
   A. 泵油机构　　　　　　　　　　　　B. 供油量调节机构
   C. 驱动机构　　　　　　　　　　　　D. 泵体

三、判断题
1. 分隔式燃烧室一般采用轴针式喷油器，喷油压力要求不高。（　　）
2. 柴油机的速燃期是指从燃油喷入气缸起，到压力最大时为止的时间。（　　）
3. 在工程机械上使用的柴油机，往往采用两速式调速器。（　　）
4. PT 燃油系统油量调节由 PT 燃油泵完成，高压的产生和定时喷射则由 PT 喷油器完成。（　　）
5. WD615 柴油机喷油泵上冒烟限制器的作用是防止中低转速时冒黑烟。（　　）
6. 工程机械柴油机分配泵多用轴向压缩式，也称单柱塞分配泵或 VE 泵。（　　）

四、简答题
1. 简述泵-管-嘴传统柴油机燃油供给系统的组成与工作过程。
2. 柴油机混合气形成与燃烧过程按曲轴转角划分成哪四个阶段？这四个阶段各有何特点？
3. 简述 PT 燃油系统喷油器的喷射过程。
4. 简述 VE 分配泵的工作原理。
5. 某柴油机怠速时出现转速不稳定、抖动，列出故障原因和故障诊断排除方法。

项目五

电控柴油机燃油供给系统结构与检修

任务一 电控柴油机燃油供给系统认识

1.1 任务引入

柴油机电控燃油供给系统的研究开始于20世纪70年代，80年代进入应用阶段，90年代得到迅速发展。它对提高柴油机的动力性能、经济性能、运转性能和排放性能都产生了极大的影响。

传统的柴油燃油供给系统是采用机械方式进行喷油量和喷油时间调节和控制的。由于机械运动的滞后性，调节时间长、精度差，喷油速率、喷油压力和喷油时间难于准确控制，导致柴油机动力性能、经济性能不能充分发挥，排放超标。研究表明，一般机械式喷油系统对喷油定时的控制精度为2°CA（曲轴转角）左右。而喷油始点每改变1°CA，燃油消耗率会增加2%，HC排放量增加16%，NO_x排放量增加6%。

与传统的机械方式比较，电控柴油燃油供给系统具有如下优点：

1) 对喷油定时的控制精度高（高于0.5°CA），反应速度快。
2) 对喷油量的控制精确、灵活、快速，喷油量可随意调节，可实现预喷射和主喷射，改变喷油规律。
3) 喷油压力高（高达200MPa），不受柴油机转速影响，优化了燃烧过程。
4) 无零部件磨损，长期工作稳定性好。
5) 减轻重量、缩小尺寸、提高柴油机的紧凑性。
6) 部件安装、连接方便，提高了维修性。
7) 结构简单，可靠性好，适用性强，可以在新老柴油机上应用。

1.2 相关知识

1. 电控柴油机燃油供给系统的类型

电控柴油机燃油供给系统按其直接控制的量可分为三大类，即位置控制系统、时间控制系统和时间压力控制系统。

第一代柴油机电控燃油供给系统是采用位置控制系统。它不改变传统的燃油系统的工作原理和基本结构，只是采用电控组件，代替调速器和供油提前器，对分配式喷油泵的油量调节套筒或柱塞式喷油泵的供油齿杆的位置,以及油泵主动轴和从动轴的相对位置进行调节,以控制喷油量和喷油定时。此系统的优点是,无须对柴油机的结构进行较大改动,生产继承性好,便于对现有机型进行技术改造。它的缺点是,控制系统执行频率响应慢、控制精度低。喷油速率和喷油压力难于控制,而且不能改变传统喷油系统固有的喷射特性,因此很难较大幅度地提高喷射压力。

第二代柴油机电控燃油供给系统是采用时间控制方式,其特点是在高压油路中,利用电磁阀直接控制喷油开始时间和结束时间,以改变喷油量和喷油定时。它具有直接控制、响应快等特点。

第三代高压共轨系统也称为直接数控系统(时间压力控制系统),高压油泵主要给共轨管提供合适的高压燃油,喷油量及喷油正时由喷油器上的电磁阀精确控制。

电控柴油机燃油供给系统根据其产生高压燃油的机构,可分为直列泵电控燃油供给系统、分配泵电控燃油供给系统、单缸泵电控燃油供给系统、泵喷油器(泵喷嘴)电控燃油供给系统和共轨式电控燃油供给系统等。

2. 电控柴油喷射的基本原理

电控柴油燃油供给系统由传感器、控制单元(ECU)和执行元件三部分组成(图5-1)。传感器采集柴油机曲轴位置、凸轮轴位置、共轨燃油压力、进气温度、进气压力、加速踏板位置等信号,并将检测的参数输入给ECU,ECU对来自传感器的信息同储存的参数值进行比较、运算,确定最佳运行参数。执行机构按照最佳参数对喷油压力、喷油量、喷油时间、喷油规律等进行控制,驱动喷油系统,使柴油机工作状态达到最佳。

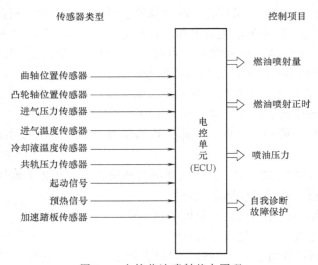

图 5-1 电控柴油喷射基本原理

任务二 电控直列泵燃油供给系统结构原理认识

2.1 电控直列泵燃油供给系统组成

电控直列泵燃油供给系统示意图如图 5-2 所示。在电控直列泵燃油系统中,由调速器执行机构控制调节齿杆的位置,从而控制供油量;由提前器执行机构控制柴油机驱动轴和喷油泵凸轮轴间的相位差,从而控制喷油时间。调速器执行机构和提前器执行机构是电控直列泵系统中的两个特殊机构。

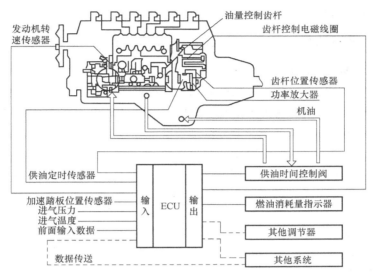

图 5-2 电控直列泵燃油供给系统示意图

电控直列泵系统属于电控柴油机的早期产品,主要用在载货车辆装备的柴油机上,以改善柴油的燃油经济性与排放性,其方案很多,比较典型的是电控滑套式直列泵,其组成如图5-3 所示。

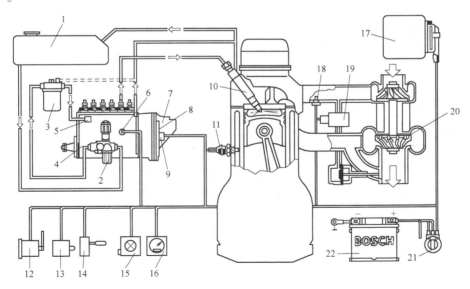

图 5-3 电控直列泵燃油系统组成

1—油箱 2—输油泵 3—燃油滤清器 4—直列式喷油泵 5—电子停油装置 6—燃油温度传感器
7—油量调节齿杆位置传感器 8—线性电磁执行机构 9—转速传感器 10—喷油器 11—冷却液温度传感器
12—加速踏板位置传感器 13—离合器、制动和排气制动开关 14—操纵板 15—警告灯和故障诊断座 16—车速表
17—ECU 18—进气温度传感器 19—增压压力传感器 20—涡轮增压器 21—电开关 22—蓄电池

这种系统是对传统的机械式喷油泵进行的改进，在喷油泵中增设了控制油量拉杆的电控调速机构，以及控制柱塞滑套的电控供油正时调节机构。各种传感器将柴油机的运行参数和驾驶人的操作意图传给ECU，ECU根据上述信息进行计算后，控制喷油泵中相关执行机构的工作，使柴油机获得最佳的供油正时和供油量。

2.2 电控直列泵燃油供给系统主要部件构造与工作原理

1. 电控供油正时调节机构

在机械式喷油泵中实现供油正时的电控调节有很多种方案，如将滚轮挺柱体调节螺钉做成活动可调的形式；用液压机构推动滚轮体横向移动，使其中心线与凸轮中心错位的形式；将柱塞做成上、下两部分，以油压控制柱塞总长度的方式；将柱塞设计成可上下滑动的等，其中最为成熟、应用最为广泛的是滑套式调节机构。

电控直列泵的滑套式电控供油正时调节机构由柱塞、滑套、油量调节齿杆、滑套调节轴、供油正时调节器等组成（图5-4）。滑套2和柱塞4构成一对精密偶件，滑套位于柱塞的下半部分，在喷油泵的低压油腔内，而柱塞上部又与柱塞套1精密配对，构成高压油腔。柱塞上下运动产生高压油的工作原理与传统直列柱塞泵相似。不同之处是滑套的运动由供油正时调节器控制，它是一个线性电磁执行器，电磁线圈的磁力使铁心移动，带动滑套调节轴（见图5-4中的7）转动，再拉动滑套作上下移动，从而达到改变柱塞预行程和供油始点的目的。滑套上移，预行程增加，供油推迟；反之，预行程减小，供油提前。

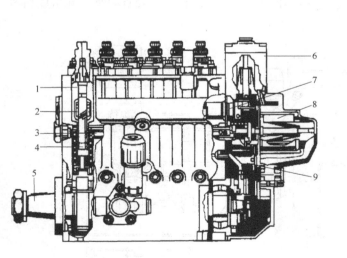
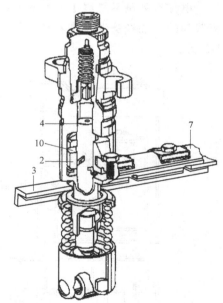

图5-4 滑套式电控供油正时调节机构

1—柱塞套 2—滑套 3—油量调节齿杆 4—柱塞 5—喷油泵凸轮轴 6—供油正时调节器
7—滑套调节轴 8—电子调速器 9—齿杆位移传感器 10—回油孔

2. 调速器执行机构

调速器执行机构如图5-5所示。电控直列泵系统中，调速器执行机构的作用相当于飞块，用电磁作用力或电磁液压力代替离心力控制齿杆位移。

流经线性螺线管中的电流增加时，则可动铁心在图5-6中箭头所示方向被吸引，并和复位弹力平衡在某个位置。控制齿杆和可动铁心连接在一起，和可动铁心一起运动，从而改变喷油量，如图5-6所示。

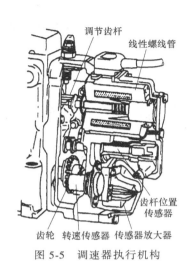

图 5-5 调速器执行机构　　　　　图 5-6 调速器执行机构控制喷油量示意图

在调速器执行机构的箱体内，还装有齿杆位移传感器、传感器放大器和转速传感器等。

调速器执行机构通过计算机计算出最佳喷油量，用线性螺线管、线性直流电动机等代替传统的杠杆机构，电动地控制调节齿杆的位移。因此，可以根据柴油机的运行状态将喷油量控制到最佳。

3. 提前器执行机构

提前器执行机构位于柴油机驱动轴和凸轮轴之间，调节两轴之间的相位，而且由它传递喷油泵的驱动转矩。因此，相位调节需要很大的作用力，大多采用液压进行调节。

角度提前机构的典型例子是偏心凸轮方式和螺线形花键轴。偏心凸轮方式的实例如图5-7所示。

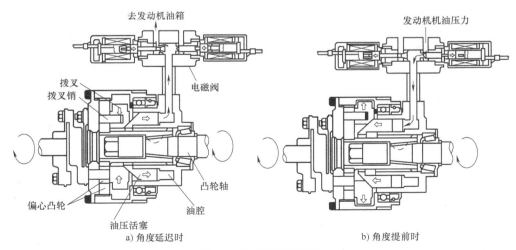

图 5-7 提前器执行机构

电磁阀由 ECU 驱动，控制作用在油压活塞上的油压。油压活塞左右移动使转换机构上下运动，从而改变柴油机驱动轴和凸轮轴之间的相位。

相位差的检出方法如图 5-8 所示。

柴油机驱动轴和凸轮轴上分别装有转速脉冲发生器和提前角脉冲发生器，如图 5-9 所示。对应两个脉冲发生器分别装置了传感器。从这两个传感器的信号 n_e 和 n_p 可检出两者的相位差。

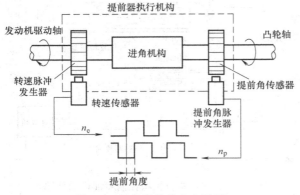

图 5-8　相位差的检出方法图

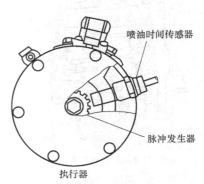

图 5-9　转速脉冲发生器和提前角脉冲发生器

任务三　电控分配泵燃油供给系统结构原理认识

3.1　电控分配泵燃油供给系统组成

电控分配泵燃油供给系统示意图如图 5-10 所示，是根据各种传感器的信息检测出柴油机的实际运行状态，由计算机完成如下控制：喷油量控制；喷油时间控制；怠速转速控制。

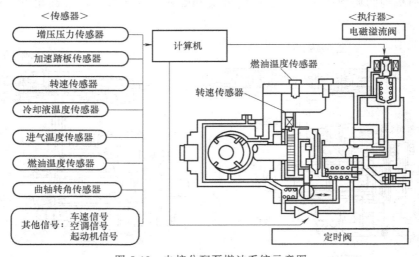

图 5-10　电控分配泵燃油系统示意图

从原理方面来说，电控分配泵燃油供给系统的构成，除喷油泵外，几乎和直列泵系统完全一样。

电控分配泵燃油供给系统按喷油量、喷油时间的控制方法可分为两类：位置控制式和时间控制式。本任务仅介绍位置控制式分配泵燃油供给系统。

轴向柱塞式分配泵"位置控制"式电控系统的基本组成如图 5-11 所示。该系统利用电子调速器通过控制分配泵中的油量控制滑套位置来实现供油量的控制，利用电磁阀通过控制供油提前角自动调节器中正时活塞两侧的油压（决定正时活塞位置）来实现供油正时控制。

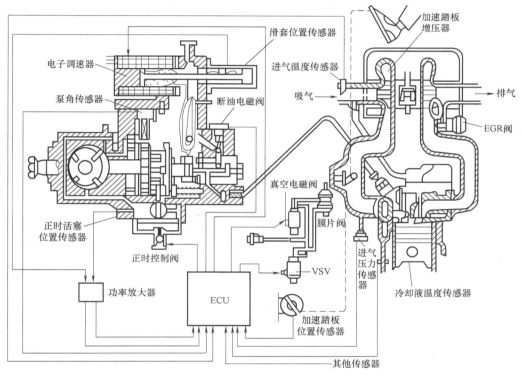

图 5-11 轴向柱塞式分配泵"位置控制"式电控系统的组成

3.2 电控分配泵燃油供给系统工作原理

1. 供油量的控制

电子调速器的结构如图 5-12 所示，由定子、转子、线圈、转子轴和滑套位置传感器等组成，转子轴下端的偏心钢球伸入油量控制滑套的凹槽中。

如图 5-13 所示，"位置控制"式电控分配泵，是由 ECU 控制电子调速器来控制滑套的位置，从而实现油量调节的。

当给线圈通入的直流电流变化时，就会产生使转子轴转动的电磁力矩。当电磁力矩与转子轴回位弹簧力矩平衡时，转子轴就会固定在某一位置。转子轴转动时，通过伸入滑套凹槽内的偏心钢球使滑套轴向移动，从而改变喷油泵的供油量。ECU 根据柴油机的工况计算出目标供油量，通过驱动回路控制流经线圈的电流方向，来控制转子轴的转动方向。再通过控制通电占空比来控制转子轴转动的角度，从而实现供油量的控制。滑套位置传感器安装在转子轴上，ECU 通过该传感器检测到的转子轴位置信号，确定油量控制滑套的实际位置，并

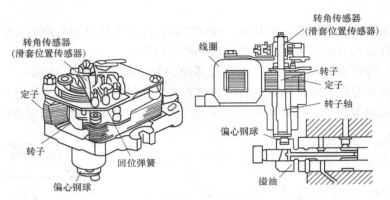

图 5-12 电子调速器的结构

对滑套位置（供油量）进行闭环控制。即驱动回路根据 ECU 的指令一边反馈控制执行机构的位置，一边控制输出。

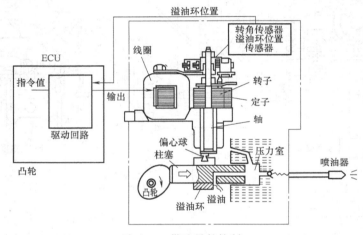

图 5-13 供油量的控制

2. 供油正时的控制

位置控制式电控分配泵供油正时的控制，通常是在原供油提前角自动调节器活塞两侧高、低压腔之间增加一条液压通道，依靠占空比控制的正时控制阀使活塞两侧的油压发生变化，从而控制供油正时。正时控制阀结构如图 5-14 所示，由 ECU 传来的信号使电磁线圈产生电磁力吸动滑动铁心，铁心带动阀门移动，这样就改变了正时活塞右侧（高压腔）与左侧（低压腔）之间的压力差，进而使正时活塞移动，带动分配泵滚轮架转动，从而实现供油时刻调整。

ECU 主要根据柴油机转速传感器和加速踏板位置传感器信号确定基本供油提前角，再根据冷却液温度等传感器信号进行修正，并通过正时控制阀控制正时活塞左右两侧油腔内的燃油压力差，就可以改变正时活塞的位置。正时活塞左右移动时，通过传动销带动转子分配泵内的滚轮架转动，从而改变喷油泵的供油正时。当正时控制阀线圈通电时，高压腔与低压腔连通，活塞两端的油压差消失，在弹簧的作用下，活塞复位，喷油时间推迟。当正时控制阀线圈断电时，高压腔与低压腔断开，活塞在高压油压力的作用下压缩弹簧向左移动，使凸轮盘相对于滚柱的位置产生偏转，供油时间提前。通电时间长，供油提前角减小；通电时间短，供油提前角增大，如图 5-15 所示。正时活塞位置传感器检测出正时活塞的位置，从而进行反馈控制。

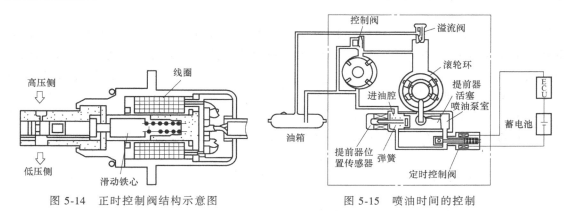

图 5-14 正时控制阀结构示意图　　　　图 5-15 喷油时间的控制

任务四　高压共轨式燃油供给系统结构原理认识

4.1　高压共轨式燃油供给系统组成

高压共轨式燃油供给系统的组成如图 5-16 所示。该系统是由高压油泵、共轨、喷油器，以及控制这些部件的电子控制单元（ECU）、各种传感器构成，是一种完全由电子控制的燃油喷射装置。高压共轨电控柴油喷射系统的部件按其作用不同，可分为低压油路、高压油路、传感与控制等几部分组成。

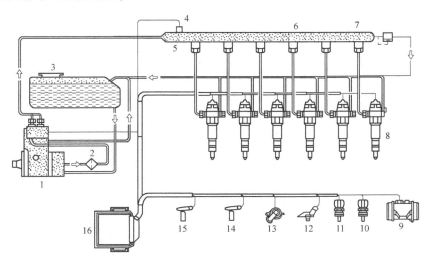

图 5-16　共轨式燃油供给系统

1—高压油泵　2—燃油滤清器　3—燃油箱　4—共轨压力传感器　5—流量限制器　6—共轨
7—限压阀　8—喷油器　9—空气流量计　10—冷却液温度传感器　11—空气温度传感器　12—增压压力传感器
13—加速（油门）踏板位置传感器　14—曲轴位置传感器　15—柴油机转速传感器　16—电控单元

（1）低压油路

低压油路由燃油箱3、燃油滤清器2等组成，其功用是产生低压柴油，输往高压油泵，结构原理与传统柴油供给系统低压油路相似。

（2）高压油路

高压油路由高压油泵1、燃油泵执行器（调压阀）、高压油管、公共油轨（共轨）6、共轨压力传感器4、限压阀7、流量限制器5和电磁喷油器8等组成。通过柴油机驱动机构驱动的高压油泵对燃油进行高压加压，并存储在公共油轨（共轨）中，然后分配到各缸的喷油器，又通过喷油器电磁阀的开闭向气缸内喷油。

（3）传感与控制部分

传感与控制部分包括各类传感器、控制单元（ECU）和执行元件，其基本组成见前面的图5-1。

高压共轨喷油器的喷油量、喷油时间和喷油规律除了取决于柴油机的转速、负荷外，还与众多因素有关，如进气流量、进气温度、冷却液温度、燃油温度、增压压力、电源电压、凸轮轴位置、废气排放等。所以，必须采用相应传感器，采集相关数据，对喷油量、喷油时间和喷油规律进行修正。由各种传感器采集的数据，都被送往电控单元ECU，并与存储在ECU内的大量经过实验得到的最佳喷油量、喷油时间和喷油规律的数据进行比较、分析，计算出当前状态的最佳参数。

ECU计算出的最佳参数，通过执行元件（电磁阀等），控制电动输油泵、高压油泵、废气再循环等机构工作，使喷油器按最佳的喷油量、喷油时间和喷油规律进行喷油。

共轨式喷油系统具有如下特点。

1）喷油压力取决于共轨内的压力。根据ECU的指令，改变供油泵的供油量，从而控制共轨内的压力。由此可以自由设定喷油压力而与柴油机转速、负荷无关。即使在极低速情况下也能获得高喷油压力。

2）根据ECU的指令改变各气缸喷油器电磁阀的开闭时刻，自由控制喷油时刻。

4.2 高压共轨式燃油供给系统主要部件构造与工作原理

1. 高压油泵

高压油泵的作用是产生高压油，如图5-17所示。它采用三个径向布置的柱塞泵油元件9，相互错开120°。由偏心凸轮8驱动，出油量大，受载均匀。

工作时，从输油泵来的柴油流过安全阀5，一部分经节流小孔流向偏心凸轮室供润滑冷却用，另一部分经低压油路6进入柱塞室。当偏心凸轮转动导致柱塞下行时，进油阀11打开，柴油被吸入柱塞室；当偏心凸轮顶起时，进油阀关闭，柴油被压缩，压力剧增，达到共轨压力时，顶开出油阀1，高压油被送往共轨管。

在怠速或小负荷时，输出油量有剩余，可以经调压阀3流回油箱。还可以通过控制电路使柱塞单向阀12通电，使电枢上的销子下移，顶开进油阀，切断某缸柱塞供油，以减少供油量和功率损耗。

2. 燃油泵执行器（调压阀）

燃油泵执行器（调压阀）安装在高压油泵旁边或共轨管上，如图5-18所示。其作用是根据柴油机负荷状况调整和保持共轨中的压力。

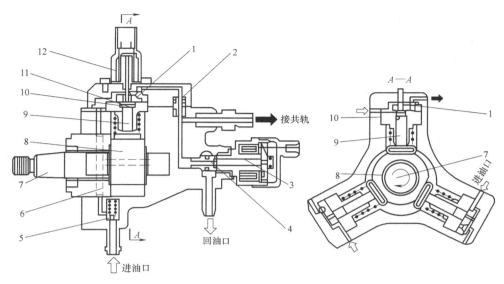

图 5-17 高压油泵

1—出油阀 2—密封套 3—燃油泵执行器（调压阀） 4—球阀 5—安全阀 6—低压油路
7—驱动轴 8—偏心凸轮 9—柱塞泵油元件 10—柱塞室 11—进油阀 12—柱塞单向阀

当调压阀不工作时，电磁线圈4不通电，高压油泵出口压力大于弹簧2的弹力，阀门6被顶开。根据输油量的不同，调节打开的程度。

当需要提高共轨中的压力时，电磁线圈通电，给电枢3一个附加作用力，压紧阀门6，使共轨中的压力升高到与其平衡为止。然后调节阀门停留在一定开启位置，保持压力不变。

3. 共轨管

共轨管的作用是存储高压油，保持油压稳定。共轨组件结构如图5-19所示，共轨上安装有共轨压力传感器2、限压阀3和流量限制器4，随时监测有无过剩燃油流出、喷射，监测压力是否正常并进行控制。

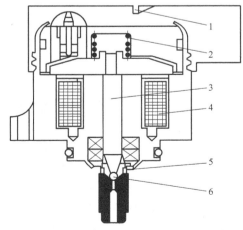

图 5-18 燃油泵执行器（调压阀）

1—电插头 2—弹簧 3—电枢 4—电磁线圈
5—回油孔 6—阀门

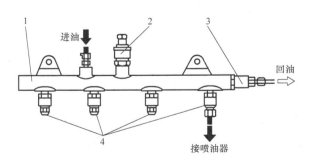

图 5-19 共轨组件

1—共轨管 2—共轨压力传感器
3—限压阀 4—流量限制器

4. 共轨压力传感器

共轨压力传感器如图 5-20 所示，用固定螺纹 6 紧固在共轨管上，其内部的压力传感膜片 4 感受共轨压力，通过分析电路，把压力信号转变成电信号传至 ECU 进行控制。

5. 限压阀

限压阀（图 5-21）的作用是限制共轨管中的压力。当压力超过弹簧 5 的弹力时，阀门 2 打开卸压，高压油经通流孔 3 和回油孔 8 流回油箱。

6. 流量限制器

流量限制器（图 5-22）的作用是防止喷油器出现持续喷油。活塞 2 在静止时，由于受弹簧 4 的作用力，总是靠在堵头一端。在一次喷油后，喷油器端压力下降，活塞在共轨压力作用下向喷油器端移动，但并不关闭密封座面 6。只有在喷油器出现持续喷油，导致活塞下移量大，才封闭通往喷油器的通道，切断供油。

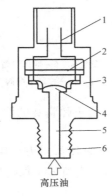

图 5-20 共轨压力传感器
1—电插头 2—分析电路 3—外壳
4—压力传感膜片 5—油道 6—固定螺纹

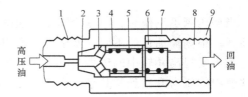

图 5-21 限压阀
1—固定螺纹 2—阀门 3—通流孔 4—活塞 5—弹簧
6—限位件 7—阀座 8—回油孔 9—外壳

7. 电磁喷油器

电控喷油器是共轨柴油喷射系统的核心部件，其作用是准确控制向气缸喷油的时间、喷油量和喷油规律。

电控喷油器的结构如图 5-23 所示。回油阀 5 受电磁阀 3 控制，电磁阀通电时，回油阀才打开。

由共轨管来的高压油经进油口 4 进入喷油器内，有一部分高压油由进油量孔 7 流向控制室 8，并作用在柱塞 10 上，压向喷油器针阀 13，使其关闭密封锥面 14，停止喷油；另有一部分高压油经喷油器体 9 的斜油道进入喷油器针阀承压锥面 12，力图顶开针阀喷油。

在喷油器不喷油时，电磁阀 3 不通电，回油阀 5 处于关闭状态，由于柱塞 10 上部的受压面积比针阀承压锥面大，使得作用在柱塞上的液压力大于作用在喷油器针阀承压锥面的向上分力，针阀关闭。当电磁阀通电时，回油阀受电磁力作用打开，控制室 8 与回油孔 1 连通，使柱塞上方的液压力小于喷油器针阀承压锥面的向上分力，使针阀升起，喷油器喷油。喷油量的大小取决于喷油器开启的持续时间（决定于 ECU 输出脉宽）、喷油压力及针阀升程等。由于高压喷射压力非常高，喷油器喷孔非常小，使用中应特别注意柴油的高度清洁。

项目五 电控柴油机燃油供给系统结构与检修

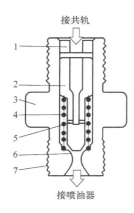

图 5-22 流量限制器
1—堵头 2—活塞 3—外壳 4—弹簧
5—节流孔 6—密封座面 7—螺纹

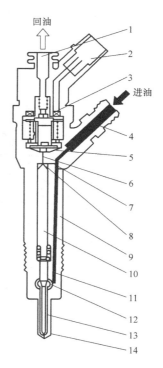

图 5-23 电磁喷油器
1—回油孔 2—电插头 3—电磁阀 4—进油口
5—回油阀 6—回油量孔 7—进油量孔 8—控制室
9—喷油器体 10—柱塞 11—进油通道
12—喷油器针阀承压锥面 13—喷油器针阀 14—密封锥面

任务五 康明斯 ISDe 电控柴油机燃油供给系统及常见故障诊断排除

5.1 任务引入

图 5-24 所示为康明斯 ISDe 电控柴油机外观图。该机型采用博世第三代高压共轨燃油系统，进一步改善低速性能、燃油经济性和冷起动性，降低排放；ISDe 电控柴油机采用 CM2150 型 ECM（控制器），控制系统和优化设计的燃油系统、燃烧系统良好配合，确保不同使用环境下最佳燃油经济性和动力性。

5.2 相关知识

1. ISDe 电控柴油机总体布置

图 5-25～图 5-29 显示了该型柴油机的主

图 5-24 ISDe 电控柴油机实物图

167

要外部部件、滤清器、控制器、传感器等维修与维护保养点的位置。某些外部部件或传感器的位置可能因柴油机型号不同而不同，本节中图仅供参考。

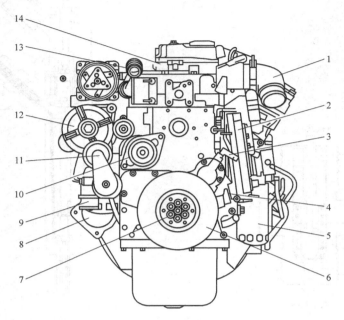

图 5-25　前视图

1—进气口　2—电控单元（ECM）　3—凸轮轴位置传感器　4—曲轴位置传感器　5—燃油滤清器　6—减振器　7—风扇或 PTO 驱动安装位置　8—起动机　9—进水管接头　10—水泵　11—带张紧装置　12—发电机　13—出水口接头　14—冷却液温度传感器

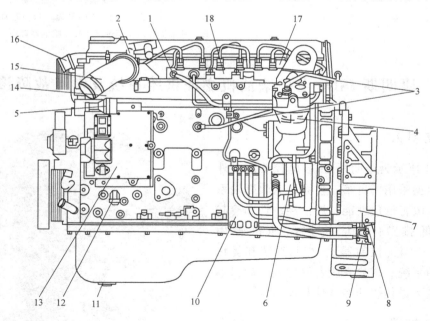

图 5-26　左视图

1—燃油共轨减压阀　2—进气歧管温度和压力传感器　3—空气压缩机冷却液管　4—空气压缩机　5—ECM 安装板　6—高压油泵　7—飞轮壳　8—OEM 燃油回油连接管　9—OEM 燃油进油连接管　10—燃油滤清器　11—油底壳放油螺塞　12—油尺端口　13—ECM　14—大气压力传感器　15—进气口　16—出水口接头　17—燃油共轨压力传感器　18—燃油共轨

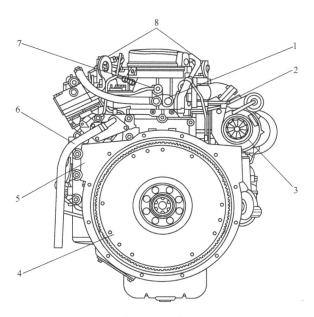

图 5-27 后视图

1—空气压缩机冷却液接头　2—涡轮增压器压缩机出口　3—涡轮增压器压缩机进口　4—飞轮　5—飞轮壳
6—曲轴箱通风机构管道　7—缸盖回油（喷油器管）接头　8—柴油机吊耳

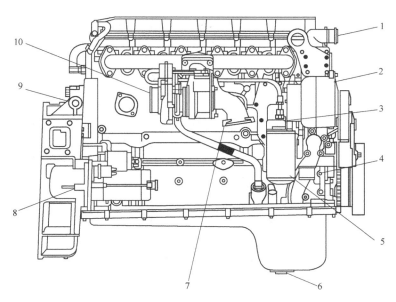

图 5-28 右视图

1—出水口接头　2—发电机　3—机油压力开关　4—进水管接头　5—机油滤清器　6—油底壳放油螺塞
7—涡轮增压器排气口　8—起动机　9—飞轮壳　10—涡轮增压器压缩机进气口

2. ISDe 电控柴油机燃油供给系统油路

ISDe 电控柴油机燃油供给系统油路示意如图 5-30 所示。

ISDe 电控柴油机高压油泵压力能达到 160MPa。如图 5-31 所示，该高压油泵有两个不同的安装位置，可以安装在高位或低位。

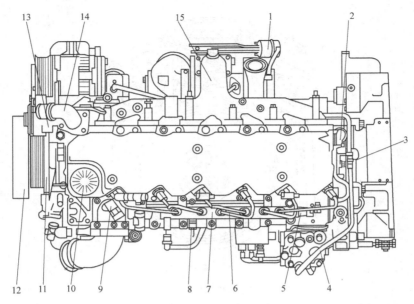

图 5-29 俯视图

1—涡轮增压器废气旁通阀执行器　2—曲轴箱通风机构连接管　3—空气压缩机冷却液接头　4—空气压缩机　5—共轨压力传感器　6—喷油器高压供油管　7—燃油共轨　8—高压供油管（高压油泵至共轨）　9—进气歧管温度和压力传感器　10—机油加注盖　11—曲轴转速指示环　12—减振器　13—冷却液温度传感器　14—出水口接头　15—排气歧管

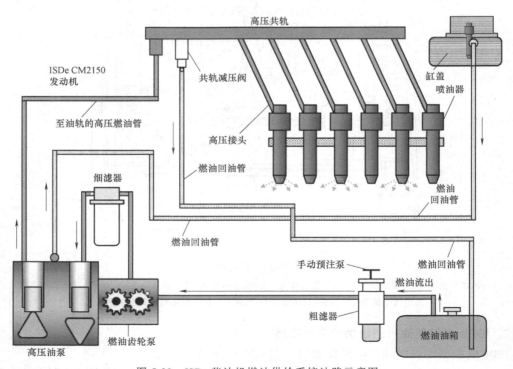

图 5-30　ISDe 柴油机燃油供给系统油路示意图

a) 高位　　　　　　　　　　　　　b) 低位

图 5-31　高压油泵安装位置

燃油泵执行器是燃油系统中可单独更换的高压油泵部件，为常开装置。执行器通过脉宽调制信号，由 ECM 驱动，用于控制进入高压油泵柱塞腔的燃油量。如图 5-32 所示，其安装位置在高压油泵上。

本机型可以选装燃油加热器，燃油加热器不受 ECM 控制。如图 5-33 所示，燃油加热器安装在预注泵滤清器座上，可在低于大约 2℃ 时起动，在高于 24℃ 时关闭。

ISDe（控制器为 CM2150）柴油机没有采用电动机驱动的输油泵，使用安装的手动预注泵（手油泵）用于预注燃油系统。手油泵可以安装在柴油机上，也可以安装在柴油机以外的位置。

图 5-32　燃油泵执行器安装位置

预注燃油时，可以泵动手动预注泵手柄，直到感觉到阻力而且手柄不能再泵动（对于干滤清器，140~150 次往复，或对于预注满的滤清器，20~60 次往复）。然后锁止手动预注泵手

a) 燃油加热器　　　　　　　　　　　b) 燃油加热器安装位置

图 5-33　燃油加热器及其安装位置

柄，并起动柴油机，如果柴油机在 30s 内没有起动，则关闭点火开关，再次泵动预注泵，重复之前的步骤，直至柴油机起动。

如图 5-34a 所示，柴油机线束将 ECM 与位于摇臂室壳体内的喷油器电路贯穿式插头连接在一起。内部喷油器线束位于气门室盖下（图 5-34b），并将喷油器连接到贯穿式插头处的柴油机线束上。

a) 喷油器外部贯穿式插头   b) 喷油器内部线束

图 5-34　喷油器线束

3. ISDe 电控柴油机电控系统

ISDe 采用 CM2150 型 ECM，4 针电源插头，OEM 插头和柴油机线束插头均为 60 针插头。进气歧管压力和温度传感器组合在一个带有 4 针插头的传感器中。

如图 5-35 所示，曲轴位置传感器位于前盖上。曲轴位置传感器用于从转速信号轮上读取曲轴位置读数，安装位置如前面的图 5-25 前视图中 4，及图 5-35 所示。它主要用于确定柴油机转速，是柴油机工作相位的备用传感器。维修时必须小心以避免损坏转速信号轮。凸轮轴位置传感器也位于前盖上，如前面的图 5-25 前视图中 3，及图 5-35 所示。凸轮轴位置传感器主要用于确定柴油机各缸上止点位置，也是柴油机转速的备用传感器。凸轮轴位置传感器从一个通过螺栓固定到凸轮轴末端的信号轮获取信号。

燃油共轨压力传感器位于高压共轨的飞轮端，如前面的图 5-26 左视图中 17 所示，用于监测燃油共轨压力。大气压力传感器安装在 ECM 上方，如前面的图 5-26 左视图中 14 所示。它用于监测大气压力，以实现涡轮增压器超速保护。进气歧管温度和压力传感器安装在进气接头处，如前面的图 5-26 左视图中 2 所示，用于监测进气温度和进气压力。燃油含水量传感器安装位置如图 5-36 所示，它用于监测粗滤器中的燃油有无水的存在。

5.3　ISDe 电控柴油机燃油供给系统常见故障诊断排除

1. 故障码：131

加速踏板位置传感器 1 信号电路电压高于正常值或对高压电源短路。

（1）故障现象

柴油机输出功率急剧下降，仅具备勉强跛行回家的功率。

（2）电路描述

加速踏板位置传感器是一个连接在加速踏板上的霍尔效应传感器。踩下或放松加速踏板时，加速踏板位置传感器向 ECM 发送的信号电压将产生变化。加速踏板在 0% 时，ECM 将

图 5-35 曲轴位置传感器、凸轮轴位置传感器安装位置

图 5-36 燃油含水量传感器安装位置

接收到低信号电压;加速踏板在 100% 时,ECM 将接收到高信号电压。加速踏板位置电路包括加速踏板位置 5V 电源电路、加速踏板位置回路电路和加速踏板位置信号电路。

加速踏板有两个位置传感器,这两个位置传感器用于测量加速踏板位置。两个位置传感器都接收 ECM 提供的 5V 电源,同时还给 ECM 提供与加速踏板位置相应的信号电压。1 号加速踏板位置信号电压是 2 号加速踏板位置信号电压的一倍。ECM 感测到一个信号电压低于传感器正常工作范围后即设置该故障码。

(3) 部件位置

加速踏板或操纵杆位置传感器位于加速踏板或操纵杆上。

(4) 故障原因

1) 加速踏板或操纵杆位置信号电路对蓄电池或 +5V 电源短路。

2) 线束或插头中加速踏板回路开路。

3) 加速踏板电源对蓄电池短路。

4) 加速踏板或操纵杆位置传感器有故障。

5) 维修时加速踏板错装。

(5) 修理方法

1) 检查加速踏板接线是否正确。

2) 检查加速踏板位置传感器和插头触针是否损坏或松动。

3) 检查加速踏板位置传感器和回路电压是否是 5V 左右。

4) 检查 ECM 和 OEM 线束插头触针是否损坏或松动。

5) 检查 OEM 线束是否开路或短路。

2. 故障码:331、332

故障码 331:2 号气缸喷油器电磁阀驱动器电路电流低于正常值或开路。

故障码 332:4 号气缸喷油器电磁阀驱动器电路电流低于正常值或开路。

(1) 故障现象

柴油机可能缺火或运行粗暴;柴油机负载后无力。

(2) 电路描述

喷油器电磁阀控制喷油量和喷油正时。如图 5-37 所示,电子控制模块(ECM)通过关闭高端和低端开关给电磁阀供电。ECM 内有两个高端开关和六个低端开关。1 号、2 号和 3 号缸的喷油器共用 ECM 内的单个高端开关，将喷油器电路与高压电源连接。同样，4 号、5 号和 6 号缸也共用单个高端开关。在 ECM 内部每一个喷油器电路都有专用的低端开关，对地形成完整的电路。

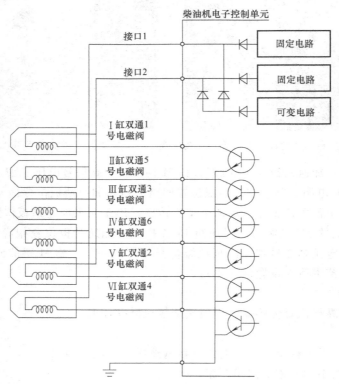

图 5-37　喷油器电磁阀控制电路原理图

（3）部件位置

柴油机线束将 ECM 与三个位于摇臂室壳体内的喷油器电路贯穿式插头连接。内部喷油器线束位于气门室盖下，并将喷油器连接到贯穿式插头处的柴油机线束。每个贯穿式插头给两个喷油器供电并提供回路。

（4）故障原因

1）柴油机喷油器连接线束虚接或喷油器连接线虚接。

2）喷油器电磁阀损坏（电阻值偏高或偏低）。

3）ECM 内部损坏。

（5）修理方法

1）检查喷油器线束是否虚接或短路。

2）检查喷油器连接线束中的针脚是否有油污造成的短路。

3. **故障码：553、449**

故障码 553：共轨压力数据有效但高于正常工作范围（中等严重级别）。ECM 探测到燃油压力高于指令压力。

故障码 449：共轨压力数据有效但高于正常工作范围（最高严重级别）。燃油压力信号指示燃油压力已超过给定的柴油机额定值的最大极限。

(1) 故障现象

柴油机在低速时故障指示灯点亮，高速时正常；柴油机降功率或是无法加速。

(2) 电路描述

电子控制模块（ECM）监测柴油机工作状况，包括读取燃油共轨压力以及改变流量指令，以增加（打开燃油泵执行器）或减少（关闭燃油泵执行器）对高压油泵的燃油供应。

(3) 部件位置

燃油泵执行器安装在高压油泵上。

(4) 故障原因

1) 低压油路进气。

2) 线路松动、短路、断路，插头松动。

3) 燃油泵执行器（EFC）损坏，包括O形圈破损、点火开关打开或关闭时有轻微咔嚓声等。

4) 共轨压力传感器故障。

5) 减压阀故障。

6) 柴油机回油堵塞（喷油器回油、高压油泵回油、共轨减压阀回油）。

(5) 修理方法

1) 解决低压油路问题，更换OEM预滤器或油管接头。

2) 维修或更换线束、插头。

3) 更换EFC或O形圈。

4) 更换共轨压力传感器。

5) 更换减压阀。

6) 检查回油，找出堵塞故障点，更换回油管。

4. 故障码：778

柴油机凸轮轴位置（转速）传感器数据不稳定、间断或不正确。ECM检测到凸轮轴位置（转速）传感器信号错误。

(1) 故障现象

柴油机运行粗暴或是起动性能变差。

(2) 电路描述

电子控制模块（ECM）通过传感器电源电路向柴油机凸轮轴位置（转速）传感器提供一个5V电源。ECM还向传感器回路电路提供搭铁。凸轮轴位置（转速）传感器通过凸轮轴位置（转速）传感器信号电路向ECM提供一个信号。凸轮轴信号轮齿转过传感器时，该传感器即产生一个信号发送至ECM。ECM可识别该信号并将其转换为柴油机转速读数，然后确定柴油机工作相位。如果柴油机的曲轴位置（转速）信号缺失，则ECM将该传感器作为一个备用传感器使用。

(3) 部件位置

柴油机凸轮轴和曲轴这两个位置传感器都位于柴油机前盖附近。

(4) 故障原因

1) 凸轮轴位置传感器连接线束松动、短路、断路，插头连接松动。

2) 凸轮轴位置传感器故障。

3）凸轮轴位置传感器安装松动，间隙不正确。

4）凸轮轴信号轮错装或是松动。

(5) 修理方法

1）维修或是更换线束或插头。

2）更换凸轮轴位置传感器。

3）更换前齿轮室盖板或是重新紧固传感器。

4）紧固或是更换凸轮轴信号轮（凸轮轴信号轮：4缸机为5齿，6缸机为7齿）。

5. 故障码：428、429

故障码：428 燃油含水传感器电路电压高于正常值或对高压电源短路。

故障码：429 燃油含水传感器电路电压低于正常值或对低压电源短路。

(1) 故障现象

柴油机燃油含水故障报警。

(2) 电路描述

燃油含水（WIF）传感器固定在燃油滤清器上。电子控制模块（ECM）向燃油含水传感器提供一个5V直流参考信号。燃油滤清器中收集的水盖住传感器探针后，燃油含水传感器使5V参考电压搭铁，表明燃油滤清器中积水量高。

(3) 部件位置

燃油含水传感器一般由OEM提供，合成在整车燃油预滤器上。

(4) 故障原因

1）预滤器中积水过多造成报警。

2）通常两根线短路会存储429的故障码。

3）连接传感器线束插头脱落造成报警。

4）连接线束接反造成报警。

5）传感器型号不对造成报警。

6）线束、插头或传感器回路或信号电路开路。

7）信号线与传感器电源短路。

(5) 修理方法

1）检测整车预滤器是否积水。

2）检测两根线是否短路。

3）检测传感器线路是否正确和插头是否接触。

4）检测电压是否正确。

5）检测传感器是否匹配。

6. 故障码：1117

点火时功率不足，数据漂移、间断或错误。

(1) 故障现象

柴油机熄火或起动困难，点火时断电，数据不稳定、间断或不正确。

(2) 电路描述

电子控制模块（ECM）通过"ECM蓄电池供电支线"与连接OEM电源线束的蓄电池连接，该线路为与蓄电池正极（+）接线柱直接连接的无开关导线，此线路向ECM持续供电。当工程机械的运行钥匙开关转到 ON 接通位置时，ECM 通过工程机械钥匙开关导线接收蓄电池的输入电压。

（3）故障原因

1）ECM 的电源电压暂时降至 6.2V 以下，或者 ECM 不能正常断电（钥匙开关断开后维持蓄电池电压 30s）。

2）ECM 应该接常通电源，OEM 没有按技术规范接常通电源。

3）其他故障造成 ECM 突然断电。

（4）修理方法

1）ECM 必须接常通电源，否则就会引发频繁存储多个各类故障码，造成柴油机异常工作。

2）检测连接电源线路是否正常。

3）起动时检测蓄电池电压是否正常。

4）检测整车熔丝是否烧坏。

任务六　潍柴 WP 电控柴油机燃油供给系统及常见故障诊断排除

6.1　任务引入

图 5-38 所示为潍柴 WP 电控柴油机外观图。潍柴 WP 系列机型使用博世共轨燃油系统。ECU 是电控柴油机的控制中心，通过接收各传感器传送来的柴油机运行信息，加以运算处理后控制各执行器动作。ECU 还包含着一个监测模块，ECU 和监测模块相互监测；如果发现故障，它们中的任何一个都可以独立于另一个而切断喷油，实现故障诊断以及出错以后的系统的保护，图 5-39 和图 5-40 为 WP 国Ⅲ电控柴油机使用的 EDC7 型 ECU 的安装位置和接口。

图 5-38　潍柴 WP 电控柴油机外观图

图 5-39　EDC7 型 ECU 安装位置

6.2　相关知识

1. WP 电控柴油机燃油供给系统油路

博世共轨燃料喷射系统采用如图 5-41 所示的 CPN2.2 型高压油泵，用该泵完成两项任务：其一是与高压油泵联体的齿轮泵是低压油路的供油泵，它负责从油箱经由燃油粗滤器，经燃油细滤器向高压油泵供油；其二是由两组柱塞或高压油泵向高压共轨管提供高达160MPa的高压燃油。

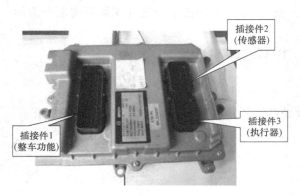

图 5-40　EDC7 型 ECU 插接件接口

图 5-41　CPN2.2 型高压油泵

高压油泵各接口与附件如图 5-42 所示。在高压油泵的进油回路上安置有一只燃油计量阀——即计量单元，它的主要任务是接收 ECU 的指令，改变进入高压油泵的油量，从而改变高压油泵的高压供油压力，也即改变了共轨压力。ECU 通过脉冲信号的通断时间的长短来控制进入高压油泵的燃油油量。当燃油计量阀线圈没有通电时，计量阀是全通的，可以提供最大的燃油流量，即可以造成最高的共轨压力。凸轮轴位置传感器又称凸轮轴转速传感器。如图 5-42 所示，该传感器安装在高压油泵凸轮轴齿盘对应位置的泵壳体上，为霍尔式传感器。在传感器对应位置的凸轮轴上，有一个 7 个齿的齿盘，其中 6 个齿是等角度均布的，在对应于一缸压缩上止点某个角度位置上又增加了 1 个齿，因此每当高压油泵凸轮轴旋转一周（柴油机曲轴旋转两周）时，该传感器向 ECU 输出 7 个脉冲信号，其中有 6 个等距脉冲，而有一个是不等距脉冲，ECU 将曲轴位置传感器输入的脉冲信号和凸轮轴位置传感器输入的脉冲信号叠加，就可以判断各缸（特别是一缸）的工作位置，为 ECU 控制喷油正时提供基准依据。

曲轴位置传感器是一个电磁感应式的传感器。如图 5-43 所示，在柴油机飞轮上开有 58

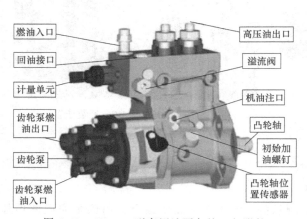

图 5-42　CPN2.2 型高压油泵各接口与附件

图 5-43　曲轴位置传感器安装位置

个等距的孔或齿槽每 6°曲轴转角一个孔或齿，但在一缸压缩上止点前某个角度位置缺两个孔或齿，当柴油机旋转后在传感器的线圈上可以感应出脉冲信号。

2. WP 电控柴油机电控系统

潍柴国Ⅳ使用 EDC 17 系统。潍柴机型不同排放标准的机型在软硬件上均做了调整和变化，国Ⅲ机型共轨系统使用的是博世 EDC7 系统，而国Ⅳ机型使用的是 EDC17 系统，EDC17 控制单元的外形如图 5-44 所示，两个插接件接口针脚如图 5-45 所示。国Ⅳ的诊断系统更加完善，故障查找更加精确，增加了 OBD 检测系统和故障诊断管理系统，对故障，尤其是对排放的检测和诊断更具优势。OBD 是英文 On-Board Diagnostics 的缩写，即车载自动诊断系统，

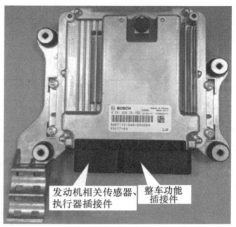

图 5-44 EDC17 控制单元外形图

主要是用于控制工程机械排放的一种在线监测诊断系统，同时也监测柴油机的其他相关故障。该系统在柴油机的运行状况随时监控发动机是否尾气超标，一旦超标，会马上发出警告。当系统出现故障时，OBD（MIL）灯或服务诊断（Service）灯点亮，故障诊断管理系统（DSM）将故障信息存入存储器，通过一定的程序可以将故障码从 DSM 中读出。根据故障码的提示，维修人员能迅速准确地确定故障的性质和部位。

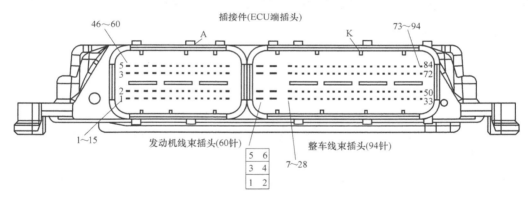

图 5-45 EDC17 控制单元插接件接口针脚

采用 EDC17 系统之后，需要对原先的系统增加尿素箱、尿素泵、喷嘴、SCR 箱、排气温度传感器、氮氧传感器和环境温度传感器等，并需要在仪表上增加后处理故障指示灯（OBD 灯）、尿素液位显示。对于诊断接口，在 EDC7 基础上增加了 1 号和 9 号两个端子。EDC17 诊断接口端子图见图 4-46，EDC7 和 EDC17 诊断接口端子含义见表 5-1 和表 5-2。

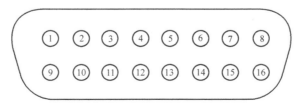

图 5-46 EDC17 控制单元诊断接口针脚

工程机械柴油机结构与检修

表 5-1　EDC7 系统诊断接口相关端子含义

序号	ECU 端子号	说明
4	GND	搭铁
6	1.35	CAN-H
7	1.89	K 线
14	1.34	CAN-L
16	DC+24V	24V 正极电源线

表 5-2　EDC17 系统诊断接口相关端子含义

序号	ECU 端子号	说明
1	K75	CAN-H_1
4	GND	搭铁
6	K54	CAN-H_0
7	K59	K 线
9	K53	CAN-L_1
14	K76	CAN-L_0
16	DC+24V	24V 正极电源线

6.3　WP 电控柴油机燃油供给系统常见故障诊断排除

1. 故障码：411

CAN 节点 A 总线错误。

（1）故障现象

1）影响 CAN 仪表上转速、冷却液温度、机油压力等参数显示；造成 CAN 仪表显示异常，但不影响机械仪表。

2）影响自动变速器的换档等：可能造成自动变速器换档不平顺，设置失效。

（2）故障原因

CAN 节点 A 总线错误并不是 ECU 本身故障。基本都是整车 CAN 网络电压异常、其他 CAN 控制故障造成 CAN 网络干扰导致。

（3）排除方法

1）整车 CAN 线路短路、断路或被干扰：检查 CAN 高、CAN 低电压是否正常，通断是否正常。一般 CAN 高电压 2.8V 左右，CAN 低电压 2.2V 左右，因使用情况电压稍有不同。

2）CAN 网络控制器或整车 CBCU 本身故障：造成 CAN 线电压异常，波动较大，检查 CBCU、整车 CAN 控制模块等。

3）NO_x 传感器或 CAN 仪表、ABS/ASR 控制器、AMT 控制器故障，导致 CAN 线不稳定；依次断开上述控制器，检查其对 CAN 电压的干扰，并检查其相关 CAN 线路。

2. 故障码：122

曲轴信号错误。

（1）故障现象

起动困难，柴油机功率不足。

(2) 故障原因

曲轴位置传感器安装不正确；线束断路；飞轮加工问题。

(3) 排除方法

1) 安装相位错误，或曲轴位置传感器、线路故障：检查传感器及线路是否正常，是否存在开路、短路情况，线路是否破损造成干扰等；若维修过，检查安装相位是否正确。

2) 传感器安装间隙过大或过小：检查传感器安装间隙是否正常。

3) 飞轮壳加工、安装问题：飞轮壳加工工艺不合格，可能导致传感器信号采集困难等。

4) 飞轮、齿圈、曲轴故障，造成飞轮转动抖动，导致信号丢失：检查齿圈、飞轮是否牢固，曲轴是否轴向窜动，主轴承螺栓是否断裂导致曲轴窜动。

3. 故障码：121

起动机驱动无负载。

(1) 故障现象

柴油机不能起动。

(2) 故障原因

起动继电器线束开路；起动继电器线束接错；起动继电器损坏。

(3) 排除方法

1) 检查 ECU 端 K29、K71 针脚与起动机继电器的通断。

2) 检查 K29，K71 针脚有无接错、漏接或短路。

3) 检查起动机继电器是否损坏。

4) 拧动点火开关至起动档，通过诊断仪数据流读取 T50 信号是否正常，正常情况下，K29 针脚为 24V，K71 针脚为 0V。

4. 故障码：135

限压阀打开。

(1) 故障现象

故障灯常亮，柴油机跛行回家。

(2) 故障原因

共轨管内压力超过允许值。

(3) 排除方法

1) 检查油路是否弯折堵塞。

2) 检查燃油流量计量单元是否卡死损坏。

3) 喷油器或高压油泵回油是否不畅。

4) 检查喷油器是否存在故障。

5) 检查共轨压力传感器及线束故障，电磁干扰、线路是否存在干扰。

实训十　电控柴油机故障诊断仪的使用

1. 实训目的

(1) 掌握康明斯电控柴油机诊断仪操作方法。

(2) 掌握潍柴电控柴油机诊断仪操作方法。

2. 实训设备

康明斯 INLINE 适配器及连接线缆、康明斯 INLINE 诊断软件、潍柴智多星诊断仪及连接线缆、潍柴智多星诊断软件、笔记本电脑、康明斯 ISDE 电控柴油机试验台或配套工程机械、潍柴 WP7 电控柴油机试验台或配套工程机械。

3. 实训原理与方法

（1）康明斯电控柴油机诊断仪操作使用

康明斯 INLINE 数据通信适配器是一种将来自 ECM 的 SAE J1587/SAE J1708 或 SAE J1939 数据通信信息转换为计算机可处理的信息的装置。康明斯电控柴油机故障诊断系统通过 INLINE 适配器，实现诊断电脑和柴油机 ECM 之间的通信连接。INLINE 适配器内部程序需要与不断更新换代的 ECM 相适应，用户可以在康明斯官方指定网站下载安装最新的 IN-LINE 驱动程序，并刷新其中的 firmware。INLINE 适配器的电源为常通电源，其间仅有一个 5A 熔丝，该适配器上指示灯布置如图 5-47 所示。

图 5-47 INLINE 适配器指示灯

如图 5-48 所示为 INLINE 诊断仪使用连接方法，当 INLINE 适配器连接到诊断接头上后，电源指示灯应立即点亮。

康明斯国Ⅲ电控柴油机采用 1939 总线（CAN 总线）通信，当打开工程机械点火开关时，1939 指示灯高频闪烁，表示适配器和 ECM 通信良好。若不闪烁或闪烁缓慢，应按以下方法查找故障点：

1）测量 1939＋和 1939－之间的电阻，电阻值应为 60Ω，若不符合规范，则应检查 1939 总线的终端电阻（2 个 120Ω 电阻）是否丢失。一个在仪表内部，通过 A21 和 A23 针脚之间一根导线，将仪表内部的一个 120Ω 电阻串入 1939 总线中。另一个在柴油机进气侧下方的一个 3 针调线帽内。

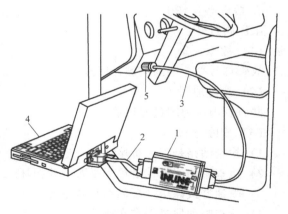

图 5-48 INLINE 诊断仪使用连接
1—INLINE 适配器 2—适配器与电脑连接线缆
3—适配器与诊断接口连接线缆
4—笔记本电脑 5—诊断接口

2）若电阻值符合规范（说明 1939 总线线路连接没有问题），则测量 1939＋和 1939－针脚的对地电压，分别应为 2.5~3.5V 和 1.5~2.5V，若电压值符合技术规范，则 1939 指示灯应该点亮。若不符合规范，问题可能出现在 ECM 的电源电路故障或 ECM 损坏。若 1939 指示灯闪烁,但频率很慢,可能是由于 1939+和 1939-线束接反导致。

3) INLINE 适配器和电脑的连接,可通过 9 针串口线连接,也可通过 USB 线连接,若通过 9 针串口线连接,则当点击连接时,RS-232 指示灯应亮。若通过 USB 线连接,则 USB 指示灯应亮。

4) 若在连接过程中出现了中断,然后再也连接不上,此次需要把所有连接线断开,对适配器断电后再连接即可。

INSITE 是一种作用于康明斯电控柴油机电子控制模块(ECM)的 Windows 软件应用程序,主要功能如下:

1) 诊断并解决柴油机故障。
2) 存储并分析柴油机历史信息。
3) 修改柴油机运行参数。
4) INSITE 专业版还允许为 ECM 下载标定。

该软件电脑版安装后,界面如图 5-49 所示。康明斯诊断软件的具体应用实例请参见实训十一。

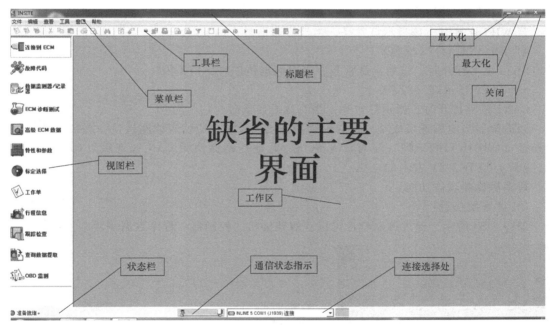

图 5-49 INSITE 电脑版诊断软件界面

(2) 潍柴电控柴油机诊断仪操作使用

潍柴智多星是由潍柴自主开发的新一代诊断工具,全面支持潍柴旗下多款柴油机。具有诊断、整车标定、数据刷写等功能。可在电脑、手机、平板电脑上运行,支持包括 Windows、Android、ios 等操作系统。智多星二代除了 Wifi 连接外,还可通过 USB 线缆与诊断电脑连接,信号比第一代更加稳定。

潍柴电控柴油机智多星诊断仪由电脑版软件(图 5-50)或手机版软件、智多星适配器(图 5-51)等组成。

适配器上各指示灯如图 5-52 所示,说明如下:

图 5-50　智多星诊断仪电脑版软件　　　　图 5-51　智多星适配器

1）电源指示灯（红色）

2）USB 指示灯（绿色）

若 USB 连接时，该指示灯常亮，当进行通信时，1s 1 闪。

3）WIFI 指示灯（绿色）

若 WIFI 连接时，该指示灯常亮，当进行通信时，1s 1 闪。

4）Kline 指示灯（绿色）

Kline 正常打开时，该指示灯常亮，当有数据传输时，1s 1 闪。

5）CAN2 指示灯（绿色）

CAN2 正常打开时，指示灯常亮；当有数据传输时，1s 1 闪。

当适配器与电脑连接成功，但与控制器连接失败时，应检查诊断接口：潍柴国Ⅲ使用 K 线连接（OBD16 口的 7 脚）应有 24V 电压；其他控制器使用 CAN 线连接（OBD16 口的 1 脚，9 脚）应有 2.5V 左右的电压。

智多星诊断软件功能：

1）读系统信息

如图 5-53 所示，通过诊断软件可以获取柴油机、控制器、程序数据等版本信息。

图 5-52　智多星适配器指示灯　　　　　　图 5-53　读取系统信息

项目五 电控柴油机燃油供给系统结构与检修

2）读、清故障码

如图 5-54 所示，通过读出柴油机故障码，根据故障码的描述可以快速定位故障原因；故障维修完成后必须清除 ECU 内存储的故障码，可根据清除后一段时间内故障码是否复现来判断故障是否排除。

3）读数据流

如图 5-55 所示，支持用文字及曲线显示数据流；支持数据流存储及回放；展示柴油机当前的工况信息，用于分析定位柴油机故障。

图 5-54 读、清柴油机故障码　　　　　　图 5-55 读数据流

4）执行器测试

如图 5-56 所示，它可以控制柴油机的执行器件的开、关，或按要求使柴油机工作在某个特定工况下，以此来判断该执行部件是否存在故障或协助诊断。

图 5-56 执行器测试

5）整车功能标定

如图 5-57 所示，根据车辆具体情况打开或关闭柴油机的某项功能。也可用来屏蔽该功

185

能或器件存在的故障，使其不影响柴油机运行。

图 5-57　整车功能标定

6）ECU 数据刷写

如图 5-58 所示，更换 ECU 或升级数据时用来更新 ECU 内部的程序。

图 5-58　ECU 数据刷写

7）维修指引

如图 5-59 所示，故障码维修指引：从故障原因、故障影响、常见原因、排查方法等方面提供维修帮助；故障现象维修指引：从故障原因、关联数据流、故障案例等方面提供维修帮助。

图 5-59　维修指引

实训十一　电控柴油机燃油供给系统典型故障诊断与排除

1. 实训目的
掌握电控柴油机燃油供给系统典型故障诊断与排除方法。

2. 实训设备
康明斯电控柴油机故障诊断仪、笔记本电脑、万用表、康明斯 ISDe 电控柴油机试验台。

3. 实训原理与方法
如图 5-60 所示，试验台采用 ISDei85-30 电控柴油机，配套 CAN 通信仪表以及诊断接口，面板布置了教学检测端子、主要传感器信号电压表；面板右侧箱体内布置了常见故障设置按钮，方便进行电控柴油机故障诊断排除教学。

通过一例故障介绍利用故障诊断仪进行电控柴油机故障分析排除方法。

故障现象：出现冒白烟、无柴油机冷却液温度保护。故障诊断排除过程如下所述：

（1）查看故障码

康明斯故障码可分为：现行故障码、非现行故障码和高频记次的非现行故障码。

图 5-60　ISDei85-30 电控柴油机试验台

现行故障码：实际故障存在，并对柴油机性能产生影响。激活故障指示灯；非现行故障码：表示故障已经排除，或在当前状态下该故障码未被激活。不激活故障指示灯，只有通过INSITE软件才能读出；高频记次的非现行故障码：反复多次出现的非现行故障码。不激活故障指示灯，应特别给予关注，只有通过INSITE软件才能读出。

正确连接康明斯INLINE诊断仪、试验台诊断接口、笔记本电脑，通过INSITE诊断软件查询出现行故障码为144，如图5-61所示，故障为柴油机冷却液温度传感器电路电压低于正常值。

图5-61 故障码读取

（2）故障原因分析

造成冷却液温度传感器信号电压高于正常值的主要故障原因有：线束信号电路不导通或对电源短路、线束回路电路不导通、ECM故障、传感器故障。

（3）查看数据流

用INSITE故障诊断软件读取柴油机系统数据流。如图5-62所示，通过数据监测器/记录器查看相关数据。

涉及冷却液温度的数据流有两个："冷却液温度传感器输出的电压值"、"柴油机冷却液温度"。起动柴油机，用INSITE故障诊断软件读取柴油机系统数据流。此时踩下加速踏板，使柴油机温度上升，观察"柴油机冷却液温度"数值，应逐渐增加，"冷却液温度传感器输出的电压值"应逐渐减少；如无变化应检查线束连接情况和传感器。

通过检测发现冷却液温度一直为默认值不改变，冷却液温度传感器信号电压高于工作范围上限值（冷却液温度传感器信号电压工作范围如图5-63所示），因此确认必须进一步检测线束和传感器。

图5-62 数据流查看

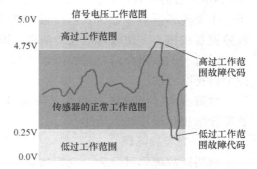

图5-63 冷却液温度传感器信号电压工作范围

（4）诊断柴油机线束

线束诊断主要检测内容：诊断传感器信号线检查是否导通、诊断传感器回路线检查是否导通、诊断传感器信号线与传感器电源线是否短路、ECM 供电电压是否正常。诊断步骤如下所述：

1）外观检查

检测步骤如下：

第 1 步：关闭点火开关。

第 2 步：断开连接端子。

第 3 步：目视检查插接器壳体是否有损坏。

第 4 步：目视检查触针内是否有灰尘、碎屑或潮气。

第 5 步：目视检查触针是否弯曲、断裂、缩进或伸出。

通过检测，插接器正常。

2）检测 ECM 供电电压

检测步骤如下：

第 1 步：关闭点火开关。

第 2 步：拔下冷却液温度传感器插头。

第 3 步：点火开关 ON。

第 4 步：用万用表检查线束侧端子 1、2 间电压值。

标准值为 4.75~5.25V。

经过检测，ECM 供电电压正常。

3）检测线束导通性

检测步骤如下：

第 1 步：关闭点火开关。

第 2 步：拔下冷却液温度传感器插头。

第 3 步：用万用表的电阻档，分别测量 02 号端子与 36 号端子、01 号端子与 18 号端子之间的电阻值，来判断外线路是否存在短路及断路故障。

标准值：电阻值<10Ω

通过检测，发现传感器信号线路断路。若检测线束无问题，应该进一步检测传感器。

（5）诊断传感器对温度响应是否正常

冷却液温度传感器是一个可变电阻器式传感器，用于测量柴油机冷却液的温度。ECM 向冷却液温度信号电路提供 5V 电源。ECM 监测因传感器电阻变化引起的信号电压变化以确定冷却液温度。温度升高时，电阻变小，信号电压降低；温度降低时，电阻变大，信号电压升高。ECM 将柴油机冷却液温度值用于柴油机保护系统、快速暖机功能、电子风扇控制等。

检测步骤如下：

第 1 步：关闭点火开关。

第 2 步：拔下冷却液温度传感器插头。

第 3 步：用万用表检查传感器侧端子 1、2 间电阻值。

标准值：标准值见表 5-3，若超过标准值过多，则更换冷却液温度传感器。

表 5-3 冷却液温度传感器标准值

冷却液温度/℃	0	25	50	75	100
电阻值/Ω	5000~7000	1700~2500	700~1000	300~450	150~220

复习思考题

一、单项选择题

1. "位置控制"式电控分配泵是由 ECU 来控制（　　）进而控制滑套的位置，从而实现油量调节。
   A. 电子调速器　　　B. 真空电磁阀　　　C. EGR 阀　　　D. 膜片阀

2. 高压共轨燃油系统按其直接控制的量，属于（　　）。
   A. 位置控制系统　　　　　　　　B. 时间控制系统
   C. 时间压力控制系统　　　　　　D. 流量控制系统

3. 燃油泵执行器的作用是（　　）。
   A. 调整和保持进入共轨中的燃油压力　　B. 控制喷油时间
   C. 控制喷油量变化　　　　　　　　　　D. 控制喷油规律

4. 潍柴 EDC17 控制系统诊断接口在 EDC7 控制系统基础上增加了（　　）两个端子。
   A. 1 号和 9 号　　　　　　　　B. 4 号和 6 号
   C. 6 号和 7 号　　　　　　　　D. 7 号和 14 号

5. 柴油机高压共轨管的作用是（　　）。
   A. 存储高压燃油，保持油压稳定　　B. 存储低压燃油
   C. 存储机油　　　　　　　　　　　D. 喷油

二、简答题

1. 简述高压共轨燃油系统组成与工作原理。
2. 电控柴油机燃油供给系统与传统的机械方式比较具有哪些优点？
3. ISDe 电控柴油机出现故障码：778，应该如何诊断和排除该故障？
4. ISDe 电控柴油机出现故障码：131，应该如何诊断和排除该故障？
5. WP 电控柴油机出现故障码：121，应该如何诊断和排除该故障？

项目六

柴油机冷却、润滑系统结构与检修

任务一 柴油机冷却系统认识

1.1 任务引入

柴油机工作时，气缸内温度可高达 1500~2000℃，直接与高温气体接触的机件（如气缸体、气缸盖、气门等）若不及时加以冷却，则其中运动机件将可能因受热膨胀而破坏正常间隙，或因机油在高温下失效而卡死；各机件也可能因为高温而导致其机械强度降低甚至损坏。所以，为保证柴油机正常工作，必须冷却这些在高温条件下工作的机件。

冷却系统的作用就是使运行中的柴油机保持在最适宜的温度范围内工作，以便：
- 使活塞和气缸等柴油机部件的热负荷保持在限值范围内，且不造成材料损坏。
- 机油不被炽热的柴油机部件蒸发掉或结焦，且不会因温度过高而丧失其润滑性能。
- 燃油不会因炽热的部件而自燃。

柴油机的冷却必须适度。如果柴油机冷却不足，由于气缸充气量减少和燃烧不正常，柴油机功率下降，且柴油机零件也会因润滑不良而加速磨损。但如果冷却过度，热量散失过多，会使转变为有用功的热量减少。

在采用水冷却系统的柴油机中，冷却液正常工作温度一般为 71~100℃。

1.2 相关知识

1. 柴油机冷却系统的分类和组成

根据冷却介质的不同，柴油机的冷却方式有两种，即水冷却和风冷却。现代工程机械柴油机普遍采用水冷却。

（1）风冷却系统

将柴油机中高温零件的热量，直接散发到大气，使柴油机的温度降低而进行冷却的一系列装置称为风冷系统。风冷柴油机相对水冷柴油机而言，其冷却系统的结构更为简单，风冷柴油机特别适应在干旱缺水地区使用。对于中小功率机型而言，其特点是冷却可靠、结构简单、适应性强。但对于大功率柴油机而言，由于散热片布置方面的原因，散热效率可能不足。因此，功率大于 400kW 的柴油机基本不采用风冷系统，在工程机械上应用不多。

采用风冷系统的柴油机，为了增大散热面积，在气缸体和气缸盖上制有许多散热片，柴油机利用工程机械前进中的空气流，或特设的风扇鼓动空气，吹过散热片，将热量带走。图 6-1 所示是道依茨 FL513 柴油机风冷系统示意图，气缸和气缸盖的表面均布了散热片，它与气缸体或气缸盖铸成一体。

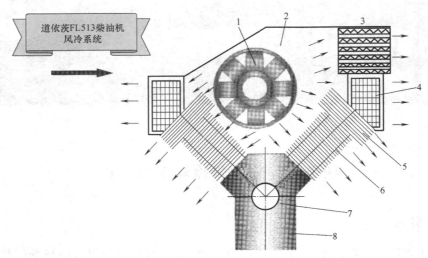

图 6-1　道依茨 FL513 柴油机风冷系统示意图
1—冷却风扇　2—风压室　3—变速器油散热器　4—中冷器　5—气缸盖
6—气缸套　7—气缸体（机体）　8—油底壳

（2）水冷却系统

将柴油机中高温零件的热量先传给冷却液（或水），再散发到大气中去，使柴油机的温度降低而进行冷却的一系列装置，称为水冷系统。

柴油机水冷系统以其结构可靠、冷却效果好、环境适应性强等特点获得广泛的应用，目前工程机械柴油机上广泛采用的是水冷系统。

典型的工程机械柴油机水冷却系统如图 6-2 所示，主要由散热器（水箱）、水泵、水管、水套、节温器和风扇等组成。有些工程机械柴油机采用膨胀水箱结构，膨胀水箱位置必须高于冷却系统散热器的最高位置。

水冷系统一般都由水泵强制冷却液在冷却系统中进行循环流动，故称为强制循环式水冷系统。水冷柴油机的气缸盖和气缸体中都铸造出储水的、连通的夹层空间，称为水套，其作用是让水接近受热的高温零件，并可在其中循环流动。水泵将冷却液由机外吸入并加压，使之经分水管流入柴油机缸体水套。这样，冷却液从气缸壁吸收热量，温度升高；流到气缸盖水套，再次受热升温后，沿水管进入散热器内。经风扇的强力抽吸或吹压，空气流通过散热器，最终使受热后的冷却液在流经散热器的过程中，其热量不断地通过散热器，散发到大气中去。同时，使水本身得到冷却。冷却了的水流到散热器的底部后，又在水泵的加压下，经水管再压入水套，如此不断地循环，从而使得柴油机在高温条件下工作的零件不断地得到冷却，保证了柴油机的正常工作。一些康明斯柴油机在冷却系统装有 DCA 水滤器（DCA 是一种冷却液添加剂）。水滤芯装在壳体里，可定期更换。冷却系统中一小部分冷却液流经 DCA 水滤器，对冷却液进行滤清和处理，以保证冷却液中必要的 DCA 浓度，可使柴油机不发生

项目六　柴油机冷却、润滑系统结构与检修

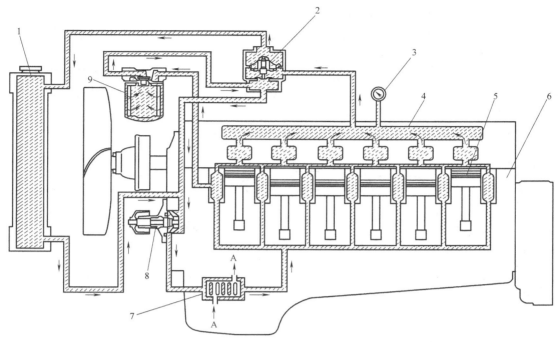

图 6-2　典型工程机械柴油机水冷却系统组成图

1—散热器　2—节温器　3—冷却液温度表　4—气缸盖　5—活塞　6—气缸体
7—机油冷却器　8—水泵　9—DCA 冷却液滤清器　A—机油进口、出口

水垢；并使水套和缸套表面产生一层氮化物的化学膜，以防止点蚀，从而延长柴油机保养间隔里程，降低维修保养费用。

2. 水冷却系统循环水路

为了保证柴油机在不同负荷、转速和气候条件下保持正常的工作温度，冷却液的循环路线是不同的。柴油机水冷系统冷却液的循环方式有三种，即大循环、小循环和混合循环。

1）冷却液大循环：当柴油机的温度升高到 95℃ 以上时，主阀门全开，旁通阀门全关，冷却液全部经过散热器。此时，冷却强度大使冷却液温度下降或不致过高。

由于该循环时，冷却液的流经路线最长，流量大，故称为冷却液大循环。如图 6-3 所示，大循环时，冷却液流经路线为：水泵→分水管→缸体水套→缸盖水套→节温器→散热器→水泵。

2）冷却液小循环：柴油机起动后热机时，如果冷却液温度低于 83℃，主阀门关闭，旁通阀门打开，冷却液只能经过旁通管直接回流到水泵的进水口，又被水泵压入水套。此时冷却液不流经散热器，只在水套和水泵之间循环。因此，冷却强度小，柴油机升温迅速。从而保证了柴油机各部位均匀而

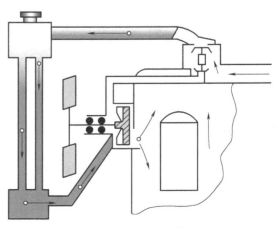

图 6-3　冷却液大循环

迅速地热机，且避免了柴油机的过冷。

由于该循环时，冷却液的流动路线最短，流量小，故称为冷却液小循环。如图6-4所示，小循环时冷却液的流经路线为：水泵→分水管→缸体水套→缸盖水套→节温器→水泵。

3）冷却液混合循环：当柴油机的冷却液温度处于83~95℃之间时，节温器的主阀门和旁通阀门处于半开半闭状态，如图6-5所示，冷却液部分进行大循环，部分进行小循环。

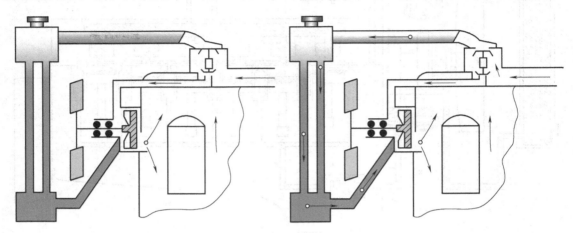

图6-4 冷却液小循环　　　　　图6-5 冷却液混合循环

此时冷却液既有大循环的特征，也有小循环的性质，所以称为冷却液的混合循环。混合循环时柴油机基本达到热平衡状态。

3．防冻冷却液

防冻冷却液简称防冻液，意为具有防冻功能的冷却液。防冻液不仅是冬天用，而且应该常年使用。

（1）防冻液的优点

除防冻外，它还有以下几个优点：

1）防腐蚀功能。柴油机及其冷却系统都是由金属制造的，材料有铜、铝、铁、钢，还有焊锡。这些金属在高温下与冷却液接触，时间长了都会遭到腐蚀，会生锈。而防冻液不仅不会对柴油机冷却系统造成腐蚀，而且还具有防腐、防锈功能。

2）防沸功能。水的沸点是100℃，防冻液的沸点通常在110℃以上。在夏季使用，防冻液比水更难以"开锅"，效果比普通水好。

3）防垢功能。将普通水用于冷却液最大的缺点是水垢问题。水垢附着在散热器、水套的金属表面，使散热效果越来越差，而且清除起来也很困难。优质的防冻液采用蒸馏水制造，并加有防垢添加剂，不但不产生水垢，还具有除垢功能。当然，如果水垢很厚，最好先用散热器清洗液彻底清洗后再添加防冻液。

（2）防冻液的使用注意事项

正确使用防冻液，可起到防腐蚀、防穴蚀渗漏、防散热器"开锅"、防水垢和防冻结等作用，能够使冷却系统始终处于最佳的工作状态，保持柴油机的正常工作温度，从而使柴油机具有良好的技术状态。

1）要坚持常年使用防冻液，注意防冻液使用的连续性。

2）要根据工程机械使用地区的气温，选用不同冰点的防冻液，防冻液的冰点至少要比该地区最低温度低10℃，以免失去防冻作用。

3）要针对各种柴油机具体结构特点选用防冻液种类，强化系数高的柴油机，应选用高沸点防冻液；缸体或散热器用铝合金制造的柴油机，应选用含有硅酸盐类添加剂的防冻液。另外，某些品牌的柴油机还规定了专用的防冻液，对此，应该遵照执行。

4）防冻液的膨胀率一般比水大，若无膨胀水箱，防冻液最多加到冷却系统容积的95%左右，以免防冻液溢出。

5）不同牌号的防冻液不能混装混用，以免起化学反应，破坏各自的综合防腐能力，用剩后的防冻液应在容器上注明名称，以免混淆。如果柴油机冷却系统原先使用的是水或换用另一种防冻液，在加入新的一种防冻液之前，务必要将冷却系统冲洗干净。

6）在使用后，若因冷却系统渗漏引起散热器液面降低时，应及时补充同一品牌的防冻液，若液面降低为水蒸发所致，则应向冷却系统添加蒸馏水或去离子水，切勿加入井水、自来水等硬水；当发现防冻液中有悬浮物、沉淀物或发臭时，证明防冻液已变质失效，应及时地清洗冷却系统，并全部更换防冻液。

7）若购买的是浓缩防冻液，如乙二醇型浓缩防冻液，可以按比例添加适量的纯水，以配制出适合本地区气温的防冻液。

8）要注意防止防冻液的渗漏，渗漏的结果不但会造成防冻液的损失，而且严重的渗漏会稀释机油，使润滑系统产生故障。要定期检查气缸盖接合情况，保证气缸垫密封完好，缸盖螺栓要按规定拧紧。

9）乙二醇防冻液有毒，对肝脏有害，切勿吸入。皮肤接触后，应立即用水清洗干净。另外这种防冻液中的亚硝酸盐防腐添加剂具有致癌性，废液不要乱倒，以免污染环境。

10）乙醇型防冻液容易挥发，使用中应注意防火，在柴油机温度高时，不要打开散热器盖，也不要让柴油机立即熄火，以免因防冻液急剧升温而突然喷出，造成失火；如果因乙醇挥发使散热器液面下降时，可用体积分数80%的乙醇加注补充。

任务二　冷却系统主要部件结构与检修

2.1　任务引入

水冷却系统除包含有供冷却液循环流动以及散热的水泵、水管和机体水套、散热器以外，还必须要有能根据柴油机负荷大小进行冷却强度调节的装置，如节温器、风扇等。

2.2　相关知识

1. 水泵的结构

水泵的作用是对冷却液加压，强制冷却液在冷却系中循环流动。如图6-6所示，常见的水泵安装在柴油机前端，由柴油机曲轴通过传动带驱动，现代工程机械柴油机均采用离心式水泵，这种水泵结构简单、体积小、出水量大、维修方便，获得广泛应用。

离心式水泵由泵壳、叶轮、泵轴、水封等组成，康明斯6BT柴油机水泵结构如图6-7所示。水泵装在气缸体的前上方，用V带驱动。带轮、轴和叶轮均安装在水泵壳上，进水道上有一个回水孔，在冷却液进行小循环时，由节温器来的冷却液经此孔进入水泵壳的进水口。水泵叶轮为铸铁件，有些康明斯柴油机水泵的叶轮用酚醛树脂成型，能防止冷却液的化学腐蚀，提高了水泵的寿命。水泵的最大流量能保证柴油机在任何工况下及时冷却。

离心式水泵的工作原理如图6-8所示。当柴油机工作时，带动水泵叶轮旋转，水泵中的水被叶轮带动一起旋转，在离心力的作用下向叶轮边缘甩出，经与叶轮成切线方向的出水管压送到柴油机水套内。与此同时，叶轮中心处形成一定负压而将水从进水管吸入，如此连续地作用，使冷却液在水路中不断地循环。

图6-6 水泵的安装位置

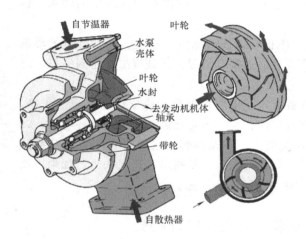

图6-7 康明斯6BT柴油机水泵结构

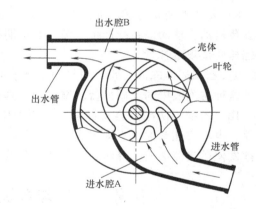

图6-8 离心式水泵工作原理

2. 散热器的结构

散热器也称为水箱，其作用是将冷却液吸收的热量散发到大气中去。散热器安装在柴油机前面，上下水室通过许多细小的水管连接在一起；来自柴油机的冷却液进入上水室，通过水管流到下水室；利用风扇向散热器送风。散热器必须有足够的散热面积，通常使用导热性能、结构刚度和防冻性能较好的铜、铝和铝锰合金等材料制造。

如图6-9所示为康明斯B系列柴油机散热器，主要由上、下水室、散热器芯、散热器盖等组成。散热器上水室为薄钢板制成的容器，用橡胶软管同柴油机出水管相连接，并设有加水口盖。下水室也是用薄钢板制成的容器，用橡胶软管同柴油机进水管或水泵相连接，并装有放水开关。

（1）散热器芯

散热器芯常见的结构有两种：管片式和管带式，如图6-10所示。

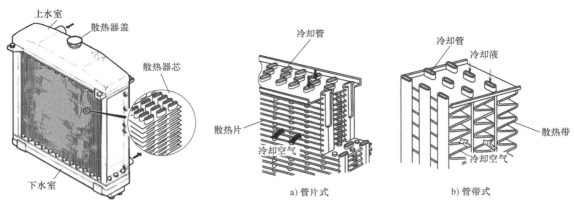

图 6-9 康明斯 B 系列柴油机散热器　　　　图 6-10 散热器芯

管片式散热器芯由许多冷却管和散热片组成，冷却管是冷却液的通道，多采用扁圆形断面，以增大散热面积，同时当管内冷却液冻结膨胀时，扁管可借助于其横断面变形而免于破裂。为了增强散热效果，在冷却管外面横向套装了很多散热片来增加散热面积，同时增加了整个散热器的刚度和强度。

管带式散热器芯采用冷却管与散热带相间排列的方式，散热带呈波纹状，其上开有形似百叶窗的缝隙，用来破坏空气流在散热带上的附面层，从而提高散热能力。这种散热器芯与管片式相比，散热能力强、制造工艺简单、质量小、成本低，但刚度不如管片式好。

（2）散热器盖

散热器盖对冷却系统起密封加压作用。现代工程机械柴油机采用封闭式水冷却系，它们的散热器盖上装有自动阀门，当柴油机处于正常状态时，阀门关闭，将冷却系统与大气隔开，防止水蒸气逸出，使冷却系统内压力稍高于大气压力，从而增高冷却液的沸点，保证柴油机在较长时间及较高负荷下工作。在冷却系统压力过高或过低时，自动阀门开启，使冷却系统与大气相通。

散热器盖的结构如图 6-11 所示。盖内装有空气阀和蒸汽阀，当冷却液温度降低，体积收缩后压力降到低于大气压某定值时，空气阀开启，空气进入冷却系，避免压力差将散热器芯管压瘪，如图 6-11a 所示。当冷却液温度升高，散热器内部压力大于规定值时，蒸汽阀开启，使冷却液蒸汽从蒸汽排出管排出，以防压坏散热器芯管，如图 6-11b 所示。

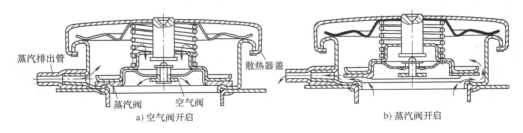

图 6-11 散热器盖

（3）膨胀水箱

柴油机在大负荷工作时，冷却液在高温区冷却表面上常会出现沸腾而产生蒸汽泡，当蒸汽泡增多连成一片时便形成蒸汽囊；另外水管接头或水泵本身密封不良时，空气会漏进冷却系统内部而形成空气囊；由于柴油机燃烧压力高，气缸垫密封稍有不良，燃气容易从气缸内窜入冷却系统内而形成燃气囊。这些气体在一般的情况下，可由加水盖处排出，若这些气体排不出去，在冷却系统中会形成气阻，这样会造成水泵供水不足，水的流速和压力降低，会使气缸套冷却恶化而产生点蚀。残留的空气还会造成局部的冷却不均匀以及空气氧化腐蚀金属等故障。膨胀水箱就是用来排出上述气体，消除冷却系统的气阻现象的。让冷却液在冷却回路上有膨胀体积的空间，这就由膨胀水箱来完成。膨胀水箱又称附加水箱或高位水箱。它是一个容积不大，安装位置较高的水箱，它与散热器并联在冷却系的水路中，如图 6-12 所示。工作时使一部分冷却液流经膨胀水箱，在其内使气和水分离，经膨胀水箱的这部分冷却液流，称为除气循环。

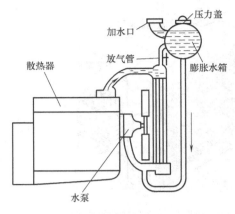

图 6-12　膨胀水箱

3. 节温器

节温器安装在冷却液循环的通路中，根据柴油机负荷大小及冷却液温度高低来改变冷却液的流动路线及流量，自动调节冷却系的冷却强度，使冷却液温度保持在最适宜的范围内。

如图 6-13 所示，康明斯 B 系列柴油机有一个蜡式节温器。如图 6-14 所示，C 系列柴油机有两个蜡式节温器。康明斯对节温器使用要求如下：

1）节温器初始开启温度为 83℃，全开温度为 95℃。
2）节温器不允许拆除，节温器失效后应立即更换。
3）C 系列上必须采用两个相同的节温器，不允许用不同型号节温器代替。

图 6-13　康明斯 B 系列柴油机节温器

图 6-14　康明斯 C 系列柴油机节温器

节温器有蜡式和乙醚折叠式两种，目前工程机械柴油机上广泛采用的是蜡式节温器，因为它具有对水压影响不敏感、工作性能稳定、水流阻力小、结构坚固和使用寿命长等优点。

康明斯 B、C 系列柴油机使用的蜡式双阀型节温器结构如图 6-15 所示。阀座与下支架铆

项目六　柴油机冷却、润滑系统结构与检修

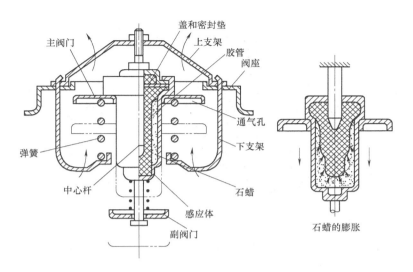

图 6-15　蜡式双阀型节温器

接在一起，紧固在阀座上的中心杆的锥形下端插在橡胶管内。橡胶管与感温器体之间的空腔内充满特制的石蜡。常温下石蜡呈固态，当温度升高时，逐渐融化，体积也随之增大，感温器体上部套装在主阀门上，下端则与副阀门铆接在一起。

当冷却液温度低于 83℃ 时，节温器体内的石蜡体积膨胀量尚小，故主阀门受大弹簧作用紧压在阀座上，来自散热器的水道被关闭，而副阀门则离开来自柴油机的旁通水道，所以冷却液便不经过散热器，只在水泵与柴油机水套之间做小循环流动。这样，冷柴油机开始工作时，冷却液快速升温，能很快暖机，在短时间内达到柴油机正常工作温度。当冷却液温度高于 83℃ 时，石蜡体积膨胀，使橡胶管受挤压变形，但由于中心杆是固定不动的，于是橡胶管收缩则对中心杆锥形端部产生一轴向推力，迫使感温器体压缩大弹簧，使主阀门逐渐开启，副阀门逐渐关闭，因而部分来自散热器的冷却液做大循环流动。随着温度升高，主阀门开大，做大循环冷却水量增多。当冷却液温度达到 95℃ 时，主阀全开，开足升程 6.6mm，副阀门则完全关闭，全部冷却液流经散热器做大循环流动。

4. 风扇及其驱动装置的结构

如图 6-16 所示，康明斯 B 系列柴油机风扇由多片叶片组成，安装在散热器后面，用螺栓安装在柴油机前端曲轴上方的带轮上。

图 6-16　康明斯 B 系列柴油机风扇

风扇驱动如图 6-17 所示，柴油机风扇、发电机、水泵一起由曲轴上附件带轮通过传动带驱动，传动带的工作状态将直接影响冷却系统工作温度；张紧过度的传动带将使两端轴、带轮及传动带增加磨损；张紧不够的传动带将会打滑，使所传动的部件工作效率降低、传动带发热造成损坏。通过张紧轮 3 可以调整传动带张紧度。

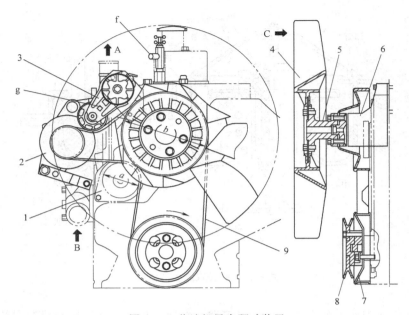

图 6-17 柴油机风扇驱动装置

1—水泵 2—发电机 3—张紧轮 4—风扇 5—风扇毂
6—风扇支架 7—曲轴带轮 8—附件带轮 9—传动带

2.3 冷却系统的检修

1. 水泵的检修

康明斯 6BT 柴油机水泵的检修方法如下：

1）检查轴、轴承、轴承孔有无磨损和损坏。转动水泵轴，要求端隙为 0.05～0.10mm。

2）检查叶轮有无裂纹、腐蚀和损坏。如有损坏应进行更换。

3）测量叶轮的中孔和轴的外径。叶轮中孔与轴外径的压配合过盈量至少为 0.03mm。

4）检查水泵壳有无损坏。测量水泵壳轴承孔，大于规定值，水泵壳应报废。

5）检查传动带轮的技术状况，其方法是：

① 检查传动带轮的耐磨套圈有无磨损和损坏，如损坏应更换新套圈。

② 检查带轮槽和传动带有无磨损和损坏，如有损坏应更换。新传动带嵌入槽中后应突出带轮外径 1.59～3.18mm。

③ 测量传动带轮和张紧轮中孔和轴的外径。带轮和张紧轮的孔与轴之间为压配合，过盈量为 0.03mm。

2. 散热器的检修

由于使用了防冻剂，能防冻、防锈、防结垢，但散热器仍是个薄弱环节，易损伤，如发生渗漏，应及时检查修理，特别应注意清洁工作。同时应经常检查散热器软管有无龟裂、损伤、膨胀状况，一旦发现应及时更换。

（1）散热器的清洗

冷却系水垢沉积后，将会使冷却液流量减小，散热器传热效果降低，促使柴油机过热。清除水垢有以下两种方法：第一种方法是：用质量分数 2%～3% 的氢氧化钠水溶液加入柴油机冷却系统中，工程机械使用1~2天后将冷却液全部放出，并用清水冲洗。然后再加入同样的氢氧化钠水溶液，再使用1~2天后放出，最后用清水彻底清洗冷却系统。第二种方法是：冷却系统加满清水后，从加水口向内加入1kg的碳酸氢钠，让工程机械使用1天时间。然后将冷却系统中的水放尽，再使柴油机低速运转，运转时不断地从加水口加入清水（放水开关也放水），彻底将冷却系统冲洗干净。

（2）散热器的检查

将压力检测器装在散热器上，可用专用仪器进行检查。用检查仪的手动泵使内部压力达100kPa，然后观察压力变化。如果出现明显下降，说明冷却系统存在渗漏部位，应予以排除。如堵死散热器的进出口，在散热器内充入50~100kPa的压缩空气，并将其浸泡在水中，检查有无气泡冒出。若有气泡，应做好记号，以便焊修。再用手动泵使压力上升，在120~150kPa时膨胀水箱上的压力阀必须打开。

（3）散热器盖的检查

对于具有空气-蒸气阀的散热器盖用专用压力检测器检查，散热器盖的空气阀、蒸气阀开启压力应在规定范围内。

（4）膨胀水箱的检查

为了保证除气系统防气蚀压力，应将膨胀水箱安装在冷却系统最高处；膨胀水箱最低液面到其底面距离也是有一定要求的。有些柴油机膨胀水箱上印有两条液面高度标记线："FULL"（充满）与"ADD"（添加）。冷却液温度在50℃以下时，液面高度不应低于"ADD"线，否则需补充冷却液，补充时冷却液可从膨胀水箱加水口加入，高度不超过"FULL"线。

3. 节温器的检修

（1）节温器的拆装

节温器的拆卸：

1）断开电源总开关，放出冷却液。

2）拆下节温器壳体。

3）拆下节温器，卸下垫片。

节温器的安装：

1）清洁所有零件尤其是外壳结合表面。用冷却液涂抹垫片后，装上垫片。

2）安装节温器，壳体与柴油机上的位置对准。

3）添加冷却液到合适的位置。

4）接通电源总开关，去掉散热器盖，使工程机械运转直到节温器打开，向散热器添加冷却液。

5）安装散热器盖，关掉柴油机使其冷却。待机体冷却后，再检查散热器和储液箱的冷却液量。

（2）节温器的检查

如图6-18所示，检查节温器功能是否正常，可将其置于容器热水中加热（注意不要接触容器壁），观察节温器阀门开始开启温度、全开温度以及最大升程，将测量结果与标准值比较，如果不符合要求，应进行更换。

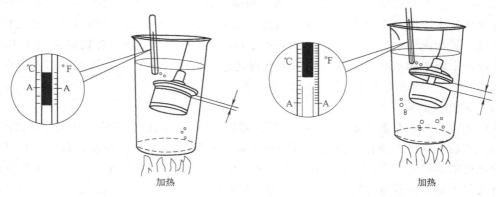

a) 检查节温器开始开启温度　　　　b) 检查节温器全开时的温度

图 6-18　节温器功能的检查

4. 柴油机风扇及其驱动装置的检修

柴油机风扇及其驱动装置检查和调整方法如下。

1）检查风扇叶片、风扇轴有无裂纹及磨损和损坏，风扇如果有任何损坏切勿修复，必须更换。

2）康明斯 6BT 柴油机风扇有两种形式，一种是具有阶梯形风扇毂（无轴承隔圈）。装配时风扇毂轴向间隙为 0.08~0.25mm。如果轴向间隙大于 0.25mm 时拆下开口销，将带槽螺母拧进一档，使开口销仍可插入。如果轴向间隙小于 0.08mm，应将风扇毂放在工作台上，将带槽螺母松开一圈。

另一种形式为直孔风扇毂（带轴承隔圈），在装配时轴向间隙不得小于 0.08mm，不得大于 0.41mm。如果间隙不符合要求，应测量轴承宽度，应为 18.0~18.1mm，如果轴承宽度大于 18.1mm，应修短轴承隔套来调整。注意：应修去隔套无润滑脂孔的一端。

3）传动带调整方法如下：

① 松开张紧轮支架螺栓，用撬杆撬动张紧轮，同时检查传动带的松紧度，以手指轻压传动带中部时下沉量为 10~15mm 为宜。

② 固定好螺栓后要复验一次。

③ 在检查风扇传动带张紧度时，应结合检查风扇叶片安装是否牢固，水泵轴应无轴向间隙等。

任务三　潍柴柴油机冷却系统特点

潍柴 WD615 柴油机冷却系统主要由水泵、节温器、散热器、风扇、膨胀水箱及管路、暖风装置等部件组成，如图 6-19 所示，冷却液循环路线同前所述基本类似，图 6-19 中出水管末端有一支管，部分冷却液可进入工程机械空调暖风装置实现供暖。

1. 水泵

该冷却系统水泵为离心式，它由曲轴带轮驱动，安装在柴油机前端的齿轮室上，其水泵蜗壳与齿轮室铸成一体。蜗壳出水口直接与机体右侧水室相连通。水泵的工作叶轮为铸铁件，有 8 片弯叶片，工作转速 2220r/min，水泵轴与带轮采用过盈配合。水泵的工作叶轮由

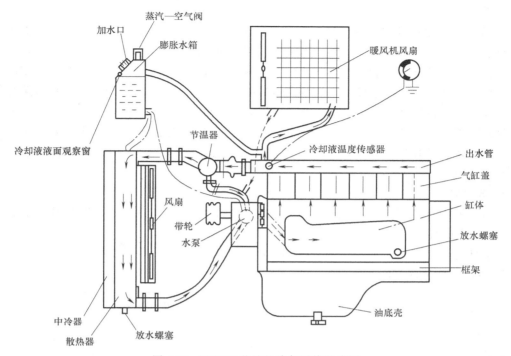

图 6-19 WD615柴油机冷却系统组成图

两根 V 带传动，V 带的松紧度通过 V 带张紧轮调整。水泵结构如图 6-20 所示。

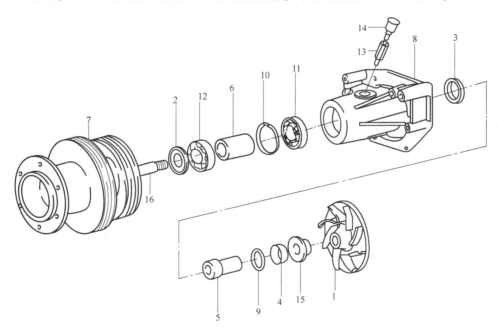

图 6-20 WD615柴油机水泵结构图

1—水泵叶轮 2—防护圈 3—水泵油封 4—水封 5—轴套 6—支承座 7—带轮 8—水泵体 9、10—弹性挡圈 11—深沟球轴承 12—圆柱滚子轴承 13—螺塞 14—油杯 15—水封滑套 16—泵轴

2. 风扇

WD615柴油机冷却风扇有两种：一种是普通风扇，风扇毂与水泵法兰盘直接用螺栓做刚性连接，水泵与风扇的转速一致，用于一般增压与自然吸气柴油机。第二种是自动变速硅油风扇。国Ⅱ型增压中冷谐振进气柴油机上普遍采用硅油风扇，叶片采用了高强度聚酯塑料材料，且通过硅油离合器连接水泵法兰盘与风扇毂。除具有重量轻、风量大、可靠美观等特点外，该结构风扇转速和其消耗的功率可根据柴油机负荷大小而自动进行调节，从而缩短了热机时间，同时达到节油目的。当风扇进风温度低于50℃时，硅油离合器使风扇与驱动轮分开，风扇转速只有输入转速的45%；当进风温度上升到72~75℃时，风扇转速达到输入转速的100%。

3. 节温器

如图6-21所示，该冷却系统节温器安装在出水口的后端，采用蜡式节温器。节温器在(80±2)℃时开始开启，95℃达到全开，全开行程为10mm。

4. 冷却液散热器与膨胀水箱

该冷却系统采用膨胀水箱结构。冷却液散热器采用管式芯部结构，具有刚度好、耐压高和空气阻力小等特点。散热器由上水室、下水室和散热器芯组成；散热器底部有放水螺塞；散热器上部有橡胶管与膨胀水箱相通，可及时消除上水室内的蒸汽和补充上水室内的冷却液，使其不致产生气阻。

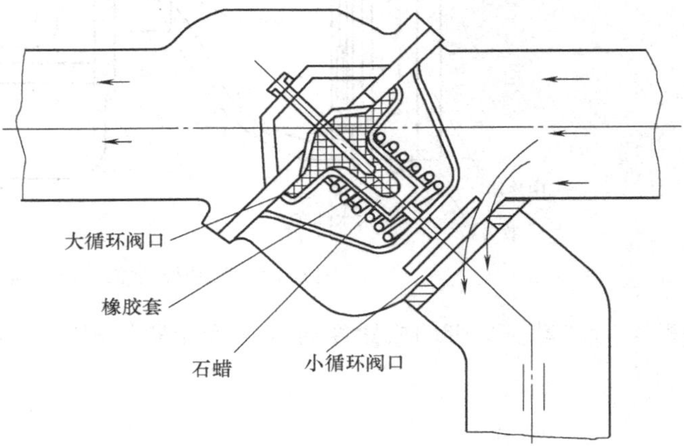

图6-21 WD615柴油机节温器

膨胀水箱的主要作用是消除冷却系部分蒸汽，使其不致产生气阻，并及时补充冷却液和给冷却液随温度变化而产生的膨胀留有余地，防止由于转速变化时流动滞后的冷却液溢出循环系统。膨胀水箱上设有加水口，加水口盖用橡胶密封垫密封，在其上部设有蒸汽—空气阀，其前面右下方还设有水位观察孔。柴油机工作时，膨胀水箱冷却液液面高度随柴油机转速、负荷的变化而略有变化。

任务四 柴油机润滑系统认识

4.1 任务引入

润滑系的基本任务就是将机油不断地供给各零件的摩擦表面，以减小零件的摩擦和磨损。流动的机油可以清除摩擦表面上的磨屑等杂质，并冷却摩擦表面。气缸壁和活塞环上的油膜还能提高气缸的密封性。此外，机油还可以防止零件生锈。

一般的柴油机均采用综合润滑系统。对工作负荷大、运动速度高、工作条件很差的摩擦表面，如主轴承、连杆轴承、凸轮轴承、摇臂轴承等均需要一定压力将机油输送到摩擦表面间隙中，方能形成油膜保证润滑，即压力润滑。其他如活塞与气缸壁、配气机构的凸轮等则利用运动零件激溅起来的油滴或油雾来进行润滑，这种润滑方式称为飞溅润滑。其他辅助机构零件，如风扇、水泵轴和发电机轴等则采用定期加注润滑剂的方法来进行润滑，即为定期润滑（脂润滑）。

4.2 相关知识

1. 柴油机润滑系统的组成及各部件作用

1）机油泵、输油管、吸油管、集滤器和油底壳等。它们的作用是将机油吸取加压后送往各润滑部位进行润滑。柴油机的大部分机油道、油管设计在气缸体、气缸盖的内部，这种内部油道不易损坏和泄漏，可靠性好。

2）机油滤清装置，包括机油粗滤器（全流滤油器）、机油细滤器（旁流滤油器）。用来清除循环机油中所含的各种杂质，保证润滑系统正常工作。

3）机油冷却装置即机油冷却器，用来冷却机油，防止因机油温度过高和机油黏度降低而失去润滑作用，使柴油机不能正常工作。

4）压力调节阀、机油滤清器旁通阀、油压表、油尺等，用来保障润滑系统安全、检查润滑系工作状况。

2. 润滑剂

润滑剂分润滑油（机油）和润滑脂（黄油）两种，本任务仅介绍柴油机机油。

目前广泛使用美国汽车工程师协会（SAE）的黏度等级分类法对柴油机机油进行分类。SAE黏度级别分为夏季用油和冬季用油两种（称单级机油）。如果冬季用油和夏季用油的号数连在一起，则表示冬夏两用机油（多级机油）。

SAE润滑油黏度分类的冬季用油牌号分别为：0W、5W、10W、15W、20W、25W，符号W代表冬季，W前的数字越小，其低温黏度越小，低温流动性越好，适用的最低气温越低；SAE机油黏度分类的夏季用油牌号分别为：20、30、40、50，数字越大，其黏度越大，适用的最高气温越高；SAE机油黏度分类的冬夏通用油牌号分别为：5W-20、5W-30、5W-40、5W-50、10W-20、10W-30、10W-40、10W-50、15W-20、15W-30、15W-40、15W-50、20W-20、20W-30、20W-40、20W-50，代表冬用部分的数字越小（适用最低气温越低），代表夏季部分的数字越大（适用的最高气温越大），适用的气温范围越大。

图6-22 柴油机机油牌号示例

柴油机机油质量等级划分，有API（美国石油学会）CA、CB、CC、CD、CE、CF、CF-4、CG-4、CH-4，字母越往后，油品档次越高，性能更好。图6-22为质量等级为API CH-4，牌号为10W-30的冬夏两用机油。对于目前使用较普遍的增压式柴油机，由于负荷较大，应该使用清净分散性、氧化安全性、缓腐蚀性和抗磨性较好的机油（一般推荐使用CD15W-40柴油机机油）。

3. 柴油机润滑系统油路

康明斯柴油机润滑系统可分为全流量冷却式润滑系统和变流量冷却式润滑系统，本任务仅介绍前一种油路。

图6-23、图6-24所示为康明斯全流量冷却式润滑系统的工作流程。全流量冷却式润滑

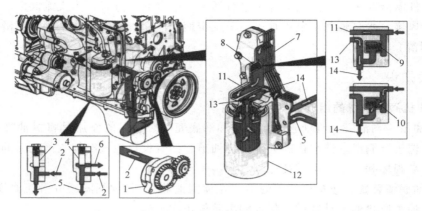

图 6-23 康明斯全流量冷却式机油油路实物图

1—机油泵 2—来自机油泵 3—调压阀关闭 4—调压阀打开 5—至机油冷却器 6—至机油泵入口
7—机油冷却器 8—滤清器旁通阀 9—滤清器旁通阀关闭 10—滤清器旁通阀打开 11—至机油滤清器
12—全流式机油滤清器 13—来自机油滤清器 14—主油道

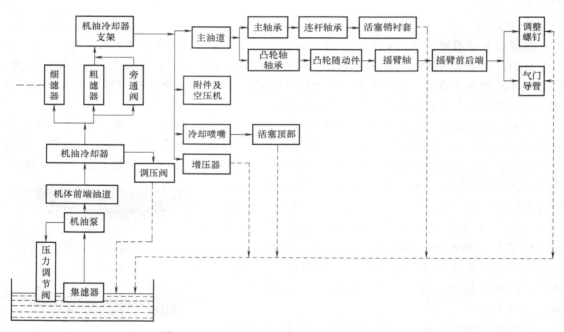

图 6-24 康明斯全流量冷却式机油油路示意图

系统一直以最大流量运转，工作时，机油经集滤器和油管被吸入机油泵，加压后进入柴油机左侧的机油冷却器，在机油冷却器中冷却以后，少部分机油送到机油细滤器后回油底壳。其他大部分机油进入机油粗滤器滤清，而后再经机油滤清器座而分成4路；第一路去增压器，然后回油底壳；第二路去润滑附件及空压机；第三路去冷却喷嘴，用来冷却活塞内顶部，喷出的机油回油底壳；第四路从机体前端油道横穿过去流向主油道，进入主油道的机油通过缸体上设有的油道供往各主轴承，然后经过曲轴上的孔道进入各连杆轴承，再通过连杆油道流向活塞销和连杆小头之间的衬套。主油道的机油还通过缸体上的油道流向凸轮轴承、各摇臂轴以及摇臂前后端和推杆等处。上述各处的机油润滑后均回油底壳。气缸壁、活塞与活塞环及凸轮靠飞溅润滑。

任务五　润滑系统主要部件结构与检修

5.1　任务引入

如前所述，柴油机润滑系统中主要部件有：机油泵、机油滤清器以及机油冷却器等。这些部件的性能对柴油机主要部件的润滑状况影响很大。

5.2　相关知识

1. 机油泵的结构

机油泵的作用是把一定量的机油压力升高，强制性地将机油压送到柴油机各摩擦表面，保证用于压力润滑的机油循环流动。

机油泵常见的结构形式有齿轮式机油泵和转子式机油泵。

（1）齿轮式机油泵

机油泵壳体上加工有进油口和出油口，机油泵的进油口与集滤器相连。在机油泵壳体内装有一个主动齿轮和一个从动齿轮。齿轮和壳体内壁之间留有很小的间隙，其工作原理如图6-25所示。当齿轮按图6-25所示方向旋转时，进油腔的容积由于轮齿向脱离啮合方向运动而增大，腔内产生一定的真空度，机油便从进油口被吸入并充满进油腔。旋转的齿轮将齿间的机油带到出油腔。由于轮齿进入啮合，出油腔容积减小，油压升高，机油经出油口被输送到柴油机油道中。

一般在泵盖上铣出一条泄压槽与出油腔相通，使轮齿啮合时挤出的机油通过泄压槽流向出油腔，以消除轮齿进入啮合时在齿轮间产生的很大推力。

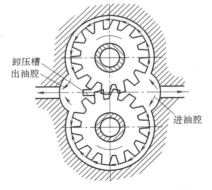

图6-25　齿轮式机油泵工作原理

如图6-26所示为康明斯6BT柴油机的单级齿轮式机油泵，该机油泵输出的压力油有5%左右通过细滤器过滤后返回油底壳。机油泵安装在柴油机前端，通过齿轮5驱动。为了保证机油泵和润滑系统各部件的工作安装可靠，机油泵出油压力必须限制在一定范围内，因此在机油泵上装有调压阀（也可装在机油散热器或机油滤清器座处）。柴油机在怠速工作时，机油泵的正常供油压力不能小于103kPa。额定转速时，机油泵的正常工作压力应在345～483kPa。

（2）转子式机油泵

机油泵壳体内装有内转子和外转子。内转子通过键固定在主动轴上，外转子外圆柱面与壳体配合，二者之间有一定的偏心距，外转子在内转子的带动下转动。壳体上设有进油口和出油口。其工作原理如图6-27所示，在内外转子的转动过程中，转子的每个齿的齿形齿廓线上总能相互成点接触。这样内外转子间形成了四个封闭的工作腔。内、外转子转向相同，由于外转子总是慢于内转子，这四个工作腔容积在不断变化。每个工作腔在容积最小时与壳

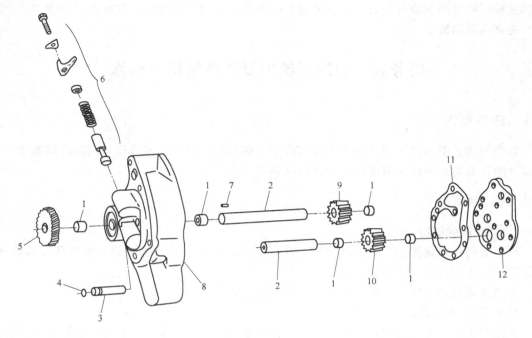

图 6-26 机油泵分解

1—衬套 2—轴 3—机油管 4—O形圈 5—驱动齿轮 6—调压阀 7—定位销
8—泵体 9—主动齿轮 10—从动齿轮 11—垫片 12—泵盖

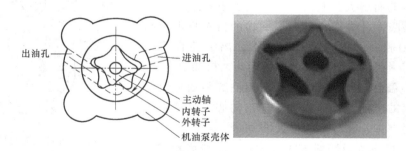

图 6-27 转子式机油泵外形与工作原理图

体上的进油孔相通,随着容积的增大,产生真空,机油便经进油孔吸入。转子继续旋转,当工作腔与出油孔相通时,容积逐渐减小,压力升高,机油被压出。

转子式机油泵结构紧凑,体积小,质量轻,吸油真空度高,泵油量大,供油均匀度好。安装在曲轴箱外位置较高处时也能很好的供油。例如康明斯 ISBe 电控柴油机即采用如图 6-28 所示的转子式机油泵。

2. 机油滤清器的结构

机油滤清器按过滤能力分为集滤器、粗滤器和细滤器三种。

(1) 集滤器

集滤器装在机油泵之前,用来防止粒度大的杂质进入机油泵。一般采用滤网式,有浮式

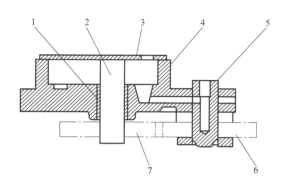
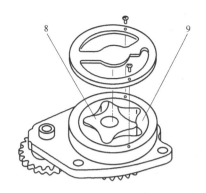

图 6-28　ISBe 电控柴油机转子式机油泵

1—衬套　2—驱动轴　3—支承板　4—壳体　5—惰轮轴　6—惰轮　7—驱动齿轮
8—内转子（驱动转子）　9—外转子（行星转子）

和固定式两种结构形式，如图 6-29 所示。

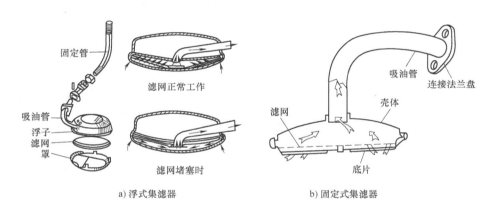

a) 浮式集滤器　　　　　　　　b) 固定式集滤器

图 6-29　集滤器

浮式集滤器由浮子、滤网、罩及焊在浮子上的吸油管所组成。浮子是空心的，以便浮在油面上。固定管通往机油泵，安装后固定不动。吸油管活套在固定管中，使浮子能自由地随油面升降。

浮子下面装有金属丝制成的滤网。滤网有弹性，中央有环口，平时依靠滤网本身的弹性，使环紧压在罩上。罩的边缘有缺口，与浮子装合后形成缝隙。

当机油泵工作时，机油从罩与浮子之间的狭缝被吸入，经过滤网滤去粗大的杂质后，通过油管进入机油泵；滤网被淤塞时，滤网上方的真空度增大，克服滤网的弹力，滤网便上升而环口离开罩。此时，机油不经滤网面直接从环口进入吸油管内，保证机油的供给不致中断。浮式集滤器能吸入油面上较清洁机油，但油面上泡沫易被吸入，使机油压力降低，润滑并不可靠。

固定式集滤器装在油面下面，它的滤网相对油底壳位置不变，吸入中或中下层机油，吸入的机油清洁度稍逊于浮式集滤器，但可防止泡沫吸入，润滑可靠，结构简单，故基本取代了浮式集滤器。

如果机油滤网堵塞，应该用柴油或煤油清洗后再用压缩空气吹干；浮子如有破损，应进行焊修。

（2）粗滤器

粗滤器属于全流式滤清器，串联于机油泵与主油道之间，它对机油的流动阻力较小，用以滤去机油中粒度较大（直径为0.05~0.1mm以上）的杂质。

粗滤器根据滤清元件（滤芯）的不同，可以有各种不同的结构形式。目前工程机械柴油机常用的为纸质式粗滤器。

纸质式粗滤器内部结构如图6-30所示，滤芯分内外两层，外层滤芯是由波折的微孔纸组成，内层芯使用金属丝编成的滤网或冲压的多孔板，以加强滤纸。机油从外围经过滤芯的过滤后从中心流向主油道。目前，工程机械柴油机为了维修方便，均采用了这种螺纹连接式、封闭式的外壳，直接旋装于滤清器座上，达到规定工作小时后可进行整体更换。

图6-30　纸质式粗滤器

（3）细滤器

细滤器属于旁流式滤清器，与主油道并联，对机油的流动阻力较大，用以滤除直径在0.001mm以上的细小杂质。将经粗滤器过滤的机油的一小部分引入细滤器，使此部分机油得到充分过滤。经过一段时间运转后，所有机油都将通过一次细滤器，从而保证了机油的清洁度。细滤器分为过滤式和离心式两种类型，现代工程机械柴油机一般采用离心式细滤器。图6-31所示为离心式机油细滤器结构。

滤清器壳体上固定着带中心孔的转子轴，转子体上压有三个衬套，并与转子体端套连成一体，套在转子轴上可自由转动。压紧螺母将转子盖与转子体紧固在一起。转子下面装有推力轴承，上面装有支承垫圈，并用弹簧压紧以限制转子轴的轴向窜动。转子下端装有两个径向水平安装的喷嘴。压紧螺套将滤清器盖固定在壳体上，使转子密封。

柴油机工作时，从油泵来的机油进入滤清器进油孔B。当机油压力低于0.1MPa时，进油限压阀不开启，机油则不进入滤清器而全部供入主油道，以保证柴油机润滑可靠。当油压高于0.1MPa时，则进油限压阀被顶开，机油沿壳体中的转子轴内的中心油道，经出油孔C进入转子内腔，然后经进油孔D、油道E从两喷嘴喷出。在机油喷射的反作用力的推动下，转子及转子内腔的机油高速旋转。在离心力作用下，机油中的杂质被甩向转子壁并沉淀，清洁的机油经滤清器出口F流回油底壳。

在柴油机工作中如果油温过高，可旋松调整螺钉，机油通过球阀，经管接头流向机油冷却器。当油压高于0.4MPa时，旁通阀打开，机油流回油底壳。

3．机油冷却器的结构

机油冷却器在热负荷较高的柴油机上设置。其作用是加强机油的冷却，保持机油的温度在正常工作范围（80~105℃）内。冷却器的油路与主油道串联，如前面的图6-2所示，是用柴油机的冷却液流经散热片间的缝隙，带走机油的热量，使冷却后的机油进入主油道。图6-32所示的为常用机油冷却器的结构图和实物图。

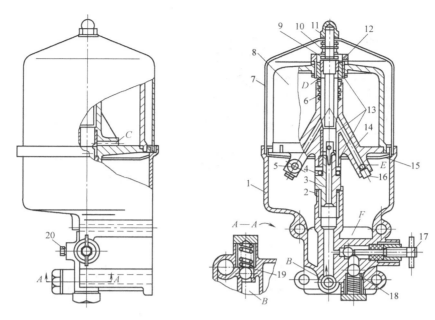

图 6-31 离心式机油细滤器

1—壳体 2—锁片 3—转子轴 4—推力轴承 5—喷嘴 6—转子体端套 7—滤清器盖 8—转子盖 9—支承垫圈 10—弹簧 11—压紧螺套 12—压紧螺母 13—衬套 14—转子体 15—挡板 16—螺塞 17—调整螺钉 18—旁通阀 19—进油限压阀 20—管接头 B—滤清器进油口 C—出油口 D—进油口 E—通喷嘴油道 F—滤清器出油口

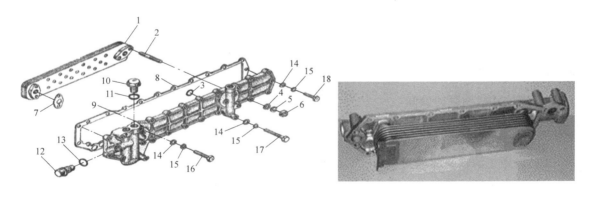

图 6-32 机油冷却器结构与实物图

1—机油冷却器芯 2—双头螺栓 3—油道密封圈 4—小垫圈 5、15—弹簧垫圈 6—六角螺母 7—垫片 8—机油冷却器盖板垫片 9—机油冷却器盖板 10—油道螺塞 11、13—密封垫圈 12—调压阀总成 14—平垫圈 16、17、18—六角头螺栓

康明斯6BT柴油机机油冷却器、机油滤清器总成油路控制原理如图6-33所示。机油冷却器进油油路上的调压阀开启压力为451kPa。系统机油压力超过设定压力时调压阀打开，机油流回油底壳。机油冷却器滤清器座处油路上设置一旁通阀，开启压力为157kPa。当机油滤清器滤芯堵塞时，该旁通阀打开，机油直接去往各润滑点，避免柴油机因缺机油而损坏。

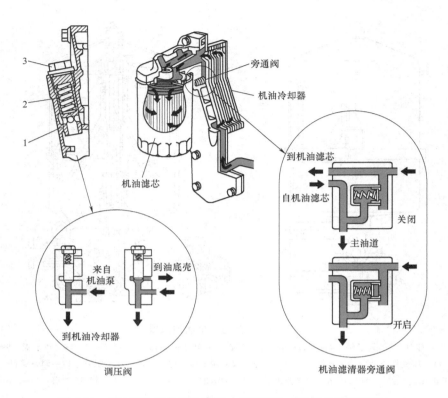

图 6-33 6BT 柴油机机油冷却器、滤清器总成油路控制原理图
1—调压阀柱塞 2—调压阀弹簧 3—调压阀压力调整螺钉

5.3 润滑系统的检修

1. 齿轮式机油泵的检修

（1）机油泵的检查

齿轮式机油泵检查内容如下：

1）检查主动轴、从动轴和泵体定位销是否磨损和损坏。

2）检查泵体、盖有无裂纹和损坏，泵体上的螺纹衬套是否损坏。

3）测量泵盖和泵体上衬套内孔，超过范围应更换。

4）检查轴和主、从动齿轮有无损坏。如果齿轮齿根有穴蚀凹点、裂纹，齿轮齿面有凹坑、划伤断裂等，应更换齿轮和轴。

5）检查主驱动齿轮有无裂纹和其他损伤。

（2）机油泵的装配

齿轮式机油泵在装配时要检查以下项目：

1）主、从动轴装入泵体后的准确突出长度。

2）齿轮与泵体的间隙不得大于 0.30mm，对于双级机油泵，齿轮腔底面与齿轮之间应有 0.05~0.10mm 的间隙。

3）将调压阀或高压旁通阀装入泵体，拧紧螺栓的力矩为 40~47N·m。

4）将泵盖和新垫片装上泵体，拧紧螺栓的力矩为 40~47N·m 并试转齿轮，应能自由转动。

2. 离心式细滤器的检修

离心式细滤器检修方法如下：在柴油机的机油压力高于 0.15MPa 时，运转 10s 以上，然后立即熄火。在熄火后 2~3min 内，若在柴油机旁听不到细滤器转子转动的嗡嗡声，则说明细滤器不工作。若机油压力正常，细滤器的进油单向阀也未堵塞，则为细滤器故障。应拆检清洗细滤器，拧开压紧螺母，取下外罩，将转子转到喷嘴对准挡油板的缺口时，取出转子。清除污物，清洗转子并疏通喷嘴，经调整或换件后再组装。

3. 机油冷却器的检修

机油冷却器检修主要检查冷却器芯管路是否有破损、散热片间是否堵塞；机油冷却器盖板垫片是否损坏；调压阀、机油滤清器旁通阀是否能正常开启，检查弹簧和阀芯是否符合规定要求。

任务六　潍柴柴油机润滑系统特点

潍柴 WD615 柴油机润滑系统主要由机油泵、集滤器、机油滤清器、机油冷却器、主油道限压阀、油底壳等部件组成，该柴油机润滑系统如图 6-34 所示。

机油泵压出的机油，进入两个旋装式机油滤清器，机油滤清器呈水平对置、并联安装。经过过滤后的机油进入机油冷却器，冷却后的机油首先进入主油道，然后经过斜置分支油道润滑凸轮轴轴承、曲轴轴承。此后，一部分机油进入副油道，通过喷嘴冷却活塞顶部，同时润滑、清洁缸套壁；连杆小头顶部加工有集油孔，靠飞溅润滑；另一部分通过曲轴内加工的斜油道进入连杆轴承，润滑后进入油底壳。进入副油道的机油又分成两部分，一部分经过喷嘴；另一部分则通过外部油管润滑单缸空气压缩机和高压喷油泵。在主油道的后端引出一外部油管，用以润滑增压器。从机身到挺柱孔有一细斜油道，用以润滑挺柱，又经空心推杆，经气门摇臂内油孔以润滑配气机构。在机油主油道上装有机油限压阀，开启压力为（500±50）kPa；并装有机油压力感应塞，当机油压力突然降到低于（25±1.5）kPa 时，机油压力警告指示灯点亮。为了防止铁屑进入机油泵，在油底壳内装有磁性螺塞，以吸住进入油底壳内的铁屑，防止它进入摩擦副表面。

1. 机油泵

工程机械用 WD615 型柴油机的齿轮式机油泵采用双联泵，又叫双级机油泵，其结构如图 6-35 所示，可以看成是两个单级齿轮泵的串联组合。

机油压力油腔出口处设置有机油泵安全阀，设定压力为（1550±150）kPa。机油泵由曲轴正时齿轮通过中间齿轮进行动力传递，驱动齿轮为斜齿轮，与机油泵主动轴是热装配过盈配合，以此传递动力，没有键槽。泵油齿轮是圆柱齿轮，与齿轮轴是一体加工。

2. 机油滤清器

机油滤清器串联于主油道之前，进入主油道的机油全部经过滤清器（全流式）；机油滤清器采用了旋装式纸质滤清器，呈水平对置、并联。机油滤清器如图 6-36 所示。机油滤清器装有旁通阀，开启压力为（250±17.5）kPa。

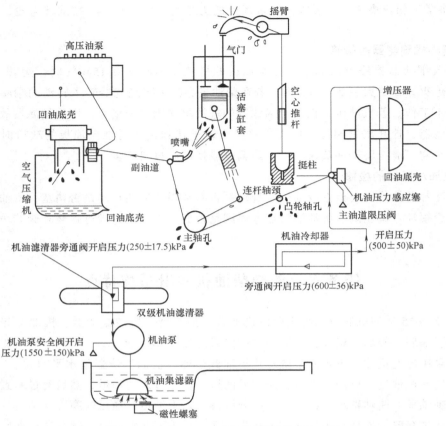

图 6-34 潍柴 WD615 柴油机润滑系统组成图

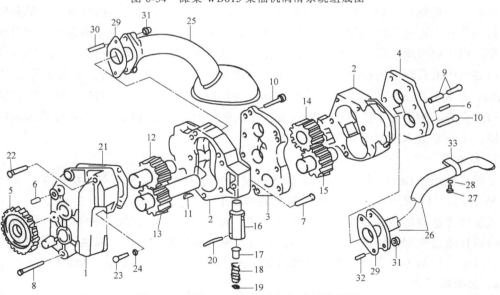

图 6-35 潍柴 WD615 柴油机机油泵结构图
1—机油泵前盖 2—机油泵壳体 3—机油泵中间隔板 4—机油泵后盖 5—机油泵驱动齿轮 6—圆柱销
7、8、9、22、23、27—小六角头螺栓 10—圆柱头内六角螺钉 11—半圆键 12、13、14、15—机油泵齿轮总成
16—安全阀体 17—安全阀 18—弹簧 19、29—垫片 20—开口销 21—机油泵垫片 24、28—波形弹性片
25—集滤器总成 26—吸油管总成 30、32—双头螺栓 31—自锁螺母 33—卡箍

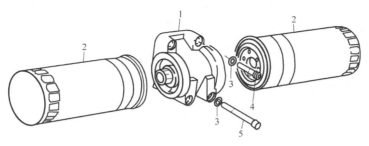

图 6-36 潍柴 WD615 柴油机机油滤清器
1—滤清器座组件 2—旋装式机油滤芯总成 3—小垫片 4、5—圆柱头内六角螺钉 M8×90

3. 机油冷却器

机油冷却器采用管式冷却器，置于柴油机右侧机油冷却器盖内，呈扁平状结构，如图 6-37 所示。为避免因冷却器堵塞和冷起动机油黏度大导致柴油机缺机油，机油冷却器在其进油口与机身主油道间设有旁通阀，开启压力为 (600±36) kPa。

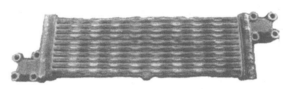

图 6-37 潍柴 WD615 柴油机机油冷却器

任务七　柴油机曲轴箱通风装置结构原理

1. 曲轴箱通风的目的

1）防止润滑油变质，减小摩擦机件的磨损和腐蚀。柴油机工作时，有一部分可燃气体和废气经活塞环和气缸壁的间隙漏入曲轴箱内。燃油蒸气凝结后将稀释机油，废气中的酸性物质和水蒸气将侵蚀零件和使机油性能变坏（稀化、老化、结胶）。

2）降压、降温、防漏。漏入曲轴箱内的气体使箱内压力和温度升高，会造成机油从油封、衬垫等处泄漏和变质。通风后对机油有一定的冷却、降压和防漏作用。

3）减小对大气的污染和对可燃气体回收。将漏窜到曲轴箱内的气体再吸入气缸内燃烧，这不仅对气体中的碳氢化合物是一种回收，有利于提高柴油机的经济性；同时，可以减少排气的污染。

因此柴油机都设有曲轴箱通风装置、使漏入的气体排出曲轴箱外并加以利用，同时使新鲜空气进入曲轴箱，形成不断地对流。

2. 曲轴箱通风装置类型与原理

曲轴箱通风的方法有两种：一是利用机械行驶和风扇所造成的气流，使与曲轴箱和出气管口处形成一定的真空度，从而将气体抽出曲轴箱外的所谓自然通风法。二是利用柴油机进气管道的真空度作用，使曲轴箱内气体被吸出而进入气缸的所谓强制通风法。

如图 6-38 所示。在曲轴箱上安装一个下垂的出气

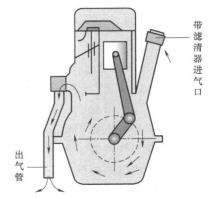

图 6-38 曲轴箱自然通风装置

管，管的出口处加工成与工程机械行驶方向相反的斜切口。工程机械行驶与冷却风扇的气流作用，使出气管口形成一定的真空度，使漏入曲轴箱内的废气抽至机外，同时防止外界尘土进入曲轴箱内；通过带滤清器的进气口，可调节和保持通风程度。自然通风对大气有污染，低速时通风效果较差。增压式柴油机可采用强制通风法，利用带呼吸器的抽气管 2 将曲轴箱内的气体通到增压器 9 的吸气端，有较好的通风效果（图 6-39）。

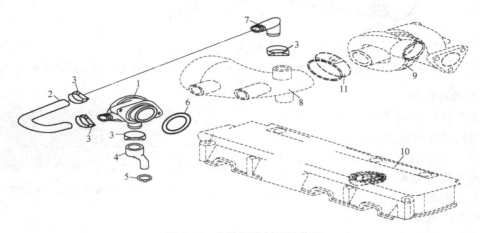

图 6-39　曲轴箱强制通风装置

1—呼吸器　2—抽气管　3—卡箍　4—回油管　5—卡箍　6—密封圈　7—弯管
8—进气管　9—增压器　10—气门室盖　11—卡箍

如果曲轴箱内压力过高，则曲轴箱通风装置必须进行检修，主要检查呼吸阀是否损坏或开启卡滞；出气管是否凹陷堵塞；进气软管是否老化黏结，以及进气口滤清器是否堵塞等。

任务八　冷却系统常见故障及诊断排除

冷却系统常见故障有柴油机冷却液温度过高、过低和冷却液消耗过多等。

1. 冷却液温度过高

工作中的工程机械，在冷却液温度表和冷却液温度传感器技术状况完好的情况下，温度表指针经常指在 100℃ 以上，并且散热器伴随有"开锅"现象；燃烧室内出现"炽热点"，柴油机易发生早燃使工作粗暴。出现这些现象，可判定柴油机有冷却液温度过高的故障发生。

造成冷却液温度过高的原因及处理方法有：

1）冷却液不足。按规定补充冷却液。

2）风扇传动带松弛、沾油打滑或断裂。调整传动带的松紧度或更换传动带。

3）水套和分水管积垢或堵塞。清理水套和分水管。

4）水泵工作性能不良。检修或更换水泵。

5）柴油机供油提前角不对。调整供油提前角。

6）燃烧室内积炭过多。清洗燃烧室。

7）气缸与活塞配合间隙过小。检修气缸、活塞组件。

8）风扇离合器接合时间过晚或打滑。检修或更换风扇离合器。

9）散热器的进水管或出水管凹瘪。检修或更换散热器水管。

10）节温器主阀门开度不够或打开温度过高。检修或更换节温器。

11）散热器内部水垢堵塞或外部过脏。清洗散热器。

12）百叶窗不能完全打开。检修百叶窗及控制机构。

2. 冷却液温度过低

冬季工作的工程机械，在冷却液温度表和冷却液温度传感器技术状况完好的情况下，柴油机达不到正常的工作温度；柴油机动力不足，油耗增加。出现这些现象，可判定柴油机有冷却液温度过低的故障发生。

造成冷却液温过低的原因及处理方法有：

1）百叶窗关闭不严。检修百叶窗及控制机构。

2）风扇离合器接合过早。检修或更换风扇离合器。

3）节温器主阀门不能关闭。检修或更换节温器。

3. 冷却液消耗过多

冷却液消耗过多是指冷却液比正常情况下消耗过快的现象。其主要原因有冷却系外部渗漏、内部渗漏。通过目测检查外部有没有漏水的痕迹，确定有无外部渗漏；通过检查机油是否发白（乳化），或在柴油机冷却液温度正常时排气是否冒白烟，来确定内部是否存在渗漏。密封良好的冷却系统，只有在冷却液过热，温度超过其沸点时才会发生损耗。因此，工程机械操作不当或长时间过载、环境温度过高或冷却气流受到阻碍也可能会引起冷却液消耗过多。

因为冷却液泄漏造成冷却液消耗过多的原因及处理方法有：

1）散热器进、出水管破损或接头漏水。更换散热器进、出水管，或更换卡箍、密封圈等。

2）散热器盖开启压力过低。更换散热器盖。

3）散热器冷却管泄漏。检修或更换散热器。

4）水泵水封损坏漏水。检修水泵。

5）气缸垫破损，导致内漏。更换气缸垫。

6）水套、水道开裂或有砂眼。检修柴油机内部冷却液循环管路。

任务九　润滑系统常见故障及诊断排除

柴油机润滑系统常见故障有：机油压力过高、机油压力过低、机油消耗过多、机油变质等。

1. 机油压力过高

柴油机在正常工作温度和转速下，机油压力表读数高于规定值。此时可判定为发生机油压力过高故障。

产生此故障的原因及处理方法有：

1）机油黏度过大。更换机油或重新选用机油。

2）机油调压阀弹簧压力调整过大。重新调整弹簧压力。

3）机油油道堵塞。清洗机油油道。

4）曲轴主轴承、连杆轴承或凸轮轴轴承间隙过小。必要时光磨曲轴、凸轮轴或更换轴承。

5）机油压力表或其传感器工作不良。检修或更换机油压力表及其传感器。

2. 机油压力过低

柴油机在正常工作温度和转速下，机油压力表读数低于规定值或油压报警器报警。此时可判定为发生机油压力过低故障。

产生此故障的原因及处理方法有：

1）机油集滤器网堵塞。清洗机油集滤器。

2）机油滤清器堵塞。清洗或更换机油滤清器。

3）机油冷却器管路堵塞。清洗机油冷却器管路。

4）油底壳内机油油面过低。按规定补充机油。

5）机油黏度降低。更换机油。

6）机油调压阀弹簧失效或调整不当。更换弹簧或重新调整。

7）机油油管接头漏油或进入空气。检修机油管路，排出空气。

8）机油泵性能不良。检修或更换机油泵。

9）曲轴主轴承、连杆轴承或凸轮轴轴承等间隙过大。必要时光磨曲轴、凸轮轴或更换轴承。

10）柴油机相关附件机油泄漏。检修相关附件。

11）机油压力表或其传感器工作不良。检修或更换机油压力表及其传感器。

3. 机油消耗过多

如果机油消耗量超过规定值，排气冒蓝烟，气缸内积炭增多，则可判定有机油消耗过多故障。此故障主要是泄漏和烧机油造成的，具有原因及处理方法有：

1）活塞、活塞环与气缸壁的间隙过大或活塞环与环槽的侧隙过大。检修或更换活塞、活塞环和气缸。

2）大修后，活塞环中的扭曲环或锥形环装反。重新安装活塞环。

3）气门与气门导管间隙过大或气门油封失效。检修或更换气门，更换气门导管或气门油封。

4）柴油机附件密封表面漏油。检查柴油机各附件的可能漏油表面。

5）曲轴箱通风不良。检修曲轴箱通风装置。

4. 机油变质

机油颜色变黑，黏度下降或上升；添加剂性能丧失，含有水分；机油乳化，呈乳浊状并有泡沫。出现这些现象，则为机油变质。

机油变质可通过手捻、鼻嗅和眼观的人工经验法检验。如机油发黑、变稠一般由机油氧化造成；如机油发白则证明机油中有水；如机油变稀则为柴油稀释引起。为精确分析机油变质原因，最好使用油质仪和滤纸斑点试验法进行机油品质检查。

出现故障的原因及处理方法有：

1）活塞、活塞环与气缸壁的密封不良。检修活塞、活塞环和气缸。

2）机油使用时间太长。更换机油。

3）机油滤清器性能不良。更换机油滤清器。
4）曲轴箱通风不良。检修曲轴箱的通风装置。
5）柴油机缸体或缸垫漏水。检修柴油机缸体或更换柴油机缸垫。

实训十二　柴油机冷却液温度过高故障诊断与排除

1. 实训目的

掌握柴油机冷却液温度过高故障诊断和排除的一般流程。

2. 实训设备

康明斯6BT柴油机、通用工具、密封圈和卡箍等易损件备件、柴油机冷却液、节温器功能检测用加热装置等。

3. 实训原理与方法

（1）故障现象

冷却液温度表指针经常指在100℃以上，并且散热器伴随有"开锅"现象。

（2）故障原因

这种现象应从柴油机冷却系统、柴油机燃油供给系统或曲柄连杆机构寻找故障原因。根据柴油机上述系统的原理，结合故障现象，一般可从四个方面考虑：冷却系统冷却液量不足、冷却系统温度调节装置故障、柴油机供油时间过迟或燃烧室内积炭过多、气缸与活塞配合间隙过小或润滑不良。

具体故障点：

1）冷却系统中冷却液量不足：散热器内没有加足冷却液、冷却系统泄漏、水泵压力不足、水道或散热管等被水垢及污物堵塞等。

2）冷却系统温度调节装置故障：节温器主阀打开温度过高或开度不够；风扇传动带松弛、沾油打滑或断裂；风扇离合器接合时间过晚或打滑等。

3）燃油系统故障：供油时间过迟使后燃增多，造成柴油机过热；燃烧室内积炭过多。

4）气缸与活塞配合间隙过小或润滑不良：气缸与活塞的配合间隙过小、活塞环切口的间隙过小及活塞连杆组安装不正、气缸润滑不良等均会造成活塞组与气缸摩擦加剧，工作温度升高，导致冷却液温度过高。

（3）故障诊断与排除

此故障重点检查柴油机冷却系统。根据从易到难、从外到内的故障诊断与排除原则，在诊断故障时依次检查：冷却液位是否正常、冷却系统是否外漏、冷却系统是否内漏、水泵性能是否良好、风扇是否正常、节温器是否正常。冷却系统具体诊断排除流程如下：

1）冷却液、散热器及其管路检查

检查冷却液数量，若液面位置过低，则加注冷却液。加注方法：

① 打开加水口盖。
② 打开放气螺栓。
③ 加注冷却液。
④ 加注冷却液后，应先关闭已打开的开关或阀门，然后起动柴油机运转5min左右，停机检查冷却液高度，如果不足，则需重复步骤①~③再次加注。

目视观察散热器进、出水管是否破损或接头是否漏水。若漏水则更换散热器进、出水管，或更换卡箍、密封圈。

若外接管路无明显泄漏，将压力检测器装在散热器上，用专用仪器进行检查。用检查仪的手动泵使内部压力达100kPa，然后观察压力变化。如果出现明显下降，说明冷却系统存在渗漏部位。可采用气泡观察法单独检查散热器，寻找漏点，进行焊修。

2）冷却系统内漏检查

通过检查机油是否发白（乳化），或在柴油机冷却液温度正常时排气是否冒白烟，来确定内部是否渗漏。检查气缸垫是否破损，若有损坏则更换气缸垫；检查水套、水道等是否开裂或有砂眼，若有则检修相关部位。

3）水泵检查

用手紧握缸盖连接散热器的出水管，由怠速加到高速，如感到水流量加大，说明水泵正常，否则，说明水泵泵水压力不足，应进行拆检。主要检查水泵传动带及带轮、水泵壳体或水泵轴及叶轮、水封等部位。

4）风扇检查

主要检查风扇传动带或带轮、风扇离合器等部位。

5）节温器检查

若散热器上水室进水管处水流小，说明节温器主阀开启故障。按照"任务二"中描述的节温器拆卸和检查方法，检查节温器主阀开启温度和开度是否正常。

实训十三　柴油机机油压力过低故障诊断与排除

1. 实训目的

掌握柴油机机油压力过低故障诊断和排除的一般流程。

2. 实训设备

康明斯6BT柴油机、通用工具、万用表、24V试灯、密封圈、柴油机机油、柴油机机油滤清器等。

3. 实训原理与方法

（1）故障现象

柴油机起动后或运转时，出现机油压力表指示值低于正常工作压力或油压过低报警装置报警。

（2）故障原因

根据柴油机润滑系统原理，结合故障现象，一般可从五个方面考虑：机油油位不足、牌号不对或机油变质、相关电气故障、机油过滤器或机油冷却器堵塞、机油泵压力不足或调压阀压力失调、相关润滑部件配合间隙过大或附件漏油。

（3）故障诊断与排除

1）机油油位、油质检查

柴油机在运行中发现机油压力过低，应及时停车，约5min后检查油底壳的机油平面是否低于规定值，若低于机油标尺的下刻线，应随即添加同牌号的机油。

抽出机油尺时还应查看机油有无变质或含水，判断方法参考"任务九"中描述的机油变质故障诊断部分。如果机油变质，应给予更换，并清洗机油道和滤清器芯；机油中若有水分，应查明水的来源予以排除，并更换新机油。由于季节变化时未及时换季使用合适黏度的机油，或误加劣质机油或不符合牌号等级的机油，均应及时换用适合季节黏度或牌号的机油。

2）机油压力传感器、机油压力表检查

可通过试灯搭铁法排查机油压力表是否存在故障，通过万用表检测传感器是否损坏。

3）机油滤清器、机油冷却器检查

检查机油集滤器是否堵塞，使机油吸入量减少而压力过低；检查机油粗滤器是否过脏，旁通阀是否卡滞。若存在上述现象，应及时清洗集滤器或者更换机油粗滤器。

检查机油冷却器冷却管路是否堵塞，若堵塞则进行管路清洗。

4）机油泵压力不足或调压阀压力失调

参考"任务五"，按照相关参数要求检查机油泵和调压阀。

5）检查相关润滑部件配合间隙及附件

参考相关项目和任务，检查曲轴轴承、连杆轴承和凸轮轴轴承等间隙是否过大，若不符合标准则修复相关部件；检查相关附件如涡轮增压器、空气压缩机等是否存在机油泄漏，若泄漏则检修相关部件。

复习思考题

一、单项选择题

1. 使冷却液在散热器和水套之间进行循环的水泵旋转部件称为（　　）。
   A. 叶轮　　　　B. 轴承　　　　C. 壳体　　　　D. 水封
2. 节温器中使阀门开闭的部件是（　　）。
   A. 阀座　　　　B. 石蜡感应体　C. 支架　　　　D. 弹簧
3. 冷却系统中提高冷却液沸点的装置是（　　）。
   A. 散热器盖　　B. 散热器　　　C. 水套　　　　D. 水泵
4. 小循环中流经节温器的冷却液将流向（　　）。
   A. 散热器　　　B. 气缸体　　　C. 水泵　　　　D. 膨胀水箱
5. 水冷却系中，冷却液的大小循环路线由（　　）控制。
   A. 风扇　　　　B. 百叶窗　　　C. 节温器　　　D. 分水管
6. 大循环中流经节温器的冷却液将流向（　　）。
   A. 散热器　　　B. 气缸体　　　C. 水泵　　　　D. 膨胀水箱
7. 水泵一般由（　　）驱动。
   A. 起动机驱动的传动带　　　　B. 机油泵驱动的传动带
   C. 曲轴驱动的传动带　　　　　D. 用电动机直接驱动
8. （　　）不是冷却系统的作用。
   A. 保持柴油机温度尽可能低　　B. 从柴油机带走多余的热量
   C. 使温度尽快达到工作范围　　D. 使柴油机在最合适工作温度、最高效地工作
9. 柴油机润滑系中，机油的主要流向是（　　）。

A. 机油集滤器-机油泵-粗滤器-细滤器-主油道-油底壳

B. 机油集滤器-机油泵-粗滤器-主油道-油底壳

C. 机油集滤器-机油泵-细滤器-主油道-油底壳

D. 机油集滤器-粗滤器-机油泵-主油道-油底壳

10. 柴油机曲轴主轴颈和连杆轴颈采用（　　　）。

A. 压力润滑　　B. 飞溅润滑　　C. 润滑脂润滑　　D. 石墨润滑

11. 转子式机油泵工作时，内、外转子（　　　）。

A. 同向同速旋转　　　　　　B. 同向不同速旋转

C. 反向同速旋转　　　　　　D. 反向不同速旋转

12. 机油压力传感器损坏，会导致（　　　）。

A. 机油油道压力失调　　　　B. 机油压力表指示压力不准

C. 机油变质　　　　　　　　D. 机油消耗异常

13. 在柴油机中，润滑系统最主要的作用是（　　　）。

A. 冷却作用　　B. 清洁作用　　C. 密封作用　　D. 减小摩擦和磨损

14. 柴油机废气涡轮增压器的轴承润滑方法是（　　　）。

A. 飞溅润滑　　B. 压力润滑　　C. 定期润滑　　D. 混合润滑

15. 下列不属于润滑系统元件的是（　　　）。

A. 机油泵　　B. 机油滤清器　　C. 节温器　　D. 机油冷却器

16. 柴油机润滑系统集滤器一般安装在（　　　）。

A. 主油道　　B. 机油泵　　C. 油底壳　　D. 分油道

17. 曲轴箱通风的目的主要是（　　　）。

A. 排放机油　　　　　　　　B. 排出漏入曲轴箱内的可燃混合气与废气

C. 提高曲轴箱温度　　　　　D. 防止水进入曲轴箱

二、简答题

1. 柴油机冷却系统有哪些主要元件？它们各有什么作用？

2. 柴油机润滑系统有哪些主要元件？它们各有什么作用？

3. 试叙述水冷却系统循环的三种方式。

4. 试叙述康明斯全流量冷却式润滑系统工作过程。

5. 试叙述柴油机机油压力过高故障诊断与排除方法。

项目七

柴油机起动系统结构与检修

任务一 柴油机起动系统认识

1.1 任务引入

要使柴油机从静止状态过渡到工作状态，必须用外力转动柴油机的曲轴，使气缸内形成可燃混合气并燃烧膨胀，工作循环才能自动进行。曲轴在外力作用下开始转动到柴油机开始自动地怠速运转的全过程称为柴油机的起动。

转动柴油机曲轴使柴油机起动的方法很多，常用的有电动机起动和手摇起动两种。电动机起动是用电动机作为机械动力，当电动机输出轴上的齿轮与柴油机飞轮周缘的齿圈啮合时，动力就传到飞轮和曲轴，使之旋转。手摇起动是通过用手摇转曲轴使之旋转。目前工程机械柴油机基本采用电动机起动。

1.2 相关知识

电动起动系统的功用是利用起动机的直流电动机，将蓄电池的电能转换为机械能，再通过起动机的传动机构将柴油机拖转起动。

1. 起动系统的组成

典型的电磁控制式起动系统一般由蓄电池、起动机、控制元件、连接线缆等组成，如图7-1所示。

1）蓄电池，其作用是为起动机提供大电流。

2）起动机，其作用是将蓄电池的电能转换为机械能，输出力矩。

3）控制元件，其作用是控制起动机电磁开关内部线圈通电与断电，可以通过起动开关直接控制，也可以增加一个起动继电器间接控制。

2. 起动系统的分类

（1）按控制方法的不同，起动系统

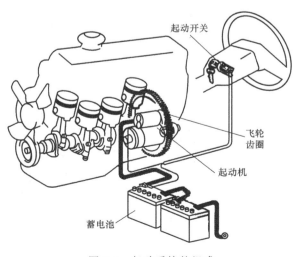

图7-1 起动系统的组成

可分为以下几种方式

1）机械控制式：由脚踏或手拉杠杆联动机构直接控制起动机的驱动小齿轮与飞轮齿圈啮合，并控制主电路开关接通或切断起动机主电路。这种方式虽然结构简单、工作可靠，但由于要求起动机、蓄电池靠近驾驶室，而受安装布局的限制，且操作不便，因此已很少采用。

2）电磁控制式：借按钮或钥匙控制起动机电磁开关线圈，再由电磁开关铁心推出起动机的驱动小齿轮与飞轮齿圈啮合，并控制主电路开关，以接通或切断主电路。由于起动机装有电磁开关，可进行远距离控制，操作省力，因此现代工程机械基本采用这种方式。

（2）按起动机传动机构啮入方式的不同，起动机可分为以下几种方式

1）惯性啮合式：起动机旋转时，驱动齿轮借惯性力自动啮合入飞轮齿圈。

2）强制啮合式：靠人力或电磁力拉动杠杆，强制拨动驱动齿轮啮合入飞轮齿圈。

3）电枢移动式：靠磁极磁通的电磁力，使电枢轴向飞轮齿环方向移动，将驱动齿轮啮合入飞轮齿圈。

4）齿轮移动式：靠电磁开关推动拨叉而使起动机传动机构上的驱动齿轮啮合入飞轮齿圈。这种方式目前在工程机械柴油机上使用较为普遍。

5）同轴式起动机：靠与起动机同轴安装的电磁开关直接吸动驱动齿轮与飞轮齿圈啮合。

除上述以外，还有磁极为永久磁铁的永磁式起动机，以及内装减速齿轮的减速起动机等。

任务二　起动机结构与检修

2.1　任务引入

工程机械用起动机一般由串励直流电动机、传动机构和控制装置三个部分组成，如图7-2所示。内部结构如图7-3所示。

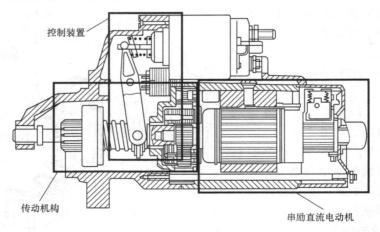

图7-2　起动机三组成部分

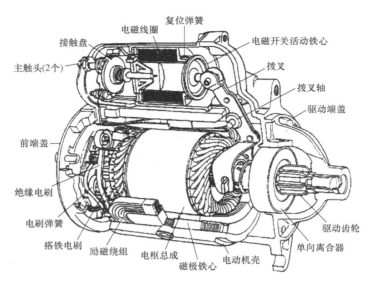

图 7-3 起动机内部结构图

2.2 相关知识

1. 串励直流电动机的结构

电动机的作用是将蓄电池输入的电能转换为机械能，产生电磁转矩，串励直流电动机由电枢、磁极、外壳、电刷与电刷架等主要部件组成。该总成分解如图 7-4 所示。

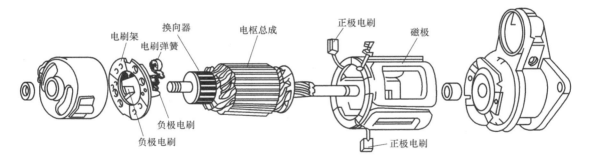

图 7-4 串励式直流电动机分解图

（1）电枢总成

电枢用来产生电磁转矩，它由铁心、电枢绕组、电枢轴及换向器组成，如图 7-5 所示。电枢铁心由多片互相绝缘的硅钢片叠成；电枢绕组的电流一般为 500~1000A，因此电枢绕组采用很粗的扁铜线，一般用波绕法绕制而成；换向器的铜片较厚，相邻铜片之间用云母片绝缘。

（2）磁极

磁极由铁心和励磁绕组构成，其作用是在电动机中产生磁场，磁极铁心一般由低碳钢制成，并通过螺钉固定在电动机壳体上。磁极一般是 4 个，由 4 个励磁绕组形成两对磁极两两

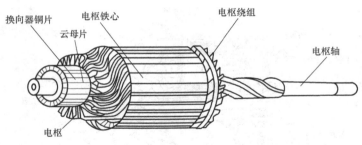

图 7-5 起动机电枢结构

相对,其连接方法有二种,一是四个励磁绕组串联,如图7-6a所示;二是励磁绕组两两相串联后再并联,如图7-6b所示。常见的励磁绕组一般与电枢绕组串联在电路中,故被称为串励式直流电动机。

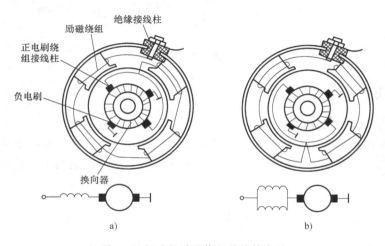

图 7-6 起动机励磁绕组的连接方法

(3) 电刷和电刷架

电刷与电刷架的作用是将电流引入电枢,使电枢产生连续转动。电刷一般可以用铜和石墨压制而成,有利于减小电阻及增加耐磨性。电刷装在如图7-7所示电刷架中,借弹簧压力紧压在换向器上。通常电动机内装有4个电刷架,其中两个电刷架与外壳直接相连构成电路搭铁,称为搭铁电刷或负极电刷;另外两个连接励磁绕组和电枢绕组,与外壳绝缘,称为绝缘电刷或正极电刷。

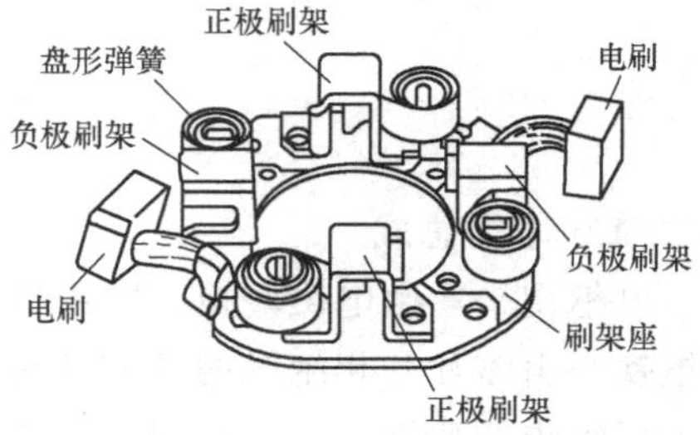

图 7-7 电刷架

(4) 外壳

外壳由低碳钢卷制而成,或由铸铁铸造而成。起动机工作时间很短,所以一般采用铜和石墨轴承或铁基含油滑动轴承。

2. 传动机构

使起动机驱动齿轮与柴油机飞轮啮合传动及分离的机构,叫起动机的传动机构。起动机的传动机构实际上是一个单向离合器。单向离合器的作用是单方向传递转矩，即在起动时将起动机的转矩传递给柴油机的飞轮齿圈，柴油机起动后又能使起动机与柴油机飞轮齿圈迅速切断联系。

传动机构由驱动齿轮、单向离合器、啮合弹簧等组成。单向离合器有滚柱式、摩擦片式、弹簧式等几种类型。其中，滚柱式向离合器是最常用的，下面就以滚柱式单向离合器为例，讨论其结构和工作原理。

（1）滚柱式单向离合器的构造

滚柱式单向离合器的结构如图 7-8 所示。滚柱式单向离合器的驱动齿轮与壳制成一体，外壳内装有十字块和 4 套滚柱、压帽和弹簧。十字块与花键套筒固定连接，壳底与外壳相互扣合密封。

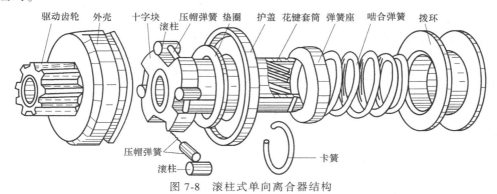

图 7-8　滚柱式单向离合器结构

花键套筒的外面装有啮合弹簧及衬圈，末端安装拨环和卡圈。整个离合器总成套装在电动机轴的花键部位上，可做轴向移动和随轴转动。在外壳与十字块之间，形成 4 个宽窄不等的楔形槽，槽内分别装有一套滚柱、压帽及弹簧。滚柱的直径略大于楔形槽窄端，略小于楔形槽的宽端。

（2）滚柱式单向离合器的工作原理

滚柱式单向离合器受力分析如图 7-9 所示，当起动机电枢旋转时，转矩经套筒带动十字块旋转，滚柱滚入楔形槽窄端，将十字块与外壳卡紧，使十字块与外壳之间能传递力矩，如图 7-9a；柴油机起动以后，飞轮齿圈会带动驱动齿轮旋转。当转速超过电枢转速时，滚柱滚入宽端打滑，这样柴油机的转矩就不会传递至起动机，起到保护起动机的作用，见图 7-9b。

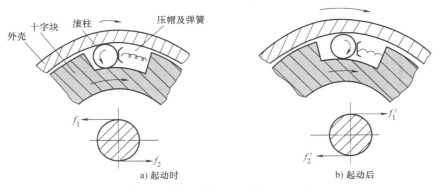

图 7-9　滚柱的受力及作用示意图

3. 控制装置

现代起动系统已完全采用电磁式操纵机构。控制装置主要由起动机电磁开关、拨叉等组成。电磁开关作为起动机的控制装置,控制直流电动机电路的接通与切断,同时控制起动机的驱动齿轮与飞轮齿圈的啮合与分离。

（1）电磁开关的构造

起动机电磁开关的结构如图7-10所示。主要由电磁铁机构和直流电动机开关两部分组成。

电磁铁机构由活动铁心、吸引线圈、保持线圈、复位弹簧等组成。直流电动机开关由接触片、端子30和端子C组成。

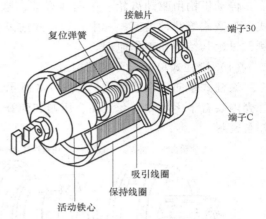

图 7-10　电磁开关结构

（2）电磁开关的工作过程

起动机控制装置原理如图7-11所示。

1）当点火开关接通起动档时,吸拉线圈和保持线圈电流接通,吸拉线圈电流经蓄电池正极→起动机"30"端子→点火开关→起动机"50"端子→吸拉线圈→起动机"C"端子→励磁绕组→电枢绕组→搭铁回到蓄电池负极；保持线圈电流经蓄电池正极→起动机"30"端子→点火开关→起动机"50"端子→保持线圈→搭铁回到蓄电池负极。此时两线圈电流产生的磁力线方向相同,电磁力叠加,吸引活动铁心向左移动。因为串联了吸拉线圈,流入串励式直流电动机的电枢电流较小,电枢轴低速运转；与此同时,传动机构驱动齿轮伸出；从点火开关接通到起动档开始,到驱动齿轮到达啮合位置以及接触片闭合为止,称之为啮入阶段。

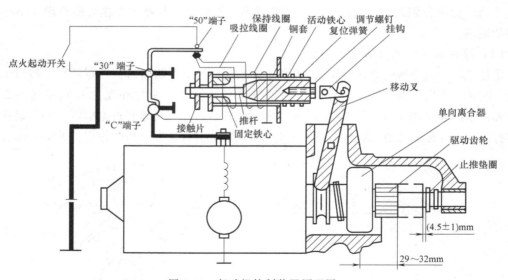

图 7-11　起动机控制装置原理图

2）推杆上的接触片将电磁开关的触点"30"与"C"接通后,直流电动机主电路接通,其电流路径为蓄电池正极→起动机"30"端子及其触点→触盘→起动机"C"端子及其触点→励磁绕组→电枢绕组→搭铁回到蓄电池负极；此时起动机电枢流入大电流，大转矩驱动柴油机；同时吸拉线圈被接触片短路，保持线圈由于一端搭铁则仍有电流，保持传动机构在啮合位置。这一阶段，称之为起动阶段。

3) 当驾驶人松开点火钥匙，点火开关从起动档自动回到 ON 档的瞬间，起动档断开，但接触片仍将触点接通，吸拉线圈和保持线圈通过电流的路径变为蓄电池正极→起动机 "30" 端子及其触点→触盘→起动机 "C" 端子及其触点→吸拉线圈→起动机 "50" 端子→保持线圈→搭铁回到蓄电池负极。此时两线圈电流产生的磁力线方向相反，电磁力相互削弱，在复位弹簧的张力作用下，活动铁心等可移动部件自动复位，接触片与触点断开，电动机电路即被切断，起动机停止工作。这一阶段，称之为复位阶段。

2.3 起动机的检修

1. 串励式直流电动机的检修

（1）电枢的检修

电枢绕组的检修。电枢绕组常见的故障是匝间短路、断路或搭铁、绕组接头与换向器铜片脱焊等。检查绕组是否搭铁，可用万用表欧姆档检测换向器铜片和电枢轴之间的电阻，电阻应足够大。检查电枢绕组匝间短路如图 7-12 所示。接通感应仪的电源，并将钢片放在电枢铁心上方的线槽上，若电枢中有短路，则在电枢绕组中将产生感应电流，钢片在交变磁场的作用下，在槽上振动，由此可判断电枢绕组中的短路故障。

电枢绕组若有短路、搭铁故障，则需重新绕制，并浸漆、烘干。

（2）换向器的检修

换向器故障多为表面烧蚀、云母片突出等。轻微烧蚀用 "00" 号砂纸打磨即可。严重烧蚀或失圆（径向圆跳动>0.05mm 视为失圆）时应精车加工，但加工后换向器铜片厚度不得少 2mm。云母片如果高于铜片也应车削修整，云母片是否过低要看具体的起动机。有的起动机换向器的云母片要低于铜片，在检修时若换向器铜片间槽的深度小于 0.2mm，就需用锯片将云母片割低至规定的深度。

（3）电枢轴的检修

电枢轴的常见故障是弯曲变形。检测方法如图 7-13 所示。电枢轴径向圆跳动应不大于 0.15mm，否则应校直。

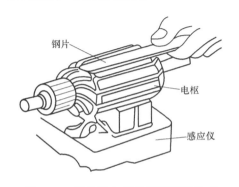

图 7-12 起动机电枢的匝间短路检查

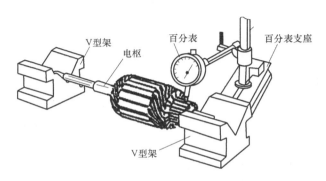

图 7-13 起动机电枢轴弯曲变形的检查

(4) 励磁绕组的检修

励磁绕组的常见故障有接头脱焊、绕组短路、断路或搭铁等。接头松脱故障在解体后可直接看到。绕组搭铁故障诊断可用万用表的欧姆档测量绕组端子与外壳之间的电阻，如果电阻很大，则无搭铁故障。将绕组放在电枢检验仪上可检查绕组匝间是否短路。感应仪通电后若绕组发热，则说明绕组有匝间短路（图 7-14）。若绕组连接脱焊，应重新施焊；若绕组绝缘不良，应拆除旧绝缘层重新包扎并浸漆、烘干。

(5) 电刷与电刷架的检修

检查电刷的高度，一般不应低于标准的 2/3，电刷的接触面积不应少于 75%，并且要求电刷在电刷架内无卡滞现象，否则需进行修磨或更换。用万用表的欧姆档或试灯法可检查绝缘电刷架的绝缘性。最后用弹簧秤测电刷弹簧的弹力，若不符合要求应予以更换或修理。

2. 滚柱式单向离合器的检修

单向离合器常见的故障是打滑，可以用扭力扳手检测单向离合器的转矩，若转矩小于规定值，说明单向离合器打滑，应予以更换。

3. 电磁开关的检修

起动机电磁开关接柱位置如图 7-15 所示。电磁开关的常见故障一般是吸引线圈和保持线圈断路、短路和搭铁、接触盘及触点表面烧蚀等。线圈有否断路、搭铁，可用欧姆表通过测量电阻来检查。如果线圈不良，予以重绕或更换。接触盘及触点表面烧蚀轻微的可以用锉刀或砂布修整。复位弹簧过弱应予以更换。

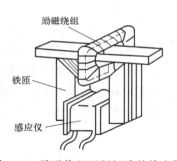

图 7-14 励磁绕组匝间短路的检查图

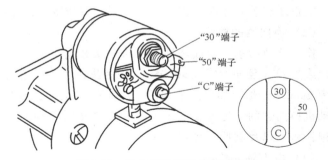

图 7-15 起动机电磁开关端子位置

电磁开关的检查，主要检查保持线圈和吸拉线圈是否断路或短路及弹簧的复位功能。

1) 吸拉线圈。用万用表测量电磁开关的"50"端子与电磁开关"C"端子之间的电阻值。电阻值应为 2.6~2.7Ω。

2) 保持线圈。用万用表测量电磁开关的"50"端子与电磁开关外壳之间的电阻值。该电阻值应为 1.5~1.6Ω。

3) 复位弹簧。用手先将挂钩及活动铁心压入电磁开关，然后松开。若活动铁心能迅速返回复位，说明弹簧复位功能良好；若铁心不能复位或出现卡滞现象，则应更换复位弹簧或电磁开关。

4. 起动机使用注意事项

1) 起动机每次连续工作时间不得超过 5s，若第 1 次不能起动，应停歇 15s 左右，再进行第 2 次起动。当连续 3 次不能起动时，应查明原因并排除故障后再进行起动。

2）要经常保持蓄电池处于充足电的状态。

3）各导线接头要连接牢固，接线柱应保持清洁。

4）经常保持起动机各部件清洁，接触良好。

5）转动部位应保持良好的润滑。

6）冬季起动时，应采取预效措施。

任务三　起动控制回路分析

目前常见的起动系统控制电路有三种：一种是采用点火开关直接控制的起动控制电路；另一种是使用起动控制继电器的起动控制电路；第三种是带起动保护功能的起动控制电路。蓄电池向起动机供给高达数百安甚至上千安的强电流，若线路接触不良，会产生较大的线路电压降，致使起动困难。起动机通过电缆与蓄电池连接要牢固并接触良好，其线路电压降不得超过 0.4V。

1. 点火开关直接控制起动电路

如图 7-16 所示，点火开关直接控制的起动电路是用点火开关直接控制起动机电磁开关，一方面使起动机主电路接通；另一方面使起动机小齿轮与柴油机飞轮齿圈接合，达到使起动机带动柴油机飞轮齿圈转动的目的。该电路是通过点火开关直接控制起动机电磁开关过电流工作，由于起动机电磁开关在工作时电流较大，容易使点火开关过电流损坏，所以现代工程机械已很少采用。

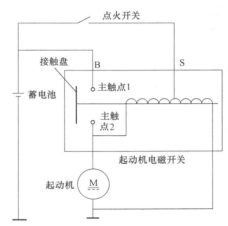

图 7-16　点火开关直接控制的起动电路

2. 带起动继电器的起动电路

用点火开关控制起动继电器，再经过起动继电器控制起动机电磁开关。如图 7-17a 所示，该起动继电器有四个接线端子，继电器线圈 SW 端子接点火开关起动档端子，另一端搭

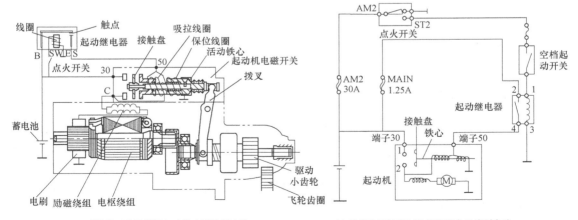

a) 不受档位开关控制的起动继电器控制电路　　b) 受档位开关控制的起动继电器控制电路

图 7-17　普通起动继电器控制的起动电路

铁;继电器常开触点的动触点 B 端子接蓄电池,静触点 S 端子接起动机 50 端子。起动机工作时,通过点火开关的电流较小,可以延长点火开关寿命。如图 7-17b 所示起动继电器控制电路,起动继电器线圈还受到驻车档/空档继电器触点开关的控制,即只有变速器的变速杆处于驻车档/空档位置时,才能起动柴油机。

前两种电路在柴油机起动后,如果不小心将点火开关再转动到起动位置,起动电路会被接通而造成打齿(这是因为柴油机工作时,起动机小齿轮试图与飞轮齿圈啮合,由于转速不同而造成的)。因此,有些工程机械采用了组合继电器。

3. 带起动保护功能的起动电路

该起动电路最大的特点就是带有组合式起动继电器,具有起动保护作用。即柴油机在运行状态下,如果因误操作而将点火开关转到起动档,起动机不会工作,这样就避免了起动机打齿损坏。

如图 7-18 所示,该电路中的起动继电器采用了组合继电器,起动继电器的线圈绕组 L_1 受另外一个继电器的常闭触点 K_2 的控制,柴油机运转时,发电机中性点的电压加在继电器的线圈绕组 L_2 上,吸下常闭触点 K_2,使起动继电器的线圈绕组 L_1 处于断路状态,此时即使将点火开关转到起动档,因绕组 L_1 中没有电流,不会将触点 K_1 吸合,起动机无法工作,起到了保护作用。

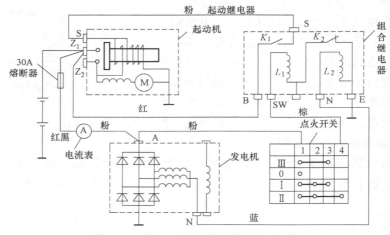

图 7-18 组合式继电器控制的起动电路

任务四 柴油机冷起动预热装置结构与检修

柴油机是通过对空气进行压缩提高温度,以达到柴油自燃点,柴油喷入气缸后自燃点火的。当工程机械在低温下作业,柴油机气缸内温度过低达不到柴油机自燃温度时,就会出现起动困难。目前很多柴油机都安装了冷起动预热装置,起动时借助该装置以较快速度提升气缸温度,解决低温下柴油机起动困难故障。目前冷起动预热装置常见类型有下列几种。

1. 进气道格栅加热器

该装置(图 7-19)安装在柴油机进气道上。电流通过电阻片发热,低温空气流经电阻片被加热后进入气缸,以改善柴油机的低温起动性能。由于电阻片的热交换面积有限,它在

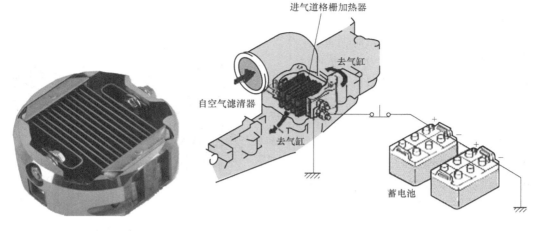

a) 进气道格栅加热器　　　　　　　　b) 进气道格栅加热器的安装与控制回路

图 7-19　进气道格栅加热器冷起动预热装置

在-20℃以下的低温环境中起动仍较困难。

由于进气道格栅加热器的工作电流较大，蓄电池经预热继电器给加热器供电，预热继电器由点火开关控制。预热继电器的规格、供电导线截面根据加热器的额定电流选择。当出现加热器不工作故障，检修时主要检查继电器线圈、加热器电阻。

2. PTC 空气预热器

加热元件为正温度系数（PTC）的热敏陶瓷材料，加热元件冷态时电阻小，流过电流大，升温快；随着温度升高元件电阻逐渐增大，流过电流逐渐减小，具有自动恒温功能。加热元件给多级铝制散热片加热。

如图 7-20 所示，PTC 空气预热器内部有主气道和预热气道。主气道位于中间，可以由电磁铁控制的阀门打开和关闭。主气道外围的加热元件和多级环状铝制散热片构成预热气道。柴油机起动时，电磁铁控制阀门关闭主气道，进入气缸的空气通过预热气道，从散热片中间流过而被加热。柴油机起

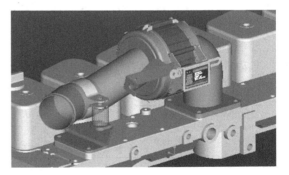

图 7-20　PTC 空气预热器冷起动预热装置

动后，主气道阀门打开，空气畅通无阻的进入气缸。预热时间由预热控制器自动控制，可以起动柴油机时，通过指示灯提示。采用 PTC 空气预热器可以在-35℃以上低温环境下起动柴油机。

PTC 空气预热器在进行检修时，要注意控制主气道阀门的电磁铁通电时是否完全到达吸靠位置，否则电磁铁线圈易烧毁。

3. 预热塞

如 7-21 所示，预热塞安装在气缸内，是一种简单、有效的冷起动预热装置。电流流经预热塞内加热线圈，使其顶端烧灼。对于预燃式燃烧室柴油机而言，柴油在预燃烧室内由预热塞点燃后喷入主燃烧室，推动活塞向下运动。对于直喷式燃烧室柴油机，也有助于空气温

度提高和柴油油雾点燃，解决柴油机冷起动困难的问题。

当预热塞出现不工作故障时，首先确认预热继电器是否工作，方法如下：找到预热继电器用手握住，然后将点火开关打到 ON 档位置，继电器吸合时手能感觉到其动作，也能听到吸合的声音。当确认继电器能正常吸合后，可用万用表连接到蓄电池上测量蓄电池电压或用诊断仪直接读取蓄电池电压，然后将点火开关打到 ON 档位置观察。因为预热塞功率较大工作时耗电量较大，所以当预热塞工作时蓄电池电压会少量下

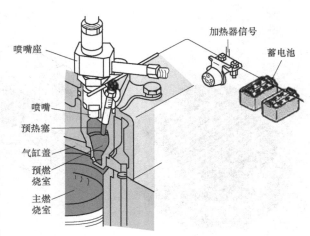

图 7-21　预热塞冷起动预热装置

降，对于工程机械而言，正常情况下会下降 2~4V。若蓄电池电压没有任何变化说明预热塞不工作，若蓄电池电压下降较小说明预热塞工作不良。当通过测量蓄电池电压降的方法判断出预热塞可能不工作后，要进一步进行检查，将万用表连接到预热塞的顶部，把点火开关打到 ON 档位置时测量其电压，若此处电压与蓄电池相同则说明控制电路正常而预热塞可能存在问题，更换预热塞或检修；若此处无电压则说明是控制电路的问题导致预热塞不工作，则应进行线路的检查。

任务五　起动系统常见故障及诊断排除

起动系统常见故障主要有：起动机不工作（不转）；起动机运转无力；起动机驱动齿轮打齿；起动机空转；起动完毕后起动机不停转等故障。具体现象、原因、排除方法如表 7-1。

表 7-1　起动系统常见故障、原因及排除方法

故障现象	故障部位	故障原因	排除方法
起动机不转	蓄电池	蓄电池严重亏电 蓄电池内部短路或硫化	检查充电系统，排除不充电或充电电流过小的故障；修理或更换
	线路	蓄电池至起动机连接导线不良、连接松动、接线柱氧化或积污，蓄电池搭铁不良	检查导线，必要时更换；清洁接线柱及接点，并紧固
	点火开关	点火开关起动档损坏	更换
	起动继电器	继电器触点氧化、线圈短路或断路	清洁触点、修理或更换
	驻车档/空档继电器	变速器变速杆未处于驻车档或空档；继电器触点氧化、线圈短路或断路	①将变速器变速杆拨至驻车档或空档 ②清洁触点、修理或更换
	起动机	电磁开关损坏，接触盘触点氧化，电刷磨损或弹簧损坏，换向器氧化与电刷接触不良，电枢或励磁绕组断路	检查并找出故障部位，修复，必要时更换

(续)

故障现象	故障部位	故障原因	排除方法
起动机运转无力，柴油机不能起动	蓄电池	充电不足 蓄电池故障	①检查充电系统并补充充电 ②修理或更换
	线路	蓄电池至起动机之间接线松动或接触不良	紧固并清理接点
	起动机	电磁开关接触盘触点氧化，电刷磨损，弹簧不良 换向器氧化，与电刷接触不良 电枢或励磁绕组短路或接触不良	①清洁触点，检查弹簧张力和电刷长度，必要时更换 ②用细砂纸打磨换向器 ③检查电枢或励磁绕组，必要时更换
起动机驱动齿轮打齿	飞轮	飞轮齿圈磨损	检修或更换
	起动机	接触盘接触时间过早；驱动齿轮磨损	①检查调整 ②更换
起动机空转	飞轮	飞轮齿圈缺齿	焊修或更换
	起动机	拨叉变形或松脱；单向离合器打滑	①检查调整或更换 ②更换
起动完毕后起动机不停转	起动机	电磁开关接触盘与触点烧结；拨叉复位弹簧损坏	①修理接触盘及触点 ②更换拨叉复位弹簧
	起动继电器	触点烧结	修理或更换继电器
	点火开关	损坏	更换

实训十四　起动机不转动故障诊断与排除

1. 实训目的

掌握起动机不转动故障诊断和排除的一般流程。

2. 实训设备

康明斯 6BT 柴油机、通用工具、万用表、高率放电计、短接线等。

3. 实训原理与方法

（1）故障现象

将点火开关旋到起动档位置时，起动机不转动。

（2）故障原因

在诊断与排除起动系统的故障时，要根据控制电路的不同情况来具体分析。现以带起动继电器的控制电路为例，来说明起动机不转动故障的诊断与排除方法。故障部位及原因按起动系统组成可归为 4 部分：电源及主线路、起动继电器及控制线路、起动机电磁开关、起动机串励式直流电动机。

具体故障点：

1）电源及线路部分

① 蓄电池严重亏电。

② 主电路断路、接触不良。

2）起动继电器及控制线路

① 继电器线圈绕组断路。

② 继电器触点严重烧蚀或触点不能闭合。
③ 控制线路断路，点火开关损坏。

3）起动机电磁开关

① 起动机电磁开关内部断路。
② 电磁开关主触点严重烧蚀。
③ 电磁开关两主触点高度调整不当而导致触点表面不在同一平面内，使触盘不能将两个触点接通。

4）起动机串励式直流电动机

① 励磁绕组或电枢绕组有断路、短路或搭铁故障。
② 换向器严重烧蚀而导致电刷与换向器接触不良。
③ 电刷弹簧压力过小或电刷卡死在电刷架中。
④ 电刷与励磁绕组断路或正电刷搭铁。
⑤ 电枢轴的铜衬套磨损过多，使电枢轴偏心或电枢轴弯曲，导致电枢铁心"扫膛"（即电枢铁心与磁极发生摩擦或碰撞）。

(3) 故障诊断与排除

根据故障排除从易到难、先外后内的一般原则，应按照检查蓄电池存电量状况和主线路→检查起动继电器、控制线路→检查起动机电磁开关→检查起动机直流电动机的顺序进行故障诊断与排除。

下面以带起动继电器的起动系统电路为例（如图7-17a所示），说明起动机不转故障的诊断排除步骤。

1）检查蓄电池存电量状况

采用高率放电计检查蓄电池存电量，若蓄电池电量严重不足，应对蓄电池进行补充充电或更换蓄电池；若电量充足，应检查蓄电池正极线和搭铁线的连接有无松动。若正常，则进行下一步检查。

2）检查起动继电器、控制线路

用导线将起动机30接柱与起动机50接柱接通（时间不超过3~5s），若起动机工作正常则检查起动继电器与控制线路，否则直接进入下一步的检查。

万用表检查起动继电器"B"接柱电压是否正常，无电压则为蓄电池与该接柱间导线断路。点火开关拨到起动档时，检查起动继电器是否有吸合的声音。若有吸合的声音，起动机不转动，而短接起动继电器"B"与起动机50接柱时起动机转动，为起动继电器触点接触不良或烧蚀或者起动继电器"S"与起动机50接柱间导线断路。

若无吸合的声音，而短接起动继电器"B"与"SW"接柱时起动机转动，则点火开关损坏或点火开关至起动继电器的导线断路；不转动，而将起动继电器搭铁接柱直接与车体连接时，起动机正常运转，则故障原因为起动继电器搭铁不良，否则为继电器线圈断路。

3）检查起动机电磁开关

在第二步短接30与50接柱时，若起动机电磁开关有吸合声音但起动机不转动，说明电磁开关接触盘与2个主接柱接触不良或烧蚀。

如果短接时，起动机电磁开关有"嗒"、"嗒"的连续吸合声音但起动机不转动，可能为电磁开关保持线圈断路。

若短接时，起动机电磁开关无吸合声音，说明起动机电磁开关内部吸拉线圈和保持线圈断路。此时用螺钉旋具短接起动机上的 2 个主接柱（30 接柱与 C 接柱），观察直流电动机是否转动。如果不转动，说明电磁开关和直流电动机都存在故障；如果转动，只需拆下电磁开关进行检修或更换。

4）检查起动机直流电动机。

在上一步用螺钉旋具短接起动机上的 2 个主接柱时无火花且不转动，说明起动机直流电动机内部励磁绕组、电枢绕组或电刷引线等有断路故障；若短接时有强烈火花而起动机不转，说明起动机直流电动机内部有短路或搭铁故障。此时必须拆下起动机直流电动机进一步检查，确定故障部位，检修方法见任务二。

复习思考题

一、单项选择题

1. 起动机空转的原因之一是（　　　）。

A. 蓄电池亏电

B. 单向离合器打滑

C. 换向器脏污

D. 电刷接触不良

2. 下列不属于起动机控制装置作用的是（　　　）。

A. 使驱动齿轮和飞轮啮合或脱离

B. 使起动机的两个主接线柱接通或分开

C. 输出力矩，带动柴油机飞轮齿圈

D. 与继电器作用类似，用较小的电流控制大电流

3. 在判断起动机不能转动故障原因时，直接短接电磁开关端子 30 和端子 C 后，若起动机仍不运转，说明故障在（　　　）。

A. 起动机的控制线路

B. 起动机的直流电动机

C. 不能进行区分

D. 起动机的电磁开关

4. 起动阶段时，起动机驱动齿轮的啮合位置由电磁开关中的（　　　）线圈的吸力保持。

A. 保持　　　　B. 吸拉　　　　C. 初级　　　　D. 次级

5. 电磁开关吸拉线圈的电阻值，可以通过万用表测量（　　　）测得。

A. 30 端子与 C 端子

B. 50 端子与 C 端子

C. 50 端子与电磁开关金属外壳

D. 30 端子与 50 端子

6. 关于预热塞，正确的是（　　　）。

A. 预热塞安装在柴油机气缸内

B. 预热塞安装在柴油机进气管内

C. 加热元件为正温度系数的热敏陶瓷材料

D. 是一种复杂、低效的冷起动预热装置

二、简答题

1. 起动机由哪三大部分组成？它们各有什么作用？
2. 简要回答起动机电磁开关的工作原理。
3. 某柴油机起动机运转无力，导致无法起动，该故障如何诊断和排除？
4. 起动机在使用时要注意哪些事项？
5. 柴油机冷起动预热装置有哪些类型？它们各有何特点？

项目八

柴油机总成大修

任务一　柴油机总成大修认识

1.1　任务引入

柴油机能否发挥效益和完成规定的使用工时，甚至延长使用寿命，除了正常的使用外，保养是一个重要环节。根据工程机械的使用特点，工程机械柴油机保养分为日常保养、小修、中修、大修。大修是指将柴油机解体，按技术要求进行恢复。大修包括中修的内容，中修包括小修的内容，小修包括日常保养内容。

1.2　相关知识

1. 大修条件

柴油机是否需要大修，需要根据总的工作时间、使用条件和维护保养等具体情况来确定。当出现以下几种情况时一般需要大修：

1）气缸磨损严重，柴油机运转无力，突加负荷后，转速明显下降且出现排气冒黑烟或蓝黑色烟。

2）常温启动困难，内部运动部件有敲击声。

3）正常温度运转时，气缸压力达不到规定值的65%，且运转中柴油、机油消耗量明显增加。

4）活塞与气缸之间间隙过大，轴瓦磨损量过大，曲轴轴颈和连杆轴颈磨损超过规定值。

5）柴油机发生烧瓦、拉缸、顶缸等严重事故时。

2. 主要维修内容

1）拆卸分解柴油机，清洗零件。

2）检查更换活塞组件、气缸套、连杆轴瓦、气门、气门座、气门导管和弹簧等。

3）检查曲轴、凸轮轴、连杆、气门推杆等部件弯曲或扭曲度。

4）调校高压油泵，调校喷油器。

5）更换部分磨损量过大的零件。

6）总装配、调试、检查并按技术要求磨合。

3. 技术要求

大修后，不允许出现异常的杂声或敲击声，功率应接近额定值，测试仪表显示参数正常，排气为淡灰色。

1）摇臂和摇臂轴间隙要适当，气门间隙调整适当，进、排气门与气门导管间隙适当，无卡滞现象。

2）喷油泵喷油角度正确。

3）传动齿轮啮合间隙适当。

4）曲轴、凸轮轴无变形现象。

5）大修后，柴油机在正常温度运转时，机油压力达到规定值。

4. 大修前期准备工作

（1）技术资料阅读

在柴油机大修前首先需要进行技术资料（柴油机原厂维修手册）检索。一本柴油机维修手册通常包含有某柴油机制造厂家某一系列的几种柴油机的技术信息。其内容应包括：

1）维修程序。包括拆装程序，专用工具的使用方法等。

2）检测程序。包括零件测量方法，专用检测仪器使用方法等。

3）技术参数。包括柴油机在内的各零部件的使用极限、尺寸标准、配合间隙标准、调整要求、日常维护注意事项等。

4）规格要求。包括各类易耗品、易损件的规格要求及各种油液的牌号要求等。

在进行柴油机拆装维护维修时，必须详细阅读柴油机维修手册，尤其要充分掌握在"导言"部分注意事项中的所有内容，同时应遵守手册中的"注意""小心"等事项，防止危险操作导致人员的伤害和机械的损坏。

（2）常用工具准备

柴油机维修的常用工具有套筒扳手、梅花扳手、呆扳手、鲤鱼钳、尖嘴钳、卡簧钳、扭力扳手、橡胶锤、螺钉旋具（十字、一字）、铜棒、记号笔、刮刀、磁性手柄、气动扳手、刷子等。

（3）常用设备的准备

柴油机维修的常用设备有柴油机翻转台架、工作台、工具车、台虎钳、零件清洗盘等。

（4）专用维修工具的准备

柴油机维修的常见专用工具有传动带、齿轮和轴承顶拔工具、气门油封拆装工具、气门拆装工具、活塞销拆装工具、活塞环钳、机油滤清器扳手等。

（5）检测仪器的准备

常用的测量工具有百分表、量缸表、千分尺、游标卡尺、塑料间隙规、塞尺等。

（6）易耗品的准备

主要易耗品包括零部件清洗溶剂、洗涤油（剂）、手套、布、密封胶等。

（7）零配件的领用

包括密封件、缸垫、进排气歧管垫、油底壳衬垫、锁销、机油等易耗件，以及柴油机的活塞、活塞环、活塞销、曲轴和连杆轴承和齿轮等易损件。

5. 柴油机大修工艺过程

柴油机大修工艺过程如图 8-1 所示。

首先对送修的柴油机进行检验，以确定其完整性和当前状况，通过检验可以掌握柴油机损坏的规律，提高修理质量，为进一步制定修理工时和费用定额提供依据；柴油机经过外部清洗后，放出机油、燃油和冷却液，然后先总成后零件，先外部后内部进行拆卸。

零件的清洗是易于发现零件损失，便于对其进行检验和修理，提高修理质量和改善劳动条件的重要工序。零件的检验和分类是柴油机修理中较为重要的工序，它不仅影响修理质量，同时也影响修理成本。

修理是柴油机修理中的关键工序，柴油机寿命的长短，成本的高低，在很大程度上取决于该工序。总装是指把零件，部件和总成装配成整机的过程。正确的装配方法和技术要求是保证柴油机修理质量的重要因素之一。

磨合和试验是延长柴油机使用寿命，检查修理质量的重要工序。通过磨合试验，消除运动副表面的粗糙不平，使其配合及形状有利于工作要求，并检查排除修理及装配中的缺陷，提高修理质量。柴油机修理竣工后，必须进行最后的验收，对柴油机给出技术鉴定。在验收中应检查其动力性和经济性；检查运转是否正常；有无异常响声；有无漏水、漏气、漏油等现象；外部零、部件是否齐全。

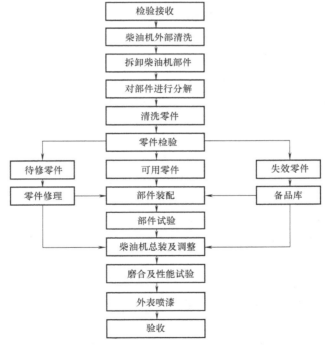

图 8-1 柴油机大修工艺过程图

任务二 柴油机的解体

柴油机解体，一般是先由整体拆成总成，由总成拆成部件，再由部件拆成零件，即由外层拆到内层,由附件拆到主件的拆卸规则进行拆卸。解体前盖住所有柴油机开口和电气元件,采用蒸汽清理柴油机外部污垢,将柴油机安装到台架上。

1. 拆卸注意事项

1)核对记号,做好标记。柴油机的很多零部件都有装配位置关系,如缸盖、活塞连杆组等,为便于装配顺利,在拆卸时要按缸号做好标记。活塞连杆组中的活塞、连杆、轴瓦、连杆盖装配时不能互换。

2)分类存放零件。柴油机在拆卸时为便于零件清洗、装配,需要分类存放,部分精密零件应单独存放。

3)拆卸方法符合技术要求。柴油机拆卸时,要注意零件是否有锁紧装置,不能靠蛮力硬拆,以免造成零部件不必要的损坏,扩大修理范围。

2. 拆卸顺序和方法

1)拆下机体外的部件。柴油机冷却状态下,放掉机体内部的冷却液,排除油底壳内的机油。拆下风扇、柴油滤清器、进气管、排气管、涡轮增压器、空气压缩机、发电机、起动机等部件。

2)气缸盖的拆卸。拆下缸盖罩壳和摇臂总成,取出气门推杆,并做好标记。缸盖螺栓在拆卸时按照由四周对称向中央的顺序,而且不要一次拧松,要分两三次,以防止缸盖变形。

气缸盖总成拆下后,可进行气门拆卸:

① 将汽缸盖平放在木板上或工作台上。

② 安装专用工具,压缩气门弹簧,取出气门锁夹。

③ 拆下专用工具,将气门弹簧和上弹簧座一起取下。

④ 拆下气门杆锁簧,取出气门,做好标记或放置在专用的支架上,以防错乱。

3)拆下飞轮和飞轮罩壳

4)传动齿轮拆卸。拆下传动齿轮室盖板,用扳手或其他工具拆下齿轮固定螺母和锁紧装置。再用专用工具拆下齿轮,无专用工具时,适当敲击齿轮拆下。

5)凸轮轴拆卸。在齿轮室拆下凸轮轴推力轴承固定螺钉,取下止推垫片,从齿轮侧取出凸轮轴。凸轮轴在正常情况下不易损坏,若磨损量较小,柴油机大修中可不拆卸。

6)活塞连杆组拆卸。转动飞轮使连杆螺栓处于便拆卸位置。拧下连杆螺栓取下连杆盖。转动曲轴使活塞处于上止点位置再反转曲轴,使连杆大头和曲轴出现空隙,用木棒向上撬动连杆,取出活塞。将连杆轴瓦、连杆大头、螺栓按原位置装上,标记好缸号。

7)气缸套拆卸。气缸套拆卸用专用工具将缸套拉出。

8)曲轴拆卸。拆卸主轴承盖,用吊装工具将曲轴慢慢从机体中吊出。对于组合式曲轴,则将柴油机机体竖立,飞轮端朝上;用两只飞轮固定螺栓将吊装工具固定在曲轴法兰上,用吊装工具将曲轴慢慢从机体中吊出。如果不能将曲轴吊出,必须考虑曲轴是否弯曲变形。如果是更换应废弃的曲轴,可以把曲轴从中间拆成两部分,再将曲轴吊出。

任务三　柴油机零件清洗

零件的清洗是易于发现零件损失,便于对其进行检验和修理,提高修理质量和改善劳动条件的重要工序。柴油机拆卸下的零部件一般用柴油或汽油等化学方法清洗干净；缸盖、活塞、缸套等零件表面上的积炭、胶质、油污、残留的衬垫等可以用机械方法清除，例如用细砂纸打磨，刮刀修整，但不能破坏零部件原有精度和结构；缸体和缸盖中的水垢要清理干净。

1. 零件清洗方法

（1）机械清洗

1）工具清洗。使用刮刀、钢丝刷、油石、砂纸等，对零件表面上的积炭、胶质、油污、残留的衬垫等进行清洗。刮刀、油石用于平面的清洗有很好的效果，钢丝刷则可用于不平表面的清洁。

2）空气清洗。使用压缩空气吹扫灰尘、湿气或者油。使压缩空气朝下吹出，这样可避免灰尘四处飞扬对修理人员健康产生危害。

（2）化学清洗

1）概念。化学清洗就是用清洗剂来溶解零部件表面上的污物，或使之松散，以便能被刷掉或冲洗掉。

2）清洗剂分类。一类是以溶剂为基础的化学清洗剂，例如柴油、汽油等。另一类是以水为基础的化学清洗剂。

（3）水垢清洗

柴油机在使用过程中，冷却系统的清洗方法参见项目六的任务二。大修解体后缸体、缸盖水垢清洗方法如下：对于铸铁缸体、缸盖，应在较浓的氢氧化钠溶液（质量分数15%，温度60~70℃）中浸泡至少10h，以清除水垢；对于铝合金缸体、缸盖，则可采用磷酸三钠、硅酸钠或磷酸清洗液清洗。

（4）化学除锈

常用除锈剂配方有两种。

配方一：工业硫酸65mL，缓蚀剂3~10g，水1L。

这种除锈剂适用于表面粗糙、形状简单的零件除锈。为了提高去锈速度，可将除锈剂加温至80℃，并不断地搅拌溶液。除锈后必须用清水清洗零件，并用布擦干或用压缩空气吹干。

配方二：工业盐酸1L，缓蚀剂3~10g，水1L。

这种盐酸除锈剂的特点是除锈效果好，除锈速度快，对金属的腐蚀作用小，除锈零件表面比较光洁，使用时无需加热，只需将零件放在除锈液中浸泡一段时间即可。取出后必须用清水将零件冲洗干净，并用布擦干或用压缩空气吹干。

2. 零件清洗的注意事项

1）在清洗工作中应注意，凡橡胶、胶木、塑料、铝合金、锌合金零件及牛皮油封等，不能用碱溶液清洗。

2）预润滑轴承、含油粉末轴承，不允许浸泡在易使其变质的溶液和油液中清洗。

3）通过化学方法清洗的，在选用酸、碱溶液时，既要考虑除垢效能，又要注意对被清洗零件的腐蚀作用。

任务四　柴油机的装配

柴油机各机构、系统和主要部件的检修是柴油机大修中的关键工序，可参考本教材前述相关项目和任务。本任务主要介绍柴油机大修装配的主要步骤。

柴油机的主要装配技术要求：保证各相对运动机件的正确配合和合适的间隙；确保固定机件的可靠性；正时准确，定量机构连接正确；确保运动机件的动力平衡；保证装配过程中的各部件的清洁。

1. 气缸盖组件的装配

1）清洗各装配零件并烘干；将气缸盖侧立，在气门杆上擦少量机油后装入各自的气门导管内。注意气门按解体时标记的缸号安装。

2）将气缸盖放平后，安装气门弹簧（有些柴油机有气门旋转装置的，则应先装入气门旋转装置）。

3）安装气门弹簧上座。

4）安装好专用气门拆装工具，按压弹簧上座，装上气门锁夹；安装完所有气门后应检查是否符合技术要求，可以用锤子敲击气门检查。

5）安装喷油器（也可以在缸盖安装到机体上后再装喷油器）。将喷油器垫圈和喷油器装入喷油器水套内，锁紧固定螺母；喷油器装好后，用塞尺测量喷油器喷孔中心至气缸盖底平面的距离，应在规定范围。

2. 活塞连杆组的装配

将活塞一端的活塞销挡圈（锁簧）用卡簧钳装配到活塞销座孔的槽内。

安装活塞销之前，将活塞放入机油中加热至 90～100℃，取出活塞，迅速将涂有机油的活塞销装入活塞销座孔和连杆小头孔中，装入另一个活塞销挡圈。

在装配连杆时要注意活塞顶部与连杆体上的标记方向要一致。

3. 柴油机总装配

（1）主轴承安装

1）在轴承盖和气缸体的轴承座上安装轴承和止推垫圈，应注意止推垫圈的合金面（或有机油槽的一面）应向外（朝向曲轴）。对于组合式曲轴，先装好传动盖板，目的是支撑曲轴；将机体竖立，飞轮端朝上，下面垫好足够高的垫木，并使机体垂直，不得倾斜；装配轴承外圈下面的锁簧，将轴承外圈放入轴承座孔内，把轴承外圈敲入座孔内，再装配上面的锁簧。

2）安装好轴承后，应在轴承内表面涂上柴油机机油。注意：不要在轴承背面涂抹柴油机机油。

（2）装配曲轴

1）清洗曲轴并吹干。

2）用吊装工具将曲轴吊起，慢慢将曲轴放入机体轴承孔内，以免碰坏轴颈。对于组合式曲轴，索具通过飞轮的两只螺钉固定在曲轴后法兰上，将曲轴吊起，保证曲轴中心和机体轴承孔同轴，在滚动轴承上涂上清洁的机油，慢慢将曲轴放入机体轴承孔内；靠曲轴自重下落，不能敲击，要避免连杆轴颈与主轴承外圈碰撞，以免碰坏轴颈。

3）将曲轴放在轴承上后，应按拆卸时的位置和方向安装轴承盖，不可错乱。

4）依照先中间，后两边对称的原则，按规定的力矩分次拧紧各个主轴承盖螺栓。

5）曲轴装配之后，应确保用手能够转动曲轴。

6）调整与定位。

(3) 安装气缸套

1) 将气缸套内外壁和机体清洗干净并吹干。

2) 把密封圈装在缸套上。安装时,密封圈要粗细均匀,弹性好,无裂纹,表面光滑,不允许出现扭曲现象。安装好后,应检查密封圈凸出缸套配合面表面的高度在规定范围内,过小会密封不严,过大会使缸套变形,且不利于装配。

3) 将缸套装入机体内。为便于装配,在密封圈外涂些机油或肥皂水。安装缸套时用专用工具安装,没有专用工具时,在缸套上垫上木板,将缸套敲入机体内。

4) 缸套安装好后,应检查缸套上端面凸出机体顶平面距离,应在规定范围内;分别沿曲轴中心线和垂直中心线方向测量气缸套内径尺寸、圆度等。

(4) 活塞连杆组件装配

1) 将组装好的活塞连杆组件清洗干净后吹干,在连杆大头轴瓦上涂些机油,将活塞环开口错开相应角度,涂上机油。

2) 将安装活塞用的锥形导筒放在气缸套上端面,转动曲轴,使该缸连杆轴颈处于上止点后约80°左右,再慢慢将活塞连杆组装入气缸套内。不要用力过猛,以免折断活塞环。装配时,连杆大头切口面应朝向机体外侧,用手轻压活塞顶部,使连杆大头轴瓦与连杆轴颈贴合,再用手扶住连杆大头,转动曲轴,使连杆大头转动到易于安装连杆盖的位置。

3) 在连杆盖轴瓦上涂上机油,按装配记号装上连杆盖。拧上连杆盖螺栓,用扭力扳手分两三次交替拧紧到规定力矩。

4) 活塞连杆组装配完毕后,盘车检查装配情况,若感觉有卡滞现象或盘车用力较大时,应拆下连杆盖重新装配。装配完后还应检查连杆大头的轴向间隙应在规定范围。

(5) 机油泵和油底壳安装

1) 将机油泵上的调整垫片放好,然后把机油泵装配到机体下部的安装座上,拧紧螺栓。

2) 按技术要求调整机油泵传动齿轮与惰轮的啮合间隙。

3) 在油底壳垫片上抹上润滑脂,把垫片粘在油底壳上端面上,与机体位置对正后,首先固定中间和两边的固定螺钉,其他螺钉按技术要求拧紧。

(6) 安装齿轮传动机构

传动机构装配时应按照规定顺序安装好各传动齿轮。

齿轮端面刻有定时记号,装配时相应的符号必须对准,以保证正确的配气和供油。

安装好主动齿轮并锁紧后,应检查曲轴的轴向推力间隙,用力将曲轴向前推,用塞尺测量推力板与推力轴承之间的间隙,应在规定范围内。

检查齿轮啮合间隙,可用塞尺或压铅法进行测量。如果齿轮间隙过小,齿面易产生干摩擦烧损,过大则会增大齿轮啮合噪声和加快磨损。

(7) 安装飞轮罩壳和飞轮

1) 安装飞轮罩壳。安装飞轮壳垫片、飞轮壳,安装飞轮壳垫片时,要注意垫片下面两个孔对准(回油孔)。在拧紧飞轮罩壳螺栓时要交叉进行,拧紧力矩符合规定要求。

2) 安装飞轮。要注意飞轮上的定位销孔与曲轴上的定位销对准。拧紧螺栓时要用力均匀、对称,并分两三次拧紧,拧紧力矩符合规定要求。

(8) 气缸盖和气门传动组件装配

1) 装配气缸盖前,将机体上端面、缸盖下端面、活塞顶部和缸套内壁清理干净,把气缸垫放在机体上,有卷边的一面或有标记的一面朝上。

2) 把缸盖放在气缸垫上部,并把所有的螺栓、垫片旋入。

3) 拧紧螺栓时,应按中央对称向四周的顺序分两三次用扭力扳手拧紧,达到规定力矩要求。(柴油机在第一次运行走热后再拧紧一遍)。

4) 气门推杆两端要加润滑脂,穿过机体,放入挺杆孔内。

5) 将摇臂总成装配到气缸盖上并固定。

(9) 安装机体外部部件

安装中冷器、涡轮增压器、进排气管、发电机、风扇等机体外部部件。

任务五　柴油机大修后的磨合

装配好的整机通常要经过冷磨合、热磨合、调整试验后才能装车。初期磨合好坏直接影响到维修后整机的工作寿命,这是修理作业中一个非常重要的环节。通过磨合,可以提高运动零件摩擦表面的质量,降低摩擦阻力,提高零件的承载能力,从而使柴油机的动力性、经济性、可靠性和工作寿命得到较大幅度的提高。

在初期磨合阶段里,单位时间内的磨损量将是稳定磨损期的数倍。此外,初期磨合宜使用较稀的机油,以利于金属粉末及时冲掉。这一期间柴油机负荷不宜过大。为了使全部工作表面得到磨合,必须适当改变转速和负荷。

柴油机的磨合一般分为两个阶段:冷磨合、热磨合。

1. 柴油机的冷磨合

冷磨一般是在磨合试验台上进行,用其他动力(如电动机或已磨合的另一台柴油机)拖动已装配好的柴油机,在不同的转速下,使其在惯性负荷作用下磨合。在条件不允许的情况下,也可将柴油机装在原工程机械底盘上,安装好附件如散热器,用另一台工程机械作牵引车,把被磨合工程机械拖到空旷场地上进行冷磨合。

柴油机的压缩比高,按一般磨合规范,冷磨合应从无压缩冷磨合(不装喷油器)开始,经部分压缩冷磨合,逐步过渡到全压缩冷磨合(装上喷油器);冷磨时应接上冷却液循环系统,控制柴油机温度。同时,也应接上排气管通道,以减小工作噪声;为了有利于散热并冲洗摩擦表面的磨层,冷磨时应加足黏度较小的机油。

在冷磨合中,应同时进行下述检查:

1) 检查有无漏油、漏水现象,及时排除故障。

2) 检查柴油机各部位异响。当出现气门机构声音过大时,应对气门间隙进行调整。

3) 柴油机活塞环不应该出现窜油现象。

4) 观察柴油机的振动情况。如果振动严重时,应复查柴油机平衡状态。

5) 在 200r/min 转速下,检查各气缸的气缸压力。

冷磨合完成后,应将柴油机中的全部机油放净,加入体积分数为 90% 的柴油和 10% 的车用机油的混合清洗油,转动柴油机 5min 后放出,以清洗各油道。也可以将各主要零件拆下,进行清洗和检查。

2. 柴油机的热磨合

冷磨合结束后，加入足量清洁的、黏度较小的磨合用机油（至油尺上限），检查和调整气门间隙与供油提前角，起动柴油机开始热磨合。

柴油机热磨合又分为无负荷热磨合和有负荷热磨合两个阶段。

（1）无负荷热磨合阶段

无负荷热磨合时，柴油机应以较低转速（一般为 600~1000r/min）运转 1h。在热磨合运行中，注意检查各摩擦件的发热情况，保持正常的运转温度，冷却液温度为 75~90℃，机油温度为 75~85℃。磨合中应对以下项目进行检查：

1）检查机油的压力是否符合各机型的要求。
2）检查柴油机有无异响。如果发现有异响，应立即停机检查并排除。
3）检查核准供油提前角。
4）检查有无漏油、漏水、漏气等现象。

（2）有负荷热磨合阶段

柴油机经过冷磨合和无负荷热磨合后，再进行一次有负荷的热磨合，这样不但可以判断柴油机修理后功率恢复状况，而且可以发现柴油机因修理不当而发生的某些故障。这些故障往往在无负荷试验时不易或不能被发现。

在有负荷磨合时应检查以下项目：

1）检查冷却液温度、机油温度、机油压力是否符合规定。
2）观察柴油机在各种工况下运转的稳定性，有无异响。如果有异响，立即停机处理。
3）检查柴油机真空度和测量各气缸压力。

为保证柴油机修理质量，热磨合后应拆验主要零件，一般检查项目如下：

1）检查气缸表面是否有拉毛、划痕、起槽。
2）检查活塞接触面是否正常，要求磨痕均匀，无拉毛起槽现象。
3）检查活塞环外圆表面的接触痕迹应不小于 90%；端隙不大于原间隙的 25%。
4）检查主轴承和连杆轴承接触面状况。该接触面积应较磨合前增加，一般应不小于 85%，表面应无刮伤、起泡、脱落现象。
5）检查气缸衬垫有无漏气、漏水现象。
6）检查凸轮轴、凸轮基圆磨痕是否正常。如果发现气缸壁和活塞、轴颈和轴承、凸轮轴与挺杆有拉伤、磨损时，应查明原因。必要时，应更换个别零件重新磨合。
7）如果无异常情况，清洗后装复，并低速运转 20min，重新调整与消除松漏现象。此外，还要进行最大转矩和油耗测定。

实训十五　柴油机总成的拆卸与装配

1. 实训目的
掌握康明斯柴油机拆卸与装配的一般流程。

2. 实训设备
康明斯 6BT 柴油机台架、通用工具、专用工具、量具、零件清洗盆、柴油、机油等。

3. 实训原理与方法

待拆卸柴油机安装在活动台架上，内部冷却液、机油已排放，起动机、传动带、风扇和散热器等已拆除。拆卸流程如下。

（1）风扇端外部元件的拆卸

图 8-2 所示依次为风扇带轮及风扇轮毂、曲轴带轮及减振器、传动带张紧轮、发电机及支架的拆卸。

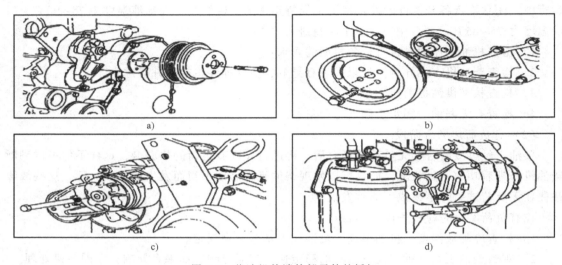

图 8-2　柴油机前端外部元件的拆卸

（2）节温器的拆卸

如图 8-3a 所示，拆卸节温器壳固定螺钉，如图 8-3b 所示，依次取下节温器壳、衬垫、节温器、支架等部件。

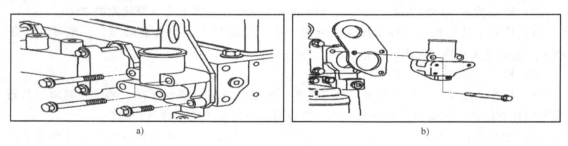

图 8-3　节温器拆卸

（3）涡轮增压器、排气歧管拆卸

如图 8-4 所示，拆卸涡轮增压器空气出口管路，拆卸机油回油管路，拆卸涡轮增压器及衬垫，拆卸排气歧管及衬垫。

（4）柴油滤清器、燃油管路拆卸

图 8-5a 为柴油滤清器、滤清器盖及滤芯接头的拆卸。图 8-5b、c、d 依次为高压燃油管路、燃油回油管路、低压燃油管路的拆卸。

（5）气缸盖拆卸

图 8-4 涡轮增压器、排气歧管拆卸

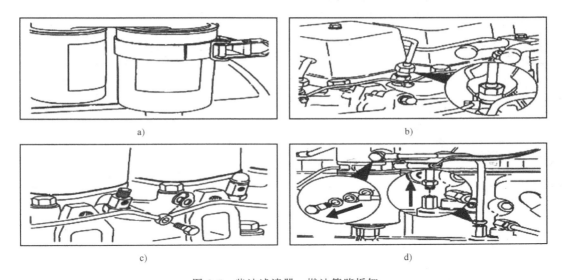

图 8-5 柴油滤清器、燃油管路拆卸

如图 8-6 所示，依次拆除进气歧管罩及垫片，拆卸气门罩，拆除喷油器，松开摇臂调整螺钉，拆卸摇臂轴承座和摇臂总成，取出气门推杆，拆卸气缸盖及气缸垫，拆卸前齿轮室罩。

（6）水泵、飞轮、飞轮壳、燃油泵等拆卸

图 8-7 所示依次为水泵拆卸、飞轮拆卸、飞轮壳拆卸、燃油泵驱动齿轮拆卸、燃油泵拆卸、挺柱罩拆卸、机油滤清器拆卸、机油冷却器拆卸。

（7）油底壳、凸轮轴、机油泵等拆卸

图 8-8 所示依次为油底壳拆卸、油底壳吸油管拆卸、后密封罩拆卸、凸轮轴拆卸、挺柱取出、机油泵拆卸。

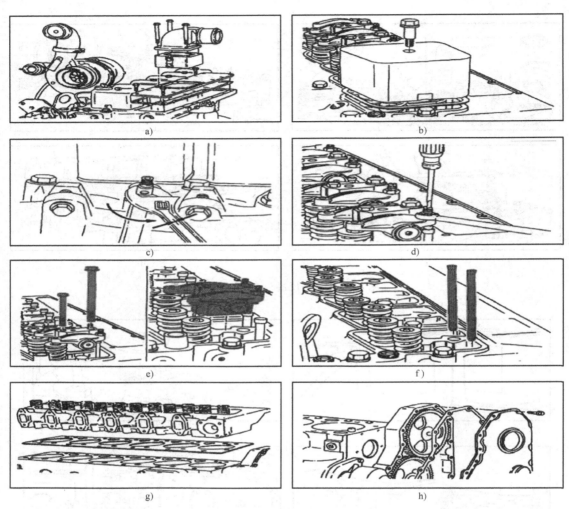

图 8-6 气缸盖拆卸

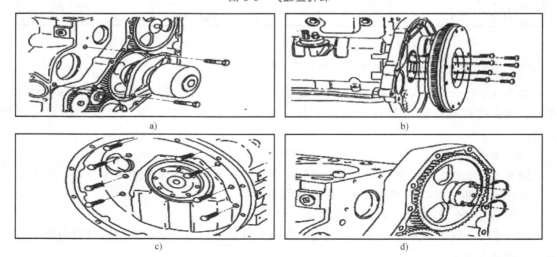

图 8-7 水泵、飞轮、飞轮壳、燃油泵等拆卸

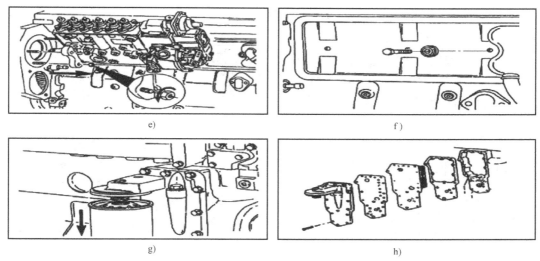

图 8-7 水泵、飞轮、飞轮壳、燃油泵等拆卸（续）

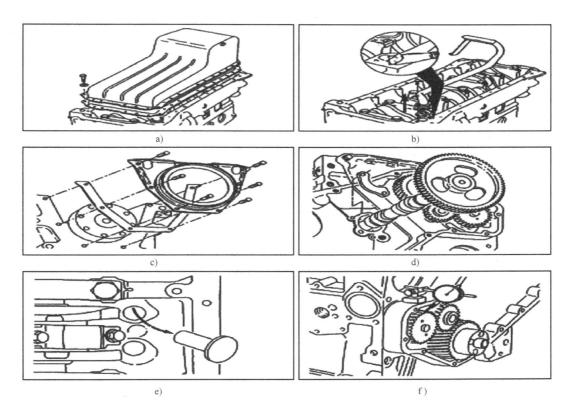

图 8-8 油底壳、凸轮轴、机油泵等拆卸

（8）活塞连杆组、曲轴拆卸

图 8-9 所示依次为连杆盖螺栓拆卸、活塞连杆组取出与解体、主轴承盖螺栓拆卸、曲轴吊出。

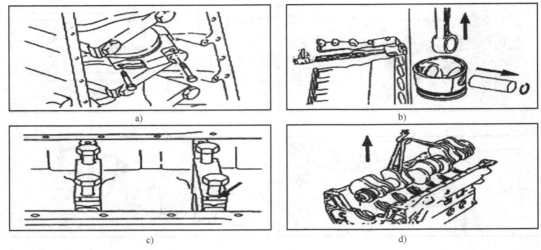

图 8-9　活塞连杆组、曲轴拆卸

　　拆卸完成后，按照任务三中的方法对相关零部件进行清洗；然后按照本教材前述相关项目和任务列出的方法，对相关零部件进行性能、参数的检测或修复；总成的装配则按照与拆卸相反的顺序完成。

复习思考题

一、单项选择题

1. 柴油机大修是指（　　），按技术要求进行恢复。

　　A. 将柴油机解体

　　B. 将活塞连杆组拆出并解体

　　C. 检查气门间隙

　　D. 检查供油提前角

2. 气缸盖从气缸体上拆卸，拧松螺栓时，应采取（　　）方法。

　　A. 由中央对称地向四周分几次拧松

　　B. 由中央对称地向四周一次拧松

　　C. 由四周对称地向中央分几次拧松

　　D. 由四周对称地向中央一次拧松

3. 根据柴油机大修工艺流程，首先应该对送修的柴油机进行（　　）。

　　A. 清洗　　　　B. 检验　　　　C. 解体　　　　D. 维修

4. 柴油机大修时，铸铁缸体、缸盖应在较浓的（　　）中浸泡，以清除水垢。

　　A. 氢氧化钠溶液　　　　　　　B. 磷酸三钠溶液

　　C. 硅酸钠溶液　　　　　　　　D. 磷酸溶液

5. 柴油机经过冷磨合和无负荷热磨合后，应再进行一次（　　）。

　　A. 有负荷热磨合　　　　　　　B. 冷磨合

C. 无负荷热磨合　　　　　D. 有负荷冷磨合

6. 在进行活塞连杆组的装配时，要注意活塞顶部与（　　）上的标记方向要一致。

A. 连杆体　　B. 活塞销　　C. 连杆盖　　D. 连杆轴瓦

二、简答题

1. 柴油机出现哪些情况时需要大修？
2. 柴油机大修前期准备工作有哪些？
3. 简述柴油机大修工艺过程。
4. 柴油机零件清洗方法有哪些？零件清洗时要注意哪些事项？
5. 简述气缸盖组件的装配过程。

参 考 文 献

[1] 宓为建. 工程机械手册：基础件 [M]. 北京：清华大学出版社，2018.
[2] 仇雅莉. 汽车发动机构造与维修 [M]. 北京：机械工业出版社，2015.
[3] 张凤山. 康明斯柴油机结构与维修 [M]. 北京：机械工业出版社，2012.
[4] 方俊，许立峰. 商用车柴油机检修从入门到精通 [M]. 北京：机械工业出版社，2015.
[5] 魏建秋. WD615系列车用柴油机维修图解 [M]. 北京：金盾出版社，2015.
[6] 徐家龙. 柴油机电控喷油技术 [M]. 北京：人民交通出版社，2004.
[7] 蔡兴旺. 汽车构造与原理：上册 发动机 [M]. 北京：机械工业出版社，2009.
[8] 黄珂. 柴油发动机构造与原理 [M]. 北京：科学出版社，2009.
[9] 许炳照. 工程机械柴油发动机构造与维修 [M]. 北京：人民交通出版社，2011.
[10] 卢明. 工程机械柴油发动机构造与维修 [M]. 北京：机械工业出版社，2013.
[11] 赵捷，郑宏军. 工程机械柴油机构造与维修 [M]. 北京：中国人民大学出版社，2012.
[12] DAGEL J F，BRADY R N. 柴油机燃油系统结构及维修. [M] 司利增，译. 北京：电子工业出版社，2004.
[13] 杜仕武，简晓春. 现代柴油机喷油泵喷油器维修与调试 [M]. 北京：人民交通出版社，2004.